Mikrosystemtechnik auf Silizium

Von Privatdozent Dr.-Ing. Ulrich Hilleringmann
Universität Dortmund

B.G. Teubner Stuttgart 1995

Die Deutsche Bibliothek – CIP-Einheitsaufnahme

Hilleringmann, Ulrich :
Mikrosystemtechnik auf Silizium /
von Ulrich Hilleringmann. – Stuttgart : Teubner, 1995
ISBN 978-3-519-06158-8   ISBN 978-3-322-92766-8 (eBook)
DOI 10.1007/978-3-322-92766-8

Vorwort

Die Mikrosystemtechnik wird in ihren Teilgebieten Mikroelektronik und Mikromechanik von der Siliziumtechnologie beherrscht. Materialeigenschaften und insbesondere die verbreitete, hoch entwickelte Prozeßtechnik haben andere Materialien weitgehend verdrängt.

Dagegen ist das Halbleitermaterial Silizium für Anwendungen der Integrierten Optik bislang wegen seiner ungünstigen optischen Eigenschaften nur unzureichend beachtet worden. Erst die Mikrosystemtechnik hat zur Entwicklung einer geeigneten Integrationstechnik geführt, um die "Mechatronik" um integriert-optische Komponenten zu erweitern. Ziel dieses Buches ist es, Wege zur systemgerechten Einbindung der Integrierten Optik in die mikroelektronische Prozeßführung aufzuzeigen und die Eignung der Technologie zur monolithischen Integration von optischen, mikromechanischen und mikroelektronischen Bauelementen auf einem Siliziumchip anhand real gefertigter Muster zu demonstrieren.

Die Basis der monolithischen Systemintegration auf Silizium wird ausgehend von der mikroelektronischen Prozeßtechnik diskutiert. Auf der Grundlage der Halbleitertechnologie zur Schaltungsintegration aufbauend werden mögliche Bauformen der Wellenleiter und der mikromechanischen Komponenten zum Einbau in den CMOS-Prozeß verglichen. Vor- und Nachteile der Schnittstellen und der verschiedenen Integrationstechniken werden angesprochen und anhand realer Muster vergleichend diskutiert. Zur Abrundung des Themas werden einige Komponenten zur Verbesserung der mikroelektronischen Schaltungen im monolithischen Integrationsprozeß angesprochen, um eine schnelle, präzise Signalverarbeitung in den MOS-Schaltungen zu ermöglichen.

Für die umfangreichen Arbeiten, die mit der Erstellung dieses Buches verbunden waren, möchte ich mich bei Herrn Prof. K. Goser, Herrn Prof. K. Schumacher, den Herren Doktoren S. Adams, T. Harms, C. Heite, K. Knospe, I. Schönstein und A. Soennecken bedanken. Für die Prozessierung einer Vielzahl von Siliziumscheiben gilt mein Dank weiterhin Frau M. Obst, Frau K. Kolander, Frau C. Pritz, Herrn M. Kremer und Herrn A. Wiggershaus. Ohne ihre Unterstützung wäre dieses Buch nicht möglich gewesen.

Dortmund, im Mai 1995   Ulrich Hilleringmann

Willst Du für ein Jahr vorausplanen,
so baue Reis an.
Willst Du für ein Jahrzehnt vorausplanen,
so pflanze Bäume.
Willst Du für ein Jahrhundert planen,
so lehre Menschen.

Tschuang-Tse

Für Anja, Vanessa
und Desirée

Inhaltsverzeichnis

1 Einleitung   **1**

2 Basistechnologien auf Siliziumsubstrat   **5**

2.1 Technologie zur Schaltungsintegration   8
   2.1.1 Beschreibung des Basis-CMOS-Prozesses   10
   2.1.2 Monolithisch integrierte Fotodetektoren   13

2.2 Integrierte Optik   16
   2.2.1 Theorie der Wellenleitung   18
      2.2.1.1 Strahlenoptische Betrachtung   18
      2.2.1.2 Wellenoptische Betrachtung   20
   2.2.2 Integrierte optische Komponenten und Schaltungen   24
   2.2.3 Lichtwellenleiter für die Integrierte Optik auf Silizium   25

2.3 Mikromechanik   30
   2.3.1 Naßchemische Verfahren der mikromechanischen
       Struktrierung   31
      2.3.1.1 Anisotropes Ätzen von Silizium   32
      2.3.1.2 Isotrope Ätzlösungen   35
      2.3.1.3 Elektrochemisches Ätzen von Silizium   37
   2.3.2 Trockenätzverfahren in der Mikromechanik   38
   2.3.3 Mikromechanische Bauelemente   39

3 Voraussetzungen für eine monolithische Systemintegration   **42**

3.1 Planarisierung der Scheibenoberfläche   43
   3.1.1 Rückätztechnik   43
   3.1.2 Techniken der Lokalen Oxidation von Silizium   47
      3.1.2.1 Die einfache Lokale Oxidation von Silizium   47
      3.1.2.2 Fortgeschrittene Techniken der Lokalen
         Oxidation   50
      3.1.2.3 Die SWAMI-LOCOS-Technik   52

3.2 Integration der Wellenleiter in den LOCOS-CMOS-Prozeß   56

3.3 Adaption der mikromechanischen Integrationstechnik   58

4 Schnittstellen zwischen den einzelnen Technologien   **60**

4.1 Optoelektronische Kopplungsmechanismen   61
    4.1.1 Stoßkopplung   61
    4.1.2 Leckwellenkopplung   64
    4.1.3 Lichtemitter auf Siliziumsubstrat   66

4.2 Kopplung der Mikromechanik   69
    4.2.1 Elektrische Auslesemechanismen   69
    4.2.2 Interferometrische Signalauswertung   70
    4.2.3 Ansteuerung mikromechanischer Elemente   71

5 Beschreibung der Herstellungsprozesse   **73**

5.1 Optoelektronische Integrationstechniken   73
    5.1.1 Der modulare Integrationsprozeß   74
    5.1.2 Der vollintegrierte Prozeß   79
    5.1.3 SOI-Prozesse   88

5.2 Prozeßerweiterung um mikromechanische Komponenten   92
5.2.1   Freitragende Zungen   92
5.2.2   Integrierte Membranen als Drucksensoren   93
5.2.3   Beschleunigungssensoren   97

6 Ergebnisse der Einzeltechnologien   **100**

6.1 Fotodetektoren und mikroelektronische Schaltungen   100
    6.1.1 Fotodetektoren   100
    6.1.2 Analoge Schaltungen zur Fotostromverstärkung   108
    6.1.3 Digitale Signalverarbeitung   113

6.2 Eigenschaften integriert-optischer Komponenten   115
    6.2.1 Wellenleiter   115
    6.2.2 Strahlteiler   116
    6.2.3 Spiegel118
    6.2.4 Interferometerstrukturen   120
        6.2.4.1 Mach-Zehnder Interferometer   121
        6.2.4.2 Michelson-Interferometer   122

6.3 Mikromechanik   125
     6.3.1 Zungen und Brücken   125
     6.3.2 Membranen und Drucksensoren   127
     6.3.3 Beschleunigungssensoren   129

7 Meßergebnisse an Gesamtsystemen   **131**

7.1 Eigenschaften der CMOS-Bauelemente   131
     7.1.1 Schaltungskomponenten   132
     7.1.2 Verstärkerschaltungen   135

7.2 Das optische Teilsystem   138
     7.2.1 Wellenleitermaterialien im monolithischen
            Integrationsprozeß   138
     7.2.2 Charakterisierung der Kopplungsmechanismen   140
            7.2.2.1 Ergebnisse der direkten Stoßkopplung   142
            7.2.2.2 Stoßkopplung über integrierte Spiegel   146
            7.2.2.3 Leckwellenkopplung   150
     7.2.3 Dynamisches Verhalten der Verstärker im
            Gesamtsystem   153

7.3 Monolithisch integrierte mechanische Systemkomponenten   159
     7.3.1 Verfahren zur Integration eines Gesamtsystems   159
     7.3.2 Mikromechanischer Drucksensor mit optischer
            Auslesung   162

7.4 Beurteilung der verschiedenen Integrationstechniken   168

8 Verbesserung der Schaltungseigenschaften   **171**

8.1 Kurzkanaltransistoren   172
     8.1.1 LDD n-Kanal MOS-Transistoren   174
     8.1.2 p-Kanal Offset-Transistoren   178

8.2 BiCMOS für höhere Schaltgeschwindigkeiten   181

8.3 Nichtflüchtige Speichertransistoren zur Offset-
     Kompensation   188

VIII

9 Ausblick 195

10 Zusammenfassung 199

Anhang A: Abkürzungsverzeichnis 203

Anhang B: Prozeßfolge der vollintegrierten Technik 204

Anhang C: Prozeßfolge der modularen Integrationstechnik 207

Literaturverzeichnis 210

Stichwortverzeichnis 225

1 Einleitung

Der hohe Entwicklungsstand der CMOS-Technologie ermöglicht die Integration komplexer digitaler und analoger Schaltungen mit hoher Ausbeute bei Strukturgrößen im tiefen Submikrometerbereich und Packungsdichten von bis zu $5 \cdot 10^4$ Transistoren / mm². Demgegenüber zeichnet sich die Integrierte Optik durch hohe Datenraten in Verbindung mit einer leistungsarmen Signalübertragung bei niedriger Störempfindlichkeit aus. Auf geringster Fläche bietet sie über die Interferometrie eine hohe Präzision sowohl in der Entfernungsmessung als auch in der Sensorik. Als dritte Integrationstechnik erlaubt die Mikromechanik über Sensoren einen direkten Zugriff vom Chip auf externe Größen wie Beschleunigung oder Druck.

Während die Mikroelektronik und die Mikromechanik im wesentlichen auf das Substratmaterial Silizium beschränkt sind, werden für die Integrierte Optik bisher $LiNbO_3$ und verschiedene Verbindungshalbleiter eingesetzt. Mit der Entwicklung von Lichtwellenleitern auf Siliziumsubstrat /1, 2, 3/ bietet sich nun eine monolithische Integrationstechnik zur gemeinsamen Realisierung aller Komponenten auf einem Siliziumchip an. Umfassende Systeme, bestehend z. B. aus mikromechanischen Sensoren, Interferometern und einer Mikroprozessorsteuerung auf einem Chip, ermöglichen eine gesteigerte Zuverlässigkeit bei minimalem Platzbedarf gegenüber herkömmlichen hybriden Systemen.

Die monolithische Integrationstechnik der CMOS-Schaltungen mit den integriert-optischen Komponenten und der Mikromechanik eröffnet der Siliziumtechnologie zahlreiche neue Anwendungsgebiete /4/, die bisher - wenn überhaupt - nur auf anderen Substratmaterialien, wie z. B. GaAs, zu erzielen waren. Wichtige Bereiche sind der Einsatz dieser optoelektronischen / mikromechanischen Systeme als:

- Schnittstelle der Mikroelektronik zur optischen Signal- oder Datenübertragung, z. B. in der Kommunikationstechnik,

- optische Taktversorgung oder Datenübertragung für Multi-Chip-Module (MCM's) /5/, für die Wafer-Scale-Integration (WSI) /6/ oder für komplexe VLSI-Schaltungen,

- intelligente optische Sensoren für chemische Substanzen, z. B. Ammoniak /7/,

- Entfernungsmeßgeräte auf interferometrischer Basis mit analogen oder digitalen CMOS-Schaltungen zur Signalauswertung, möglichst inklusive der Ansteuerung von Aktoren auf dem Siliziumchip,

- intelligente interferometrisch oder mikromechanisch geregelte Positioniereinheiten oder Stellglieder, z. B. für die automatische Maskenjustierung zur Siliziumscheibe,

- Ersatz für piezoresistive Materialien zum Auslesen mikromechanischer Sensoren, indem Lichtwellenleiter als Interferometer bei gleicher oder verbesserter Auflösung eine metallfreie und damit MOS-kompatible Herstellung ermöglichen.

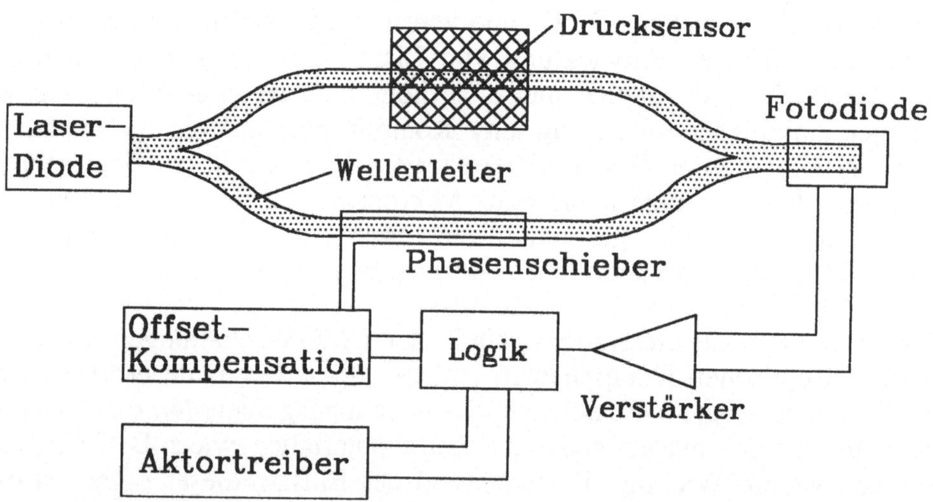

Bild 1: Blockschaltbild eines intelligenten optoelektronischen Regelkreises, bestehend aus mikromechanischem Drucksensor, Laser-Diode in Flip-Chip-Montagetechnik, Mach-Zehnder-Interferometer, Fotodetektor, mikroelektronischer Signalverstärkung und -verarbeitung einschließlich Offset-Kompensation und Aktortreiber, monolithisch integrierbar auf einem Siliziumchip von ca. 50 mm^2 Fläche

Als einen ersten Schritt zur Realisierung dieser vielfältigen Anwendungen ist eine Technologie zur monolithischen Integration von erweiterten VLSI-CMOS-Schaltungen, integriert optischen Wellenleitern und Interferometerstrukturen sowie einigen wichtigen mikromechanischen Bauelementen auf einem Siliziumchip entwickelt worden (Bild 1). Erstmals werden Konzepte zur Realisierung der optoelektronischen Gesamtsysteme vorgestellt und mit konkreten Meßergebnissen, gewonnen an integrierten Testmustern, vergleichend diskutiert. Ein neues Koppelverfahren auf der Grundlage einer speziellen Technik zur Erzeugung einer planaren Scheibenoberfläche ermöglicht eine reproduzierbare Kopplung zwischen Wellenleiter und Fotodetektor. Auch die Problematik eines leistungsfähigen Lichtemitters auf Silizium wird dabei für einen Gesamtprozeß zur Systemintegration angesprochen.

Ausgehend von der neuen optoelektronischen Integrationstechnik erfolgt ein systemgerechter Einbau von mikromechanischen Komponenten in den optoelektronischen Gesamtprozeß, wobei die Kompatibilität der Einzelprozesse durch einen neuartigen Ansatz zur Strukturierung der mikromechanischen Materialien im Trockenätzverfahren gewährleistet wird.

Auf den Grundlagen der bisher getrennten eigenständigen Technologien der Mikroelektronik, der Integrierten Optik und der Mikromechanik aufbauend erfolgt eine ausführliche Beschreibung der möglichen Integrationstechniken zur Realisierung von optoelektronischen und mikromechanischen Systemen auf Siliziumsubstrat. Mit dem einfachen CMOS-Prozeß in Planartechnik als Basis werden mögliche Schnittstellen zwischen den bisher getrennten Technologien entwickelt, sowie eine Anpassung der Einzeltechnologien an den gesamten Prozeßablauf vorgenommen.

Die in der Technologielinie des Lehrstuhls Bauelemente der Elektrotechnik / des Arbeitsgebietes Mikroelektronik der Universität Dortmund gefertigten Muster der Systeme zeigen die Problemstellen der monolithischen Integrationstechniken auf, so daß eine gezielte Optimierung der Prozeßführung zur reproduzierbaren Fertigung von optoelektronischen Systemen gewährleistet ist. Anhand von experimentellen Ergebnissen werden die Vor- und Nachteile der Varianten in der Prozeßführung einander gegenüber gestellt und vergleichend diskutiert.

In Verbindung mit der erreichten Strukturfeinheit und Produktions-
sicherheit ist der Platzbedarf der kombinierten Integrationstechnik
inzwischen auf eine Fläche von unter 50 mm^2 gesunken /8/, so daß die
optischen und mikromechanischen Strukturen gemeinsam mit den zur
Auswertung der Signale erforderlichen komplexen digitalen und
analogen CMOS-Schaltungen auf einem Chip realisiert werden können.

Damit wird erstmals eine Technologie zur gemeinsamen Integration von
Lichtwellenleitern, CMOS-Schaltungen und mikromechanischen Kompo-
nenten auf einem Siliziumchip vorgestellt und ihre Qualität anhand realer
Bauelemente bewertet.

2 Basistechnologien auf Siliziumsubstrat

Die Silizium-Halbleitertechnologie zeichnet sich durch eine sehr rapide
Entwicklungsgeschichte aus: Innerhalb von 2-3 Jahren steht jeweils eine
neue Generation an Speicherbausteinen mit erheblich gesteigerter
Speicherkapazität zur Verfügung (Bild 2). Ein wesentliches Merkmal ist
dabei die bisher uneingeschränkt mögliche Strukturverfeinerung bis weit
in den Submikrometerbereich hinein /9/, die durch eine enorm
gestiegene Prozeßaufweitung und Komplexität erreicht werden konnte.

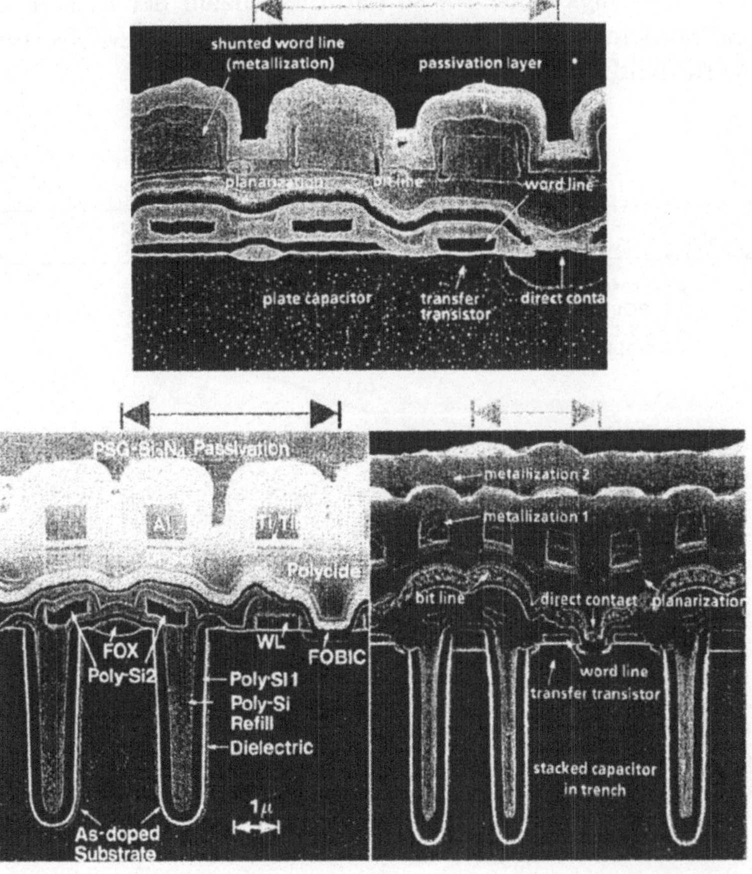

Bild 2: Querschnitte der 1 Mb, 4 Mb und 16 Mb Speicherzellen; der Pfeil
entspricht der jeweiligen Zellengröße /10/

Die anhaltende Miniaturisierung in der CMOS-Technologie bis weit
unterhalb 100 nm Strukturgröße sichert dabei dem Halbleiter Silizium
seine bedeutende Stellung in der Mikroelektronik noch über Jahre hinaus.
Weist der zur Zeit produzierte 16 Mbit-Speicherbaustein als kleinste
Linienweite noch ca. 0,5 µm auf, so werden Transistoren mit einer
Kanallänge von 350 nm bereits zur Fertigungsreife weiterentwickelt. In
den Forschungslaboratorien sind minimale Transistorgeometrien von
150 nm bis hinunter zu 70 nm /11/ für die Gateelektroden der MOS-
Transistoren schon erfolgreich hergestellt worden.

Parallel zur Strukturverkleinerung nimmt die je Chip zur Verfügung
stehende Schaltungsfläche zu, so daß die Anzahl der aktiven Elemente
pro Schaltkreis in wenigen Jahren im Bereich über 10^9 MOS-Transistoren
liegen wird (Bild 3).

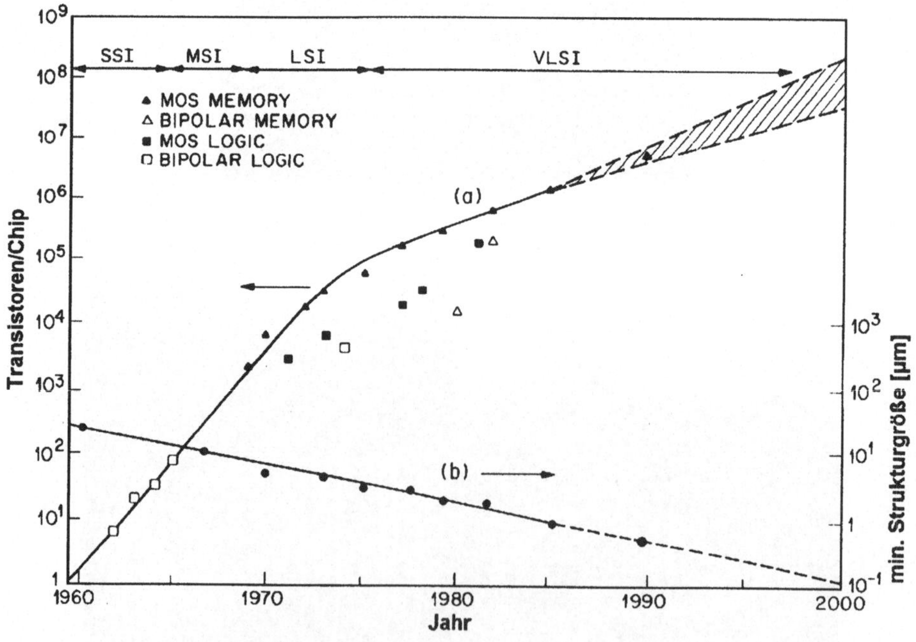

Bild 3: Zeitliche Entwicklung der Integrationsdichte (a) und der minimalen Strukturgröße (b) in der Siliziumtechnologie zur Fertigung
von Speicher- und Logikbausteinen /12/

Dies stellt gewaltige Anforderungen an die Technologie, um die in der Produktion benötigte Ausbeute von über $1 \cdot 10^9$ funktionsfähigen Transistoren je Ausfall zu sichern /13/. Reinräume in der notwendigen Qualität sind aus finanziellen und praktischen Gründen nicht mehr zu verwirklichen. Als Ausweg bieten sich aber geschlossene Systeme wie Cluster-Anlagen zur Scheibenbearbeitung an, in denen die Siliziumscheiben ständig in Stickstoff-Umgebung oder im Vakuum verbleiben und von Prozeßschritt zu Prozeßschritt - ohne die Anlage zu verlassen - weiter gereicht werden.

Dies entspricht der Aussage der Japaner Ohmi und Shibata /14/ zur zukünftigen erfolgreichen MOS-Technologieführung:

"Wafers should never be exposed to air - else close your factory"

Physikalische Begrenzungen zur Strukturverfeinerung - z. B. der "hot-electron"-Effekt /15/ oder die Strukturübertragung vom Layout in das Silizium - konnten durch spezielle fertigungstechnische Maßnahmen und eine verbesserte apparative Ausstattung der Technologie umgangen werden. Dazu zählen neben der Technik der Lokalen Oxidation (LOCOS) die Einführung von Transistoren mit Spacer-Strukturen, Lightly-Doped-Drain-(LDD)-Dotierungsprofilen und selbstjustierenden Kontakten, sowie Trench-Kapazitäten und -Isolationen über mehrere Mikrometer Tiefe. Ausbeuten im Bereich um 80 % für Chips mit einigen Millionen Transistoren sind trotz dieser Komplexität und der zur Fertigung notwendigen hohen Zahl an Prozeßschritten und Maskenebenen realistisch. Somit ist aus heutiger Sicht durchaus noch eine weitere Miniaturisierung in herkömmlicher Silizium-Technologie möglich /16/.

Während viele Anwendungen der Mikroelektronik zur Zeit noch wegen der "geringen" Integrationsdichte nur stark eingeschränkt möglich sind - z. B. neuronale Netze /17/ oder Neurocomputer /18/ - ist deren Verwirklichung bei der zu erwartenden Chipkomplexität in Zukunft nicht nur denkbar, sondern äußerst gewiß. Umfangreiche Systeme mit Mikroprozessoren, flüchtigen und nichtflüchtigen Speichern sowie extensiven Logikschaltungen auf einem Siliziumchip bieten dann nahezu unbegrenzte Einsatzmöglichkeiten für die CMOS-Technologie.

Wesentliche Fortschritte sind auch im Bereich der Integrierten Optik auf Silizium erzielt worden. Gegenüber den Titan-diffundierten Wellenleitern auf Lithiumniobat weist die Siliziumtechnologie erhebliche Vorteile auf:

- die Technik der Deposition und Strukturierung von SiO_2, SiON und Si_3N_4 mit hervorragender Schichtqualität wird seit Jahren als Standard in der CMOS-Technik eingesetzt,

- Silizium ist ein kostengünstiges, nahezu unbegrenzt verfügbares Substratmaterial, das in höchstmöglicher Reinheit und nahezu perfekter Kristallqualität hergestellt wird,

- eine leichte Übertragbarkeit des Prozesses in andere CMOS-Technologielinien ist gewährleistet, da sämtliche zur Fertigung benötigten Geräte dort bereits vorhanden sind.

Hinzu kommt die Möglichkeit zur Integration mikromechanischer Komponenten im Siliziumsubstrat, entweder mit Strukturbeizen, elektro-chemischem Ätzen oder im Trockenätzverfahren. Dieser Zweig der Silizium-Technologie hat gerade in den letzten Jahren erheblich an Bedeutung gewonnen, wobei die Sensorik eine maßgebliche treibende Kraft zur Entwicklung dieser Technik war.

2.1 Technologie zur Schaltungsintegration

Die Grundlage der Systemintegration auf Silizium bildet eine CMOS-Technologielinie, in der als eine der ersten ein Polysilizium-Gate n-Wannen CMOS-Prozeß genutzt wurde /19/. Durch konsequente Einführung neuerer Techniken ließ sich dieser recht einfache Prozeß zu einer BiCMOS-Technologie /20/ mit Bipolarstrukturen für Transitfrequenzen im GHz-Bereich /21/ ausbauen. Parallel dazu sind Submikrometer-MOS-Transistoren mit Kanallängen unter 0,5 µm /22/ entwickelt worden.

Aufgrund der relativ geringen Maskenzahl ist dieser Basisprozeß durchaus erweiterungsfähig. Neben den o. a. Bipolartransistoren lassen sich EEPROM-Speichertransistoren /23/, DMOS-Transistoren, CCD-Ketten /24/, JFET-Transistoren, Foto- /25/ und Zenerdioden erfolgreich in den Prozeß integrieren, wobei nur eine äußerst geringe Ergänzung des Standard-Fertigungsablaufes notwendig ist.

Obwohl diese Integrationstechnik in vielen Bereichen den fortgeschrittenen, hochentwickelten industriellen Produktionstechnologien (vgl. Bild 4) unterlegen ist, lassen sich mit diesem Fertigungsverfahren die neuen Ideen zur Integration mikroelektronischer, optischer und mikromechanischer Strukturen auf einem Siliziumchip demonstrieren. Z. B. wirken sich die bislang nicht optimierten Abstände in den Feldgebieten der Schaltungen, bzw. die ungewöhnliche Tiefe der n-Wanne in keiner Weise auf die für die Systemintegration wichtige Oberflächenplanarität aus.

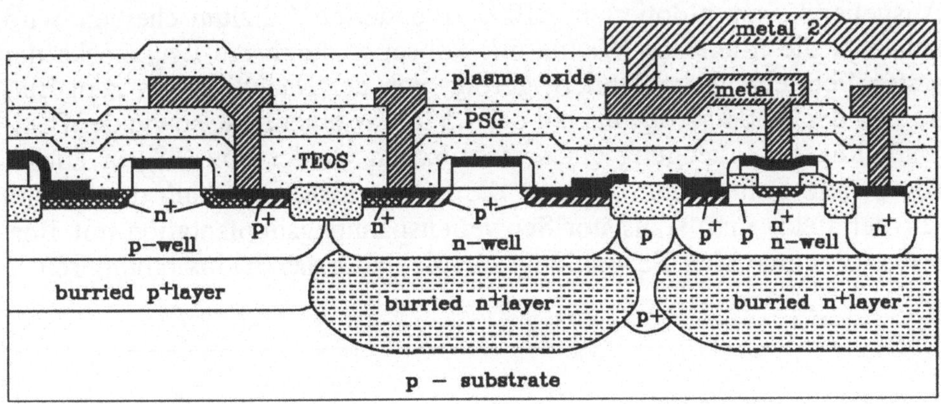

Bild 4: Querschnitt eines modernen Bipolar-CMOS-Prozesses mit LDD-Transistoren, selbstjustierenden Kontakten und zwei Metallebenen, ausgelegt für minimale Strukturweiten von 0,8 µm /26/

Bei allen Entwicklungen kommt der Übertragbarkeit der Technik zum Einbau dieser Komponenten in bestehende Fertigungslinien besondere Bedeutung zu, denn erst dadurch wird ein industrieller Einsatz der vorgestellten neuen Strukturen möglich.

2.1.1 Beschreibung des Basis-CMOS-Prozesses

Im folgenden wird der in den Jahren 1976 - 1983 von Höfflinger und Zimmer /27/ auf der Grundlage der Einkanal-Technologien entwickelte Polysilizium-Gate n-Wannen CMOS-Prozeß in seinen Grundzügen erläutert, der als Basis zur erfolgreichen Systemintegration von optischen und mikromechanischen Komponenten in Verbindung mit VLSI-CMOS-Schaltungen diente. Dieser Prozeß ermöglicht die Schaltungsfertigung mit minimalen Strukturgrößen von ca. 1,5 µm; feinere Strukturen sind aufgrund von Oberflächenunebenheiten nicht reproduzierbar zu realisieren.

Ausgehend von p-dotierten <100>-orientierten Siliziumscheiben wird zunächst die n-leitende Wanne mit Phosphor durch die Lackmaske der ersten Fototechnik implantiert, gefolgt von der Nachdiffusion zum Eintreiben des Dotierstoffes bis auf ca. 4,5 µm Wannentiefe, sowie der Feldoxidation zur Erzeugung eines thermischen Oxides von 0,8 µm Dicke. Die zweite Fototechnik maskiert die Feldbereiche innerhalb der Wanne vor der Feld- und Transistor-Schwellenspannungsimplantation mit Bor. Sie erfolgt mit hoher Bestrahlungsenergie durch das Feldoxid hindurch.

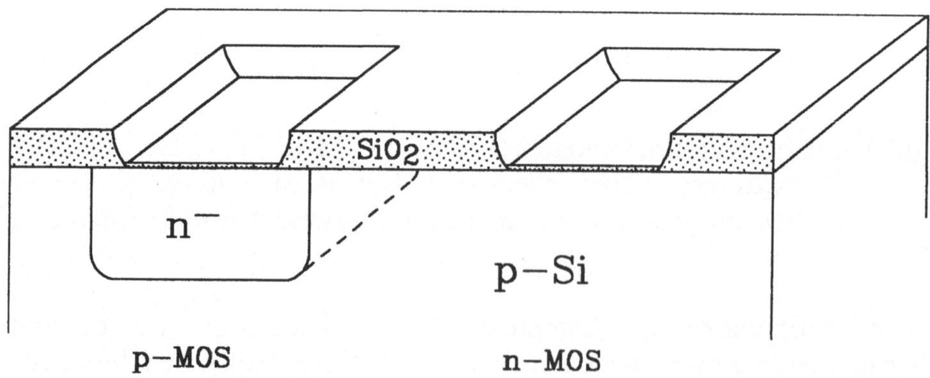

Bild 5: Querschnitt der Transistorbereiche nach der Strukturierung des Feldoxides und der Gateoxidation

Die Definition der Aktivgebiete geschieht naßchemisch durch Strukturierung des Feldoxides mit Hilfe einer weiteren Fotolackmaske, anschließend wächst das Gateoxid thermisch bis auf 40 nm Dicke auf. In Bild 5 ist ein Querschnitt der Struktur nach der Gateoxidation dargestellt.

Die nächsten Prozeßschritte beinhalten die Polysilizium-Abscheidung im LPCVD-Verfahren (LPCVD = Low Pressure Chemical Vapor Deposition) und seine Dotierung durch $POCl_3$-Belegung, wobei die vierte Fototechnik die Gateelektroden und Polysiliziumleiterbahnen festlegt, die im Trockenätzverfahren übertragen werden. Es folgen die Drain/Source-Implantationen, zunächst mit Bor für die p-MOS-Gebiete bei mit Fotolack maskierten Feld- und n-leitenden Bereichen, anschließend mit Arsen durch die zur vorhergehenden Maske inverse Fototechnik in die n-MOS-Gebiete.

Die Zwischenoxidabscheidung erfolgt als Phosphorglas im APCVD-Verfahren (APCVD = Atmospheric Pressure Chemical Vapor Deposition). Diese Schicht wird mit der Maske zur Freilegung der Kondensatorbereiche naßchemisch strukturiert, bevor durch eine thermische Oxidation bei 960°C in H_2O_2-Atmosphäre das Kondensatordielektrikum aufwächst. Während dieser Oxidation tritt eine erhebliche Diffusion der Dotierstoffe auf, die speziell für die p-Kanal-Transistoren zur deutlichen Verringerung der elektrischen Kanallänge führt.

Nach der Oxidation für das Kondensatordielektrikum werden die Kontaktlöcher geöffnet. Eine Aluminium-Titan-Titannitrid-Schichtfolge, die mit Hilfe der Kathodenstrahlzerstäubung aufgebracht wird, verbessert die Kontakteigenschaften /28/. Diese Schicht wird mit dem 1 μm dicken Aluminiumfilm als Verdrahtungsebene abgedeckt und naßchemisch in einem zweistufigen Ätzprozeß strukturiert. Die realisierte Struktur ist in Bild 6 schematisch dargestellt. Als letzte Prozeßschritte folgen die APCVD-Schutzoxidabscheidung als Oberflächenpassivierung und das Öffnen der Anschlußflecken durch einen Trockenätzschritt.

Wesentliche Nachteile der o. a. Prozeßführung sind einerseits die unebene Scheibenoberfläche, andererseits die starke Ausdiffusion der implantierten Drain-/Source-Gebiete unter die Gate-Elektrode infolge der hohen Temperaturbelastung nach dem Einbringen der Dotierstoffe: der Phosphorglas-Reflow und die thermische Oxidation für das Kondensator-

Dielektrikum bewirken eine Verringerung der Kanallänge des p-MOS-Transistors um ca. 0,65 μm, des n-Kanal-Transistors um ca. 0,3 μm.

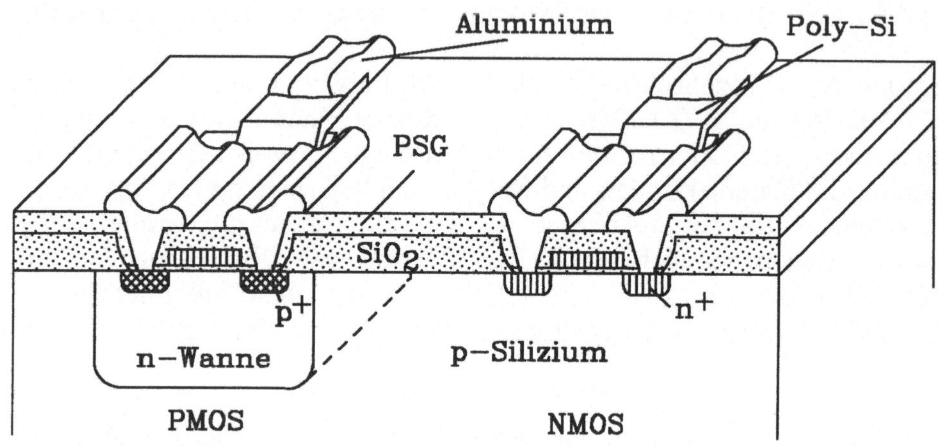

Bild 6: Querschnitt durch einen p- und einen n-Kanal MOS-Transistor, integriert in einfacher CMOS-Planartechnik

Zur Senkung des Temperaturbudgets wurde bei der hier beschriebenen Erweiterung des Prozesses eine LPCVD-Depositionsanlage zur Abscheidung von TEOS-Oxidschichten (TEOS = Tetraethylorthosilikat) und Phosphorglas aufgebaut, wobei die Dotierung des Phosphorglases über die Flüssigkeit TMP (Trimethylphosphat) erfolgt. Der Dampf beider Flüssigkeiten wird in den Reaktionsraum geleitet; ihr Dampfdruck läßt sich über die TEOS- bzw. TMP-Temperatur einstellen. Diese Anlage ermöglicht die Herstellung von Phosphorglas bei 680°C und die Deposition eines elektrisch stabilen Kondensatoroxides bei 750°C mit konformer Kantenbedeckung /29/.

Allein die Senkung der Temperaturbelastung nach den Drain-/Source-Dotierungen führt zu einer verringerten Unterdiffusion der Dotierstoffe unter das Gate um ca. 0,3 μm/Kante für den p-Kanal MOS-Transistor, d. h. die parasitären Gate/Drain- und Gate/Source-Kapazitäten sind deutlich verringert. Des weiteren weicht die effektive Kanallänge nur geringfügig von der strukturierten Elektrodengröße ab, die bei der heutigen Trocken-ätztechnik dem Designmaß entspricht.

Dieser einfache Prozeß ist durch Einsatz der Lokalen Oxidation zur Verbesserung der Oberflächenplanarität und der Spacer-Technik mit LDD-Strukturen als wirkungsvolle Maßnahme gegen die Kurzkanaleffekte auf effektive Kanallängen im 0,5 µm-Bereich ausgebaut worden.

Zur Auflösung der Strukturen im Submikrometer-Bereich wird in der Fototechnik der Vakuumkontakt zwischen Siliziumsubstrat und Maske in Verbindung mit einer UV-Belichtung bei 320 nm Wellenlänge genutzt. Die Nachteile dieser Lithografietechnik, wie Maskenverschmutzung bzw. daraus resultierende Ausbeuteverluste, sind aufgrund der verbesserten Scheibenplanarität und Reinraumqualität heute nicht mehr gravierend /30/ und können in einer Forschungslinie toleriert werden. In der Produktion stehen entsprechend leistungsfähige Waferstepper zur Verfügung, um diese Auflösung auch auf Siliziumscheiben mit einem Durchmesser von 150 mm oder 200 mm bei hoher Ausbeute zu garantieren.

2.1.2 Monolithisch integrierte Fotodetektoren

Zur Umsetzung optischer Signale in verwertbare elektrische Spannungspegel auf dem Siliziumchip eignen sich Fotodioden in ihren verschiedenen Bauformen, Fotobipolartransistoren, MOS-Transistoren auf potentialfreiem Substrat und JFET-Transistoren. MOS- und JFET-Transistoren reagieren jedoch nur schwach auf eine Lichteinstrahlung, so daß sie für praktische Anwendungen in der Regel nicht geeignet sind /31/.

Fotodioden lassen sich ohne Aufweitung des CMOS-Prozesses in Form von pn-Dioden gemeinsam mit den mikroelektronischen Schaltungen integrieren. Die Elektroden werden durch die Drain/Source-Implantationen der MOS-Transistoren hergestellt, während der Bereich zwischen den Anschlüssen nur die Substratdotierung von ca. $2 \cdot 10^{15}$ Bor/cm^3 enthält. Bei einer Betriebsspannung von 5 V dehnt sich die Raumladungszone des pn-Übergangs ca. 2 µm in das Substrat aus. Die Ladungsträgergeneration findet innerhalb der Raumladungszone und im umgebenden, schwach dotierten Silizium statt.

Zum Fotostrom tragen die in der Raumladungszone einschließlich aller innerhalb einer Diffusionslänge von der Raumladungszone entfernt generierten Elektronen und Löcher bei. Sie bewegen sich aufgrund des elektrischen Feldes zu den Elektroden der Diode, wobei die Geschwindigkeit der Ladungsträger außerhalb der Raumladungszone gering ist. Hohe Schaltgeschwindigkeiten lassen diese Diodenbauformen wegen ihrer großen Sperrschichtkapazitäten C_s nicht zu /32/, denn die Schaltzeit t_s ist durch

$$t_s \sim R_B \cdot C_s \, ,$$

bei gegebenem Bahnwiderstand R_B festgelegt.

Im Vergleich zur pn-Diode bietet die pin-Bauform, deren lichtempfindliche Fläche zwischen den Anschlußelektroden aus eigenleitendem Silizium besteht, eine über den gesamten intrinsischen Bereich W_i ausgedehnte Raumladungszone. Die spektrale Empfindlichkeit der pin-Diode ist größer als die der einfachen pn-Bauformen, da weniger Rekombinationsvorgänge stattfinden. Auch die Schaltgeschwindigkeit t_s, für die wegen der niedrigen Sperrschichtkapazität in Verbindung mit dem geringen Bahnwiderstand in diesem Fall gilt

$$t_s \sim W_i / V_s$$

ist bei der pin-Diode deutlich erhöht. Kurze Schaltzeiten sind jedoch nur durch Anlegen einer äußeren Spannung an die Diode zu erreichen: im elektrischen Feld driften die generierten Ladungsträger mit maximaler Geschwindigkeit, der Sättigungsgeschwindigkeit V_s, aus dem eigenleitenden Gebiet zu den niederohmigen Elektroden der Diode.

Die Realisierung einer pin-Diode ist im CMOS-Prozeß durch eine Gegendotierung zum Ausgleich der bereits im Siliziumsubstrat vorhandenen Akzeptoren oder Donatoren denkbar, sie erfordert aber einen exakten homogenen Dotierungsprozeß. Weitere Maßnahmen sind zur Separation der tief im Substrat generierten Ladungsträger erforderlich, die wegen ihrer langen Lebensdauer durch Diffusion zur Verlängerung der Schaltzeit führen.

Die MOS-kompatiblen Fotodioden lassen sich sowohl außerhalb der n-leitenden Wanne mit einer Elektrode auf Substratpotential als auch innerhalb der Wanne als vollständig isolierte Bauelemente realisieren. Fotodioden außerhalb der n-leitenden Wanne weisen zwei gravierende Nachteile auf: sie sind nicht frei beschaltbar und ermöglichen nur geringe Signalfrequenzen. Die Sperrschichtkapazität dieser Dioden entlädt sich zwar über die niederohmigen Diffusionsgebiete, jedoch verlängern die tief im Substrat generierten Elektron-Loch-Paare die Schaltzeit dieses Detektors. Sie bewegen sich in einem schwachen elektrischen Feld und somit mit geringer Geschwindigkeit. Diese Bauform des Detektors ist nur für niederfrequente Signale bis zu 500 kHz geeignet. Der Nachteil der auf Substratpotential festgelegten Elektrode der Diode ist nicht zu umgehen, so daß dieser Bautyp für die Integrationstechnik ausscheidet.

Dioden in der n-leitenden Wanne sind dagegen frei beschaltbar, wobei jedoch ein zweiter pn-Übergang aktiv werden kann. Auch die Raumladungszone zwischen der n-Wanne und dem Substrat beeinflußt den Fotostrom, indem sie die tief im Substrat generierten Ladungsträger vom aktiven pn-Übergang abschirmt. Wegen der niedrigen Dotierung der Wanne ist der Bahnwiderstand des n-Gebietes hoch; damit begrenzt die Entladung dieser Raumladungszone und der Sperrschichtkapazität dieses pn-Überganges die Schaltgeschwindigkeit der potentialfreien Dioden auf den Bereich um 1 MHz.

Alternativ zu den Fotodioden eignen sich auch Bipolartransistoren zur Detektion von Photonen im Spektralbereich von 400 nm bis 950 nm. Ihre Funktion basiert auf der Ladungsträgergeneration im Basisbereich, die vergleichbar zu einem extern eingespeisten Basisstrom wirkt. Wegen der Verstärkung der Fotobipolartransistoren liefern diese optischen Empfänger im Vergleich zur Fotodiode wesentlich größere elektrische Signale am Detektorausgang.

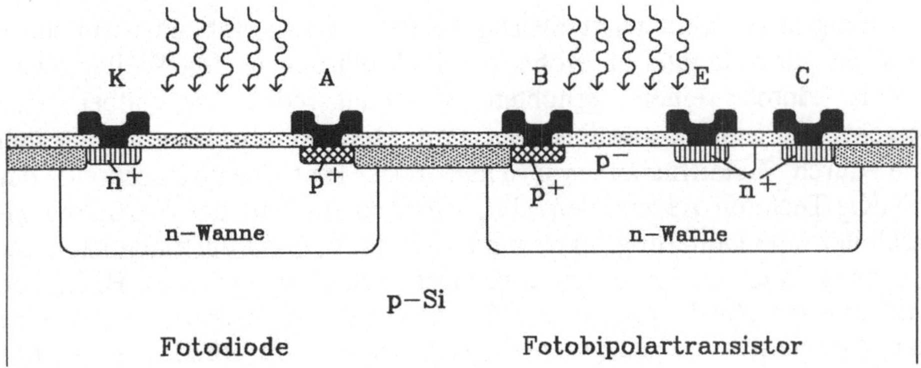

Bild 7: Querschnitte der integrierten Fotoempfänger

Im CMOS-Prozeß ist zur Integration der npn-Fotobipolartransistoren nur eine ergänzende Fotomaske zur Dotierung der Basis notwendig. Sie läßt sich im Anschluß an die Nachdiffusion über eine Bor-Implantation innerhalb der n-leitenden Wanne, die als Kollektor dient, erzeugen. Der Emitter wird gemeinsam mit der Drain/Source-Implantation der n-MOS Transistoren hergestellt.

Infolge der höheren Dotierstoffkonzentrationen in diesem Schaltungselement sind die flächenbezogenen Sperrschichtkapazitäten im Vergleich zur Fotodiode erheblich größer. Sie lassen sich aber durch Bauformen mit sehr geringen Dimensionen klein halten, so daß sie die Schaltgeschwindigkeit erst oberhalb von 300 MHz begrenzen. Dagegen werden die tief im Substrat generierten Ladungsträger von der Kollektor-Substrat-Diode abgefangen; sie führen zu keiner Schaltzeitverlängerung. Des weiteren läßt sich die Schaltgeschwindigkeit durch technologische, designspezifische und schaltungstechnische Maßnahmen beeinflussen, z. B. über den Basisbahnwiderstand, die Betriebsspannung und die äußere Beschaltung des Transistors.

Nachteilig sind die zur Integration des Fotobipolartransistors notwendigen zusätzlichen Prozeßschritte, sowie die im Vergleich zu einer hybriden pin-Diode geringere Empfindlichkeit.

2.2 Integrierte Optik

Die Integrierte Optik nutzt bislang $LiNbO_3$, GaAs, InP oder einfaches Glas als Substratmaterial, wobei die Lichtführung in den Wellenleitern jeweils durch einen erhöhten Brechungsindex gegenüber den umgebenden Stoffen gewährleistet wird. Die lokale Indexerhöhung läßt sich durch Eindiffusion von Titan oder Protonenaustausch in der $LiNbO_3$-Technologie erzielen /33/, während im Fall der Verbindungshalbleiter eine Dotierungsänderung ausreicht. In Glassubstraten kann der Brechungsindex außer durch Ionenaustausch /34/ auch mit Hilfe von implantierten Bor-Dotierungen /35, 36/ angehoben werden, wobei sich hier nur passive Strukturen realisieren lassen. Aufgrund des elektrooptischen Effektes sind in den Verbindungshalbleitern und auch in $LiNbO_3$ aktive Bauelemente möglich; Fotodetektoren und Laser lassen sich jedoch nur in GaAs und InP herstellen.

Weder $LiNbO_3$ noch die Verbindungshalbleiter eignen sich zur Einbindung der Integrierten Optik in die Siliziumtechnologie, da diese Materialien zum einen nicht in der notwendigen Qualität und Schichtdicke auf Silizium aufgebracht werden können, zum anderen auch nicht mit der CMOS-Technologie verträglich sind. Nur kristallines Silizium selbst bietet sich als Substrat zur gemeinsamen Integration mikroelektronischer Schaltungen und integriert optischer Komponenten an, wobei letztere die Siliziumscheibe nur als kostengünstiges Basismaterial nutzt. Wegen des fehlenden elektrooptischen Effektes im Silizium bzw. in den kompatiblen dielektrischen Materialien Siliziumdioxid und Siliziumnitrid, lassen sich jedoch nur passive wellenführende Schichten herstellen, die in Form von Al_2O_3 /37/, Si_3N_4, Phosphor- bzw. Bor-dotierten Gläsern oder SiON auf thermischen Oxidschichten abgeschieden werden. Diese Schichten ermöglichen in strukturierter Form eine gezielte Führung elektromagnetischer Signale, wobei das Silizium bisher lediglich die Funktion des Trägermaterials hat.

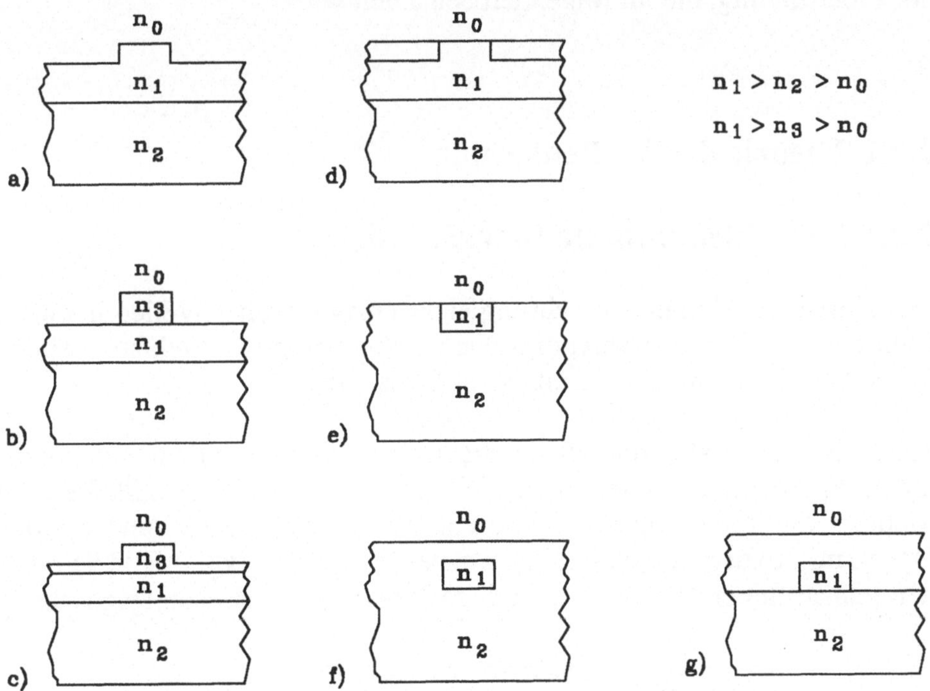

Bild 8: Bauformen der Wellenleiter: a) Rippenwellenleiter, b+c) Streifenbelastete Rippenwellenleiter, d) Kanalwellenleiter, e) eingebetteter Wellenleiter, f+g) vergrabene Wellenleiter /38/

Für die monolithische Integrationstechnik selbst bietet die Silizium-Technologie die qualitativ hochwertigen, in der CMOS-Technik gebräuchlichen Materialien SiO_2, SiON und Si_3N_4 zur Wellenleiter-herstellung auf Siliziumsubstrat an. Ein SiON- oder Si_3N_4-Film kann zwischen zwei SiO_2-Schichten mit einem geringeren Brechungsindex so eingebettet werden, daß eine Lichtführung im Film erfolgt. Zur Herstellung von streifenbelasteten Rippenwellenleitern wird nur noch die abdeckende Oxidschicht strukturiert. In dieser einfachen Art der Wellen-leiterfertigung erfolgt die Führung der elektromagnetischen Welle unter-halb der Oxidrippe, wobei Ausbreitungsverluste von weniger als 0,5 dB/cm erreicht werden können /39/.

Alternativ lassen sich auch die in Bild 8 dargestellten anderen Strukturen wie Kanal- oder Grabenwellenleiter zur Lichtführung herstellen; sie weisen jedoch eine höhere Prozeßkomplexität bei zum Teil geringerer Qualität auf. Allen Bauformen gemeinsam ist die Grundlage der Lichtführung, die im folgenden behandelt wird.

2.2.1 Theorie der Wellenleitung

2.2.1.1 Strahlenoptische Betrachtung

Das einfachste Modell der Führung elektromagnetischer Wellen in einem Film basiert auf der strahlenoptischen Betrachtung der Lichtausbreitung in Medien unterschiedlicher optischer Konstanten.

Trifft ein Lichtstrahl vom optisch dichteren Medium mit dem Brechungs-index n_1 kommend unter einem Winkel θ_1 auf die Grenzfläche zum Medium mit der Brechzahl n_2, so entsteht ein reflektierter und ein den Übergang transmittierender, gebrochener Strahl (vgl. Bild 9). Für den transmittierenden Teilstrahl gilt das Snelliussche Brechungsgesetz

$$n_1 \cdot cos\,\theta_1 = n_2 \cdot cos\,\theta_2 \quad .$$

Ab einem kritischen Einfallswinkel θ_c, gegeben durch $\theta_2 = 0$, folgt die Beziehung

$$\theta_c = arccos\,n_2/n_1 \quad ;$$

es tritt Totalreflexion auf. D. h. sämtliche auf die Grenzfläche auftreffende Intensität wird ohne Verluste zurückgestrahlt; der gebrochene Anteil verschwindet vollständig. Der Reflexionskoeffizient R ist im Fall der Totalreflexion komplex, die elektromagnetische Welle erfährt damit einen Phasensprung an der Grenzfläche. Eine Führung des Lichtes im Wellenleiter kann nur auftreten, wenn an allen seinen seitlichen Begrenzungen parallel zur Ausbreitungsrichtung Totalreflexion auftritt, so daß keine Intensität durch Transmission verloren geht.

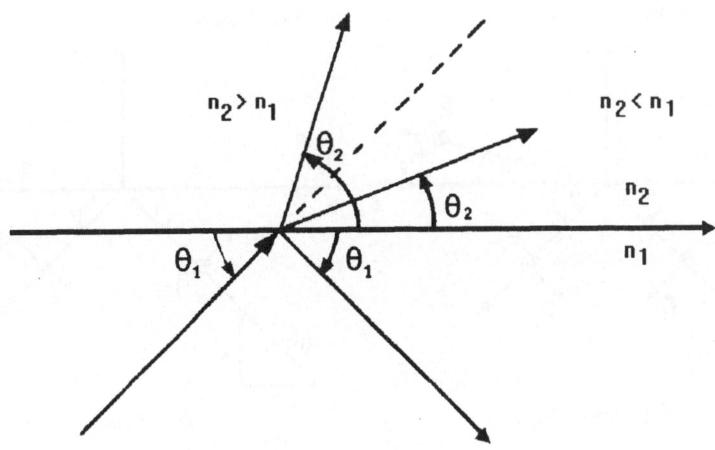

Bild 9: Definition der Größen zur Beschreibung der einzelnen Teilstrahlen an der Grenzfläche von zwei Medien unterschiedlicher optischer Dichte

Damit läßt sich die Ausbreitung einer elektromagnetischen Welle in Schichten, deren Dicke gegenüber der Wellenlänge des Lichtes sehr groß ist, ausreichend genau erklären. Unterhalb eines kritischen Einfallswinkels $|\theta_1| < \theta_C$, festgelegt durch die Brechzahlen der verwendeten Materialien, sind quasi alle Werte für θ_1 erlaubt; es tritt in jedem Fall eine Lichtführung auf. Mit abnehmenden geometrischen Größen des Wellenleiters wird jedoch eine wellenoptische Modellierung der Ausbreitung notwendig, speziell für Wellenlängen, deren Abmessungen vergleichbar mit den Maßen der lichtführenden Schicht sind.

2.2.1.2 Wellenoptische Betrachtung

Die Ausbreitung elektromagnetischer Wellen in optischen Filmen wird
anhand der Sonderfälle der TE- und TM-polarisierten ebenen Lichtwellen
betrachtet, denn jeder andere Polarisationszustand läßt sich durch Super-
position aus diesen beiden Zuständen darstellen. Zur Definition der
Größen sei auf Bild 10 verwiesen.

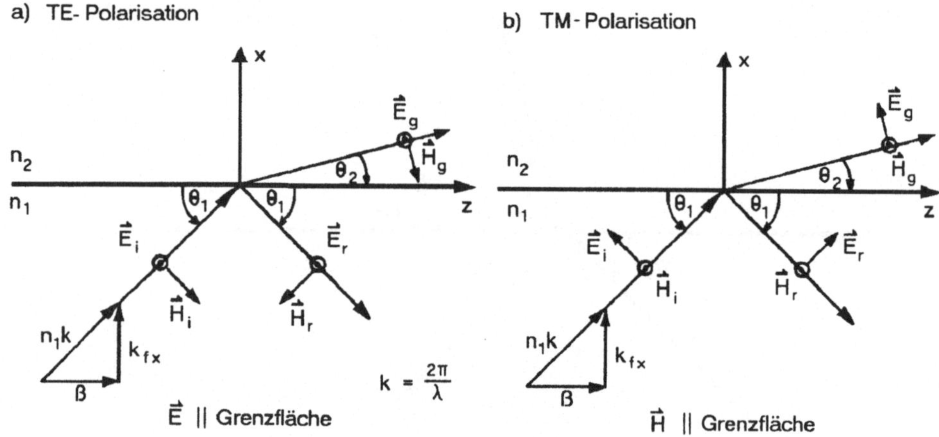

Bild 10: Definition der einzelnen Komponenten für die wellen-
optische Betrachtung der Lichtausbreitung am Übergang vom
optisch dichteren zum dünneren Medium

Die elektrischen und magnetischen Feldkomponenten sind dabei über den
Feldwellenwiderstand z, gegeben durch

$$z \;=\; 1/n \; \sqrt{\mu_0/\varepsilon_0}$$

miteinander verbunden.

$$|\vec{H}| = \frac{|\vec{E}|}{z}$$

Für den Fall der TE-Polarisation ergibt sich unter Berücksichtigung der Orthogonalität der einander zugehörigen Raumkomponenten des E- und H-Vektors für die drei Ausbreitungsrichtungen:

- einfallende Welle:

$$H_x^i = |\vec{H}_i|\,\cos\Theta_1 = -E_y^i\,\cos\Theta_1\,\frac{n_1}{\sqrt{\mu_0/\varepsilon_0}}$$

$$H_z^i = |\vec{H}_i|\,\sin\Theta_1 = E_y^i\,\sin\Theta_1\,\frac{n_1}{\sqrt{\mu_0/\varepsilon_0}}$$

- reflektierte Welle:

$$H_x^r = |\vec{H}_r|\,\cos\Theta_1 = -E_y^r\,\cos\Theta_1\,\frac{n_1}{\sqrt{\mu_0/\varepsilon_0}}$$

$$H_z^r = |\vec{H}_r|\,\sin\Theta_1 = E_y^r\,\sin\Theta_1\,\frac{n_1}{\sqrt{\mu_0/\varepsilon_0}}$$

- gebrochene Welle:

$$H_x^g = |\vec{H}_g|\,\cos\Theta_2 = -E_y^g\,\cos\Theta_2\,\frac{n_2}{\sqrt{\mu_0/\varepsilon_0}}$$

$$H_z^g = |\vec{H}_g|\,\sin\Theta_2 = -E_y^g\,\sin\Theta_2\,\frac{n_2}{\sqrt{\mu_0/\varepsilon_0}}$$

Die Stetigkeitsbedingungen der Tangentialkomponenten in der Ebene $x = 0$:

$$E_y^i = E_y^r + E_y^g$$

$$H_z^i = H_z^r + H_z^g$$

ergeben zusammen mit dem Snelliusschen Brechungsgesetz für den Reflexionsfaktor r_{TE}:

$$r_{TE} = \frac{\sin \Theta_1 - \sqrt{(n_2/n_1)^2 - \cos^2\Theta_1}}{\sin \Theta_1 + \sqrt{(n_2/n_1)^2 - \cos^2\Theta_1}}$$

Im Fall der Totalreflexion ist $|r_{TE}| = 1$ und $(n_2/n_1)^2 - \cos^2\Theta_1 < 0$, die Lichtwelle erfährt eine Phasendrehung:

$$\Psi_{TE} = 2 \ arctan \ \frac{\sqrt{\cos^2\Theta_1 - (n_2/n_1)^2}}{\sin \Theta_1}$$

Auf dem gleichen Lösungsweg läßt sich für eine TM-polarisierte Lichtwelle der Reflexionsfaktor r_{TM} berechnen:

$$r_{TM} = \frac{(n_2/n_1)^2 \ \sin \Theta_1 - \sqrt{(n_2/n_1)^2 - \cos^2\Theta_1}}{(n_2/n_1)^2 \ \sin \Theta_1 + \sqrt{(n_2/n_1)^2 - \cos^2\Theta_1}}$$

woraus sich die Phasendrehung bei Totalreflexion ergibt:

$$\Psi_{TM} = 2 \ arctan \ \frac{(n_1/n_2)^2 \ \sqrt{\cos^2\Theta_1 - (n_2/n_1)^2}}{\sin \Theta_1}$$

Im unsymmetrischen planaren Wellenleiter, wie er in der Integrierten Optik typischerweise verwendet wird, erfordert die Wellenausbreitung in z-Richtung konstruktive Interferenz bei der Totalreflexion an den Grenzflächen der einzelnen Medien, d. h. die Welle muß TE- oder TM-polarisiert sein. Die Phasendrehung bezüglich der z-Achse, gegeben durch $ß \cdot z = n_1 k \cdot \cos \Theta_1$, verläuft harmonisch. Sie muß für konstruktive Interferenz folglich nur ein Vielfaches von 2π entlang des Weges bezüglich der x-Achse sein. Dies führt zu der Bedingung

$$-2 \ d \ k_{fx} + \Psi_{12} + \Psi_{13} = -2 \ m \ \pi \quad , \ m = 1,2...$$

mit $\Psi_{12,13}$ als Phasendrehungen an der unteren bzw. oberen Grenzfläche des wellenleitenden Films. Daraus folgen für eine gegebene Schichtdicke d und der Wellenlänge

$$\lambda = 2\pi / k$$

der oder die zulässigen Einfallswinkel θ_1 für ein bestimmtes m, der Modenzahl.

$$d\, n_1\, k\, \sin\Theta_1 = \frac{1}{2}(\Psi_{12} + \Psi_{13}) - m\,\pi$$

Zur Veranschaulichung des Begriffes der Modenzahl ist die transversale Feldverteilung einer geführten elektromagnetischen Welle in Bild 11 dargestellt. Diese Überlegungen gelten für Filmwellenleiter, im Fall der Rippenwellenleiter muß eine entsprechende Betrachtung der lateralen Lichtführung durchgeführt werden.

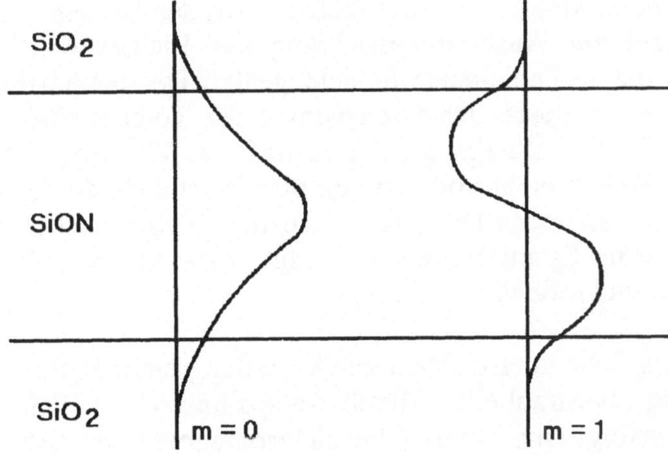

Bild 11: Transversale Feldverteilung im Wellenleiter in Abhängigkeit von der Modenzahl m

2.2.2 Integrierte optische Komponenten und Schaltungen

Die einfachsten Strukturen der Integrierten Optik sind die Wellenleiter, mit deren Hilfe sich verschiedene optische Grundelemente und Schaltungen realisieren lassen. Verschiedene Bauformen der Wellenleiter sind bereits zuvor erläutert worden, so daß hier direkt auf weiterführende Elemente eingegangen werden kann.

Zur gezielten Führung eines optischen Signals auf dem Chip sind Strahlumlenkungen in Form von Bögen notwendig. Infolge der Richtungsänderung können Abstrahlungsverluste auftreten, die den minimalen Krümmungsradius eines Bogens begrenzen. Minimale Radien sind technologiebedingt für diffundierte oder Ionen-ausgetauschte Wellenleiter auf $LiNbO_3$ ca. 1000 μm, für SiON-Strukturen auf Si ca. 200 μm; unterhalb dieser Werte nehmen die Strahlungsverluste drastisch zu.

Im Vergleich zur Mikroelektronik sind die optischen Komponenten wegen der begrenzten Krümmungsradien äußerst flächenintensiv. Als Alternative bietet sich eine Strahlablenkung durch Reflexion an integrierten Spiegeln an, die in Form eines Brechungsindexsprunges vom wellenführenden Medium zu Luft realisiert werden können. Unter einem festen Winkel zur Ausbreitungsrichtung des Lichtes wird dazu eine Öffnung in die wellenleitende Schicht geätzt. Der maximale zulässige Einfallswinkel ist durch den Grenzwinkel der Totalreflexion festgelegt und beträgt für den Übergang SiO_2 zu Luft ca. 47°. Jedoch lassen sich Spiegeloberflächen nicht vollkommen plan herstellen, so daß schon bei geringeren Ablenkungen Dämpfung auftritt. Ein realistischer Winkel für eine verlustarme Strahlablenkung beträgt etwa 45° bis 60° zwischen einfallendem und reflektiertem Strahl.

Ein wichtiges Schaltungselement zur Verteilung eines Signals ist die Y-Verzweigung als Strahlteiler. Durch Aufspaltung eines Wellenleiters in zwei Arme erfolgt eine Teilung des elektromagnetischen Signals, wobei die Intensität entsprechend der Dimensionierung der Abzweigungen verteilt wird. Für eine symmetrische Aufteilung der einlaufenden Welle in zwei gleiche Teilstrahlen ist eine symmetrische Anordnung der Y-Verzweigung notwendig, wobei sich Abstrahlungsverluste nur durch eine Aufspaltung der Arme unter kleinem Winkel unterdrücken lassen.

Anstelle der Y-Verzweigung läßt sich eine Signalübertragung von einem Wellenleiter auf einen anderen auch durch Koppler realisieren. In zwei parallel zueinander in sehr geringem Abstand verlaufenden Wellenleitern tritt eine Überkopplung des Signals infolge von Leckwellenkopplung auf. Dabei legen der Abstand und die Länge des Kopplers den Koppelgrad fest, so daß bei gegebener Technologie durch den Entwurf der optischen Schaltung bereits die gewünschte Kopplung festgelegt wird.

Aus den oben genannten Einzelkomponenten lassen sich verschiedene Interferometertypen realisieren, wobei das Mach-Zehnder-Interferometer ein wichtiges Element für die Abtastung mikromechanischer Sensoren darstellt. Der lichtführende Wellenleiter spaltet über eine Y-Verzweigung in einen Meß- und einen Referenzzweig auf, wobei der Meßarm über einen Detektor verläuft. Im Bereich des Detektors muß das erregende Signal im Wellenleiter eine Brechungsindexänderung oder eine Weglängenänderung hervorrufen. Hinter dem Detektor werden die beiden Zweige des Interferometers wieder zusammengeführt, wobei - je nach Phasenverschiebung durch den Detektor - am Ausgang eine Intensitätsänderung durch Interferenz stattfindet. Aus der Wellenlänge des Lichtes läßt sich dann auf die Größe des Signals am Detektor schließen.

Für Dehnungs- oder Entfernungsmessungen eignen sich integrierte Michelson-Interferometer. Auch hier wird das Licht in einen Meß- und einen Referenzstrahl aufgespalten, wobei der Meßstrahl auf die Probe trifft und dort reflektiert wird. Das rückgestreute Licht interferiert mit dem Referenzstrahl, der zuvor an einem integrierten Spiegel zurückgeworfen wird. Bei dieser Anordnung kann das Meßobjekt außerhalb des Chips liegen, es muß nur ein Teil des auf die Probe treffenden Lichtes in das Interferometer zurückgestreut werden.

2.2.3 Lichtwellenleiter für die Integrierte Optik auf Silizium

Die vorgestellten integriert optischen Strukturen sind unabhängig vom Substrat und wellenführenden Medium behandelt worden. Ihre Realisierung fußte ursprünglich bei allen Schaltungselementen auf Titandiffundierten oder Ionen-ausgetauschten Wellenleitern in $LiNbO_3$. Wegen der Unverträglichkeit mit der Siliziumtechnologie ist als Alter-

native eine lichtführende Schichtfolge auf Siliziumbasis entwickelt
worden, mit der sich sämtliche zuvor genannten Schaltungselemente herstellen lassen /40, 41/. Der typische Aufbau eines solchen Wellenleiters
ist in Bild 12 dargestellt, wobei als lichtführendes Medium neben
SiON auch Phosphorglas oder Siliziumnitrid verwendet werden kann.

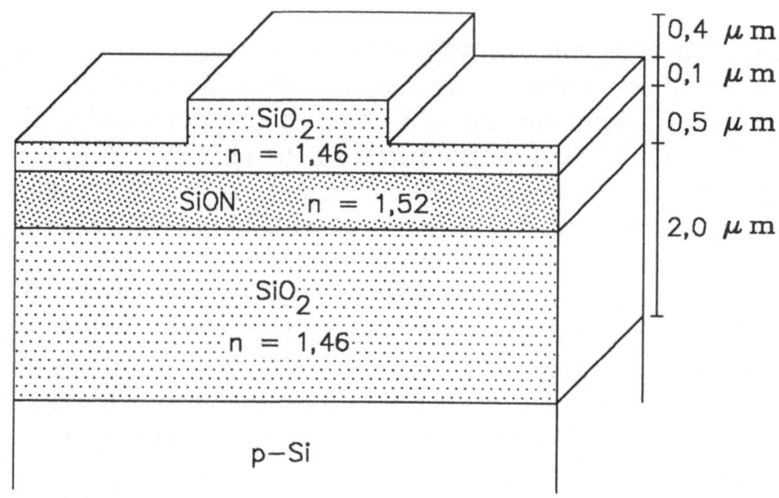

Bild 12: Aufbau eines zur MOS-Technologie kompatiblen Lichtwellenleiters auf Siliziumsubstrat, bestehend aus thermischem Isolationsoxid, SiON-Film und strukturiertem PECVD-Deckoxid

Alle genannten Schichten lassen sich auf thermischem oder abgeschiedenem Oxid aufbringen. Sie erfüllen damit die Bedingungen für eine
kombinierte Siliziumtechnologie, wie eine geringe Dämpfung der Welle
im Leiter bei ausreichender optischen Isolation vom Substrat, hin-
reichende Temperaturstabilität der Schicht, ihre Strukturierbarkeit im
Trockenätzverfahren sowie ihre chemische Reinheit in Bezug auf
Schwermetalle oder Alkaliionen.

Die Abscheidung der lichtführenden Schichten kann im LPCVD- oder
PECVD-Verfahren erfolgen, wobei letztere Technik bei erheblich
geringerer Temperatur abläuft und damit für die monolithische
Integrationstechnik besser geeignet erscheint. Jedoch können die relativ

wasserstoffreichen PECVD-Schichten - speziell bei Wellenlängen über 1,3 µm - zu starker Signaldämpfung im Wellenleiter führen.

Siliziumnitrid wird als LPCVD-Schicht bei 800°C - 930°C oder im PECVD-Verfahren bei ca. 350°C abgeschieden, wobei als Quellgase Dichlorsilan oder Silan und Ammoniak verwendet werden.

$$3\ SiH_2Cl_2 + 4\ NH_3 \longrightarrow Si_3N_4 + 6\ HCl + 6\ H_2$$

$$3\ SiH_4 + 4\ NH_3 \longrightarrow Si_3N_4 + 12\ H_2$$

Fügt man zu diesen Gasen während der Deposition kontrolliert reinen Sauerstoff oder Lachgas (N_2O) zu, so ersetzen die Sauerstoffatome teilweise den Stickstoff in der abgeschiedenen Schicht; dies führt zu einer Brechungsindexreduktion. Mit wachsender Sauerstoffkonzentration sinkt der Brechungsindex bei der Wellenlänge $\lambda = 633$ nm von 2,02 für reines Nitrid auf 1,46 für reines Oxid, wobei sich sämtliche Zwischenwerte kontinuierlich durch das Gasgemisch einstellen lassen.

$$2\ SiH_2Cl_2 + 2\ NH_3 + 2\ N_2O \longrightarrow 2\ SiON + 4\ HCl + 3\ H_2 + 2\ N_2$$

$$2\ SiH_4 + 2\ NH_3 + 2\ N_2O \longrightarrow 2\ SiON + 2\ N_2 + 7\ H_2$$

Ausgehend von einem Depositionsprozeß für Siliziumdioxid kann neben Ammoniak auch Phosphor in Form von PH_3 oder Trimethylphosphat dem Abscheideprozeß zur Brechungsindexanhebung zugegeben werden. Dabei zeigt sich, daß phosphordotierte Oxide nur bei sehr hohen Konzentrationen Werte über 1,5 annehmen. Damit sind diese Filme unabhängig von ihrer optischen Qualität nicht für die monolithische Integration mit CMOS-Schaltungen geeignet. Stark mit Phosphor dotierte Gläser setzen Phosphorsäure frei, die als Langzeitwirkung zur Zerstörung der Metallisierungsebene führt.

Eine interessante Variante zur Herstellung von SiON-Wellenleiter basiert auf der plasmaunterstützten Abscheidung von TEOS-Oxiden. Obwohl die Quellflüssigkeit selbst eine Sauerstoffverbindung ist, lassen sich im PECVD-Verfahren nur bei weiterer Zugabe von O_2 Oxidschichten abscheiden. Dies deutet darauf hin, daß der in der Verbindung vorhandene Sauerstoff erheblich stärker gebunden ist als das Silizium.

Fügt man statt des Sauerstoffes NH_3 zur Reaktion zu, so lassen sich SiON-Schichten abscheiden, die gegenüber dem Brechungsindex reiner PECVD-TEOS-Oxidschichten von 1,43 einen Wert von bis zu 1,60 aufweisen können. Wesentlichen Einfluß auf den erreichten Brechungs-index haben die Depositionsbedingungen: Mit wachsender Hoch-frequenz-Leistung und zunehmender Temperatur bei der Abscheidung nimmt der Brechungsindex zu, während der NH_3-Durchfluß ab 5 ml/min und der Druck im Bereich von 50 mbar - 800 mbar nur eine unter-geordnete Bedeutung haben.

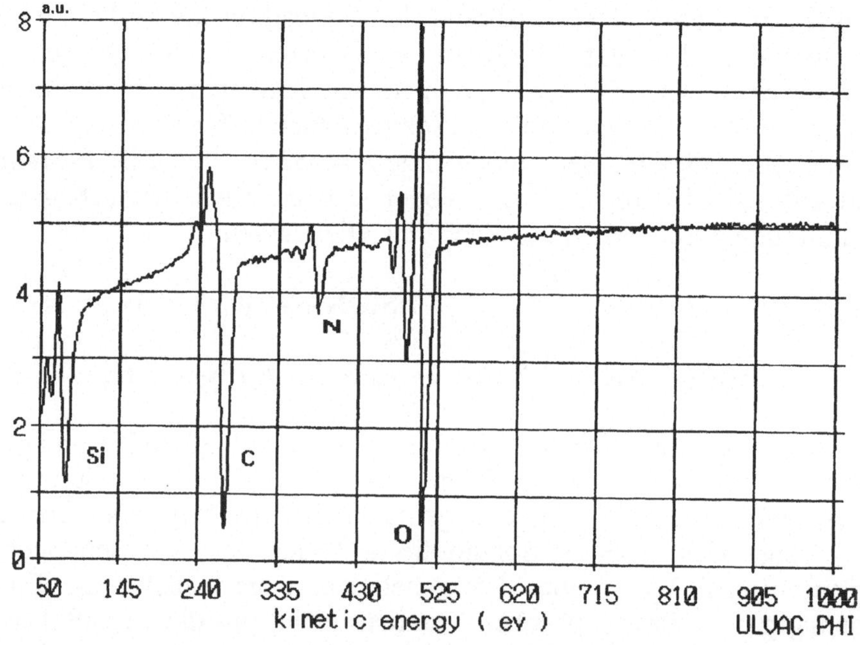

Bild 13: Auger-Spektrum einer Schicht zur Herstellung von SiON-Wellenleitern, abgeschieden durch Pyrolyse von TEOS und NH3 im PECVD-Verfahren

Die optischen Untersuchungen der abgeschiedenen Schichten zeigen eine Absorption im Film, jedoch ist die Dämpfung bei 633 nm Wellenlänge mit 1 dB/cm in einem tolerierbaren Bereich. Speziell bei kürzeren Wellenlängen findet eine Anregung im Material statt, denn der Wellenleiter strahlt mit einer anderen als der eingekoppelten Frequenz ab. Eine Auger-Elektronenanalyse des Films zeigt eine relativ hohe Kohlenstoffkonzentration, resultierend aus der Ethylverbindung als Siliziumquelle, so daß es sich um eine $SiO_xN_yC_z$-Verbindung handelt (vgl. Bild 13). Damit kann die Abstrahlung aus einer Anregung der eingebauten Kohlenstoffatome bzw. der Kohlenstoffbindungen resultieren. Für konkrete Aussagen sind jedoch noch weitere optische und chemische Analysen notwendig.

SiON weist gegenüber Si_3N_4 mehrere Vorteile bei der Integration der optischen Komponenten auf. Zum einen beträgt die Strukturbreite einmodiger SiON-Wellenleiter etwa 3 µm, was eine im Vergleich zur Linienweite des Siliziumnitrides von unter 1 µm deutlich vereinfachte Fotolithografie bedeutet. Andererseits erweist sich die schwache Signalführung in SiON-Rippenwellenleitern als Vorteil für die funktionssichere Fertigung von Kopplern, weil die notwendigen Abstände zwischen den Koppelstrukturen mit etwa 1,5 µm noch reproduzierbar in der Technologie zu handhaben sind.

Für die gemeinsame Integration von Wellenleitern und CMOS-Komponenten hat sich aus den o. a. Gründen die in Bild 12 dargestellte Schichtfolge von SiO_2/SiON/SiO_2 mit einem Brechungsindex von 1,50 - 1,52 für das SiON als besonders geeignet herausgestellt. Dabei dienen das untere Oxid zur optischen Isolation vom Substrat und der SiON-Film als wellenleitende Schicht, während das abdeckende Oxid zu Rippen strukturiert wird und die laterale Lichtführung bewirkt.

Um die Dämpfung des Lichts im Wellenleiter gering zu halten, darf die optische Isolationsschicht eine Dicke von 2 µm nicht unterschreiten, des weiteren muß der Brechungsindex im SiON-Film um ca. 0,06 gegenüber dem des optischen Isolators erhöht sein. Unter diesen Bedingungen lassen sich auf planarem Untergrund einmodige Wellenleiter mit einer Dämpfung unter 0,5 dB/cm kompatibel zum CMOS-Prozeß herstellen.

2.3 Mikromechanik

Neben den gewaltigen Fortschritten in der Mikroelektronik konnte das
Element Silizium in den letzten Jahren seine Bedeutung noch aufgrund
seiner mechanischen Eigenschaften unterstreichen: Kristallstruktur und
Elastizität bzw. Bruchfestigkeit bieten in Verbindung mit den bereits
hochentwickelten Bearbeitungsverfahren der mikroelektronischen Integrationstechnik ideale Voraussetzungen für mikromechanische Komponenten.

Bild 14: Ein elektrostatisch angetriebener Mikromotor /42/ und ein
         über Widerstandsheizung gesteuertes Zungenarray /43/ als
         Beispiele für mikromechanische Aktoren als bewegliche
         Elemente auf Siliziumsubstrat, die durch Strukturierungen und
         Schichtdepositionen aus bzw. auf dem Siliziumkristall gefertigt
         wurden

Fotolithografie, Oxidation, Beschichtungs- und teilweise auch Ätzverfahren sind als Standard aus der Mikroelektronik in die Mikromechanik
übernommen und durch einige spezielle Ätztechniken, die eine
dreidimensionale Strukturierung erlauben, ergänzt worden /44/. Sie
ermöglichen eine kostengünstige Integration von optischen Gittern,

Sensorelementen oder Aktoren im Chipformat auf Siliziumsubstrat, wobei zum Teil eine direkte Anbindung an die Mikroelektronik auf dem Chip erfolgen kann /45/. Die Dimensionen der mikromechanischen Komponenten könnten zwar technologisch weiter verkleinert werden, sie müssen im Vergleich zur Mikroelektronik jedoch groß sein, um die gestellten Anforderungen als Sensor oder Aktor erfüllen zu können.

Im Vergleich zur Entwicklung der Mikroelektronik ist die Fertigungstechnik der Mikromechanik noch längst nicht ausgereift; sie steht als junger Zweig der Siliziumtechnologie erst in den Anfängen. Beispielsweise ist die Kompatibilität zur CMOS-Integrationstechnik bisher nicht gegeben, so daß zahlreiche interessante Anwendungen durch die fehlende Elektronik "on Chip" zur Zeit unmöglich sind. Auch mangelt es noch an konkreten Einsatzgebieten für viele heute bereits gefertigte Strukturen. Als Beispiele seien der elektrostatisch gesteuerte mikroskopische Greifarm /46/ oder das Drei-Achsen-Anemometer genannt /47/. Andere Strukturen, wie Druck- und Beschleunigungssensoren oder Düsen für Tintenstrahldrucker, werden dagegen bereits als Massenprodukte erfolgreich industriell gefertigt und eingesetzt.

Damit steht die Mikromechanik heute parallel zur Mikroelektronik und Integrierten Optik als zusätzliche eigenständige Technologie zur Erzeugung von mikroskopisch kleinen mechanischen Strukturen auf der Grundlage von kristallinem Silizium zur Verfügung.

2.3.1 Naßchemische Verfahren der mikromechanischen Strukturierung

Die grundlegende Technik der mikromechanischen Strukturierung beruht auf naßchemischem anisotropen Ätzen entlang der Gitterebenen eines einkristallinen Substrates, wobei die verschiedenen Kristallebenen unterschiedliches Ätzverhalten aufweisen. Auch isotrop wirkende Ätzlösungen lassen sich teilweise einsetzen, jedoch sind sie wegen der auftretenden lateralen Unterätzung in der Regel weniger gebräuchlich. Als drittes naßchemisches Verfahren steht das elektrochemische Ätzen zur Verfügung, das sowohl anisotropen als auch isotropen Charakter aufweisen kann.

2.3.1.1 Anisotropes Ätzen von Silizium

Sämtliche naßchemische Strukturbeizen des Siliziums sind basische
Lösungen. Neben den Alkalilaugen KOH und NaOH /48/ finden NH_4OH,
LiOH, sowie verschiedene Mischungen von Ethylendiamin mit Brenz-
katechin, Pyrazin und Wasser (EDP-Lösungen) Verwendung /49/. Die
grundlegenden Eigenschaften dieser Ätzlösungen sind vergleichbar,
wobei wesentliche Unterschiede nur in der Ätzrate, der Selektivität und
der erreichbaren Oberflächenrauhigkeit auftreten.

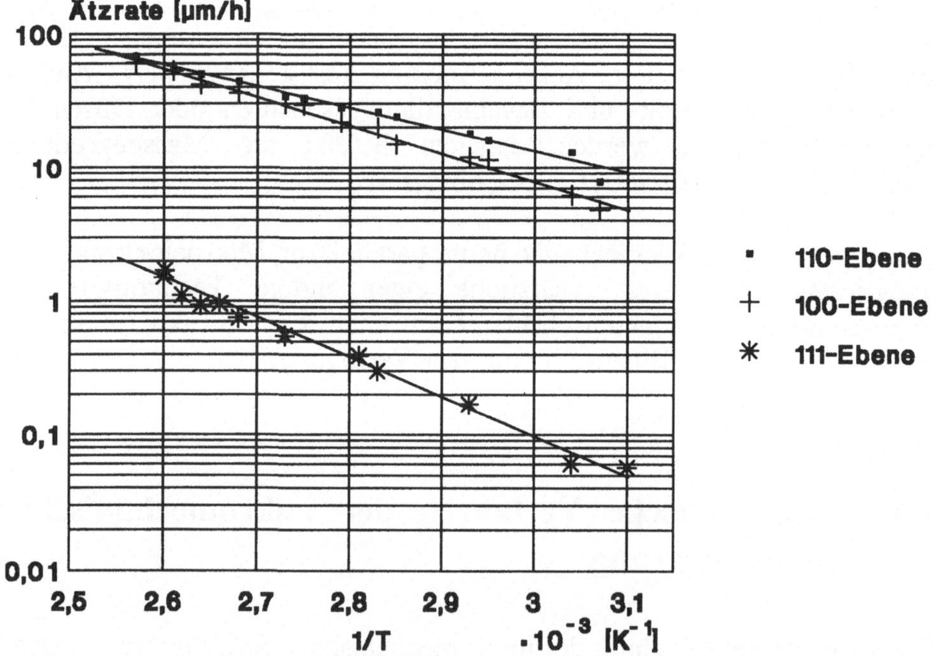

Bild 15: Ätzrate in Abhängigkeit von der Temperatur und Kristallorientierung für die EDP-Ätzlösung Typ S /50/

Bevorzugt abgetragen werden von den anisotrop wirkenden Ätzlösungen
die (100)- und (110)-Kristallebenen, dagegen weisen die im Fall des

Siliziums am dichtesten gepackten (111)-Ebenen die geringsten Ätzraten auf. (100)- und (110)-Ebenen werden, je nach Ätzlösung, Konzentration und Temperatur, mit 2 µm/h bis weit über 100 µm/h um etwa den Faktor 15 schneller abgetragen als die (111)-Ebenen, was neben der wesentlich höheren Packungsdichte durch eine größere Anzahl von Bindungen in der (111)-Ebene begründet ist /51/ (vgl. Bild 15).

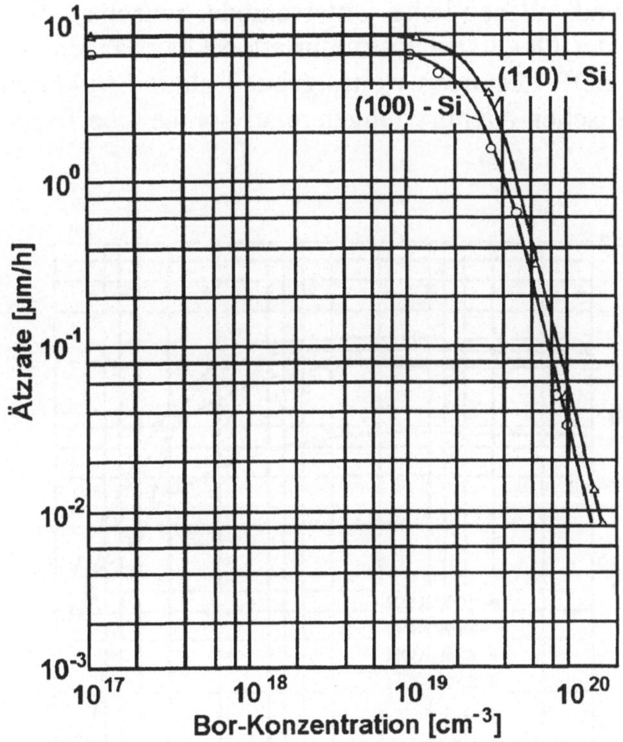

Bild 16: Dotierungsabhängigkeit der Ätzrate für die EDP-Ätzlösung /52/

Zur definierten Strukturierung ist eine als Ätzstop wirkende Schicht notwendig, gegenüber der die Ätzlösungen eine hohe Selektivität aufweisen. P-leitendes Silizium (Bor-Dotierung) wird unterhalb einer Dotierung von 10^{19} cm^{-3} konzentrationsunabhängig mit konstanter Rate abgetragen, oberhalb dieser Schwelle nimmt die Ätzgeschwindigkeit jedoch drastisch ab /53/. Dieser Effekt tritt sowohl für die EDP-Lösung (Bild 16) als auch für die KOH-Strukturbeize (Bild 17) auf.

Für eine Bor-Konzentration von 10^{20} cm^{-3} beträgt sie nur noch ca. 1/100 des Wertes für geringe Dotierungen, wobei das Mischungsverhältnis der verwendeten Ätzlösung noch einen Einfluß auf die Selektivität hat. Bei n-leitendem Silizium tritt diese starke Abhängigkeit nicht auf. Erst bei Dotierstoffkonzentrationen im Bereich um $5 \cdot 10^{20}$ cm^{-3} steigt die Selektivität auf etwa fünf, dies ist für Anwendungen der Mikromechanik nicht ausreichend. Wesentliche Unterschiede zwischen den Lösungen zeigen sich in der Qualität der strukturierten Oberflächen. Während die verschiedenen EDP-Lösungen weitestgehend glatte Strukturen erzeugen, liefern die alkalischen Ätzmischungen relativ rauhe Oberflächen.

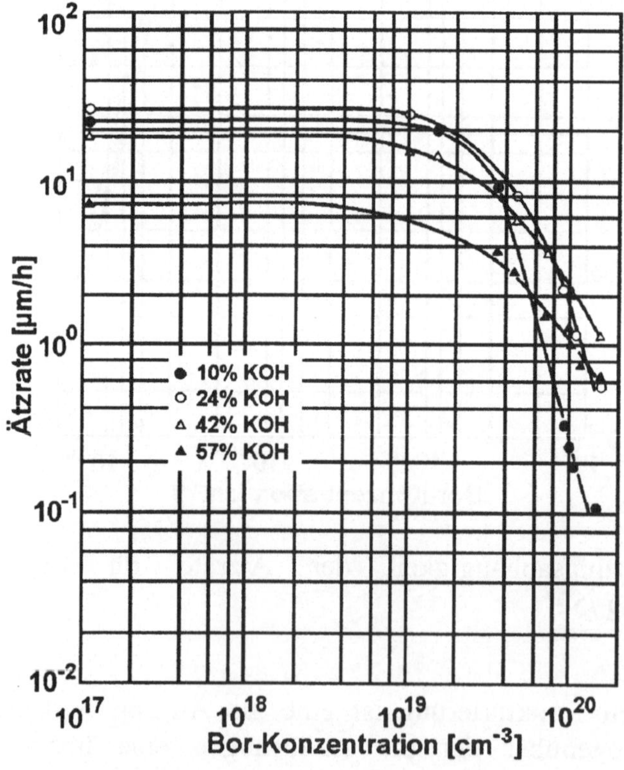

Bild 17: Dotierungsabhängigkeit der Ätzrate für die Alkalilauge Kaliumhydroxid (KOH)

Des weiteren treten in Abhängigkeit von der Lösung unterschiedliche Ätzraten für SiO_2, das als Maske verwendet wird, auf. Für KOH kann die Abtragung bis zu einigen $\mu m/h$ betragen, für EDP-Lösungen liegen die Werte um 2 bis 3 Größenordnungen niedriger; sie sind aber noch nicht vernachlässigbar gering. Dagegen eignet sich Si_3N_4 hervorragend als Maskierung für die Strukturbeizen der Mikromechanik; es wird von keiner der genannten Lösungen angegriffen.

Eine Verbindung der o. a. anisotropen Ätztechnik mit der CMOS-Technologie trifft auf ein wichtiges Problem: Es ist nicht möglich, Schichten mit geringer Dotierung als Substrat für die Schaltungstechnik selektiv zu strukturieren, da nur hochdotiertes p-leitendes Silizium als Ätzstop wirkt. Epitaktisches Schichtwachstum auf diesem entarteten Silizium führt einerseits zum Autodoping-Effekt, andererseits sind Gitterfehler infolge von Dotierstoffagglomeration nicht auszuschließen. Folglich ist eine Verbindung der anisotropen naßchemischen Strukturierung von Silizium mit mikroelektronischen Schaltungen nur mit großem Aufwand zu realisieren.

2.3.1.2 Isotrope Ätzlösungen

Als isotrope Ätzlösungen stehen $HNO_3/HF/H_2O$- oder $HNO_3/HF/$-CH_3COOH-Lösungen zur Strukturierung des Siliziums zur Verfügung, wobei je nach Mischungsgrad Ätzraten von weit über 500 $\mu m/min$ erreicht werden können /54,55,56,57/. Die Wirkung beider Lösungen beruht auf der oxidierenden Reaktion von HNO_3 und Silizium nach der Gleichung

$$3\,Si + 4\,HNO_3 \longrightarrow 3\,SiO_2 + 4\,NO + 2\,H_2O$$

wobei der HF-Anteil das entstandene Oxid abträgt:

$$3\,SiO_2 + 18\,HF \longrightarrow 3\,H_2SiF_6 + 6\,H_2O$$

Da es sich um isotrop wirkende Ätzlösungen handelt, ist ihr Einsatzbereich stark eingeschränkt. Von Nachteil sind die verrundeten Kanten der geätzten Strukturen, die laterale Ätzung unter die maskierende

Schicht sowie die fehlende Ätzstopschicht in Silizium. Des weiteren ist die Selektivität der Lösungen zum Oxid wegen des HF-Anteils mit maximal 100:1 /58/ nicht für alle Anwendungen ausreichend. Auch in diesem Fall erweist sich Si_3N_4 als die bessere Maskierungsschicht, weil es eine deutlich geringere Abtraggeschwindigkeit aufweist.

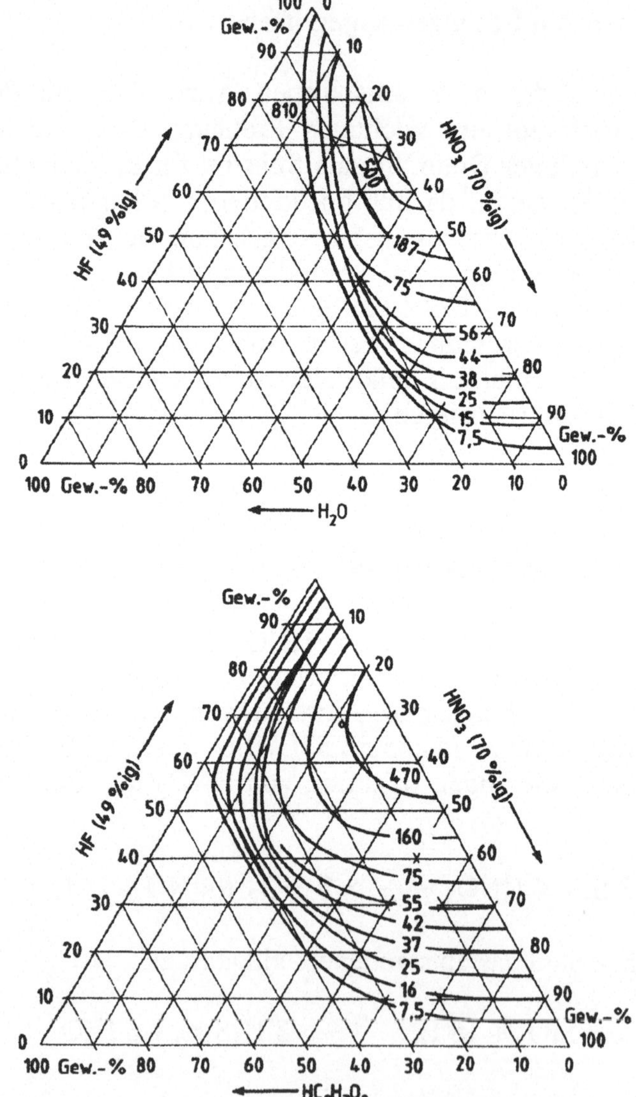

Bild 18: Ätzraten in Abhängigkeit vom Mischungsverhältnis der isotrop wirkenden Ätzlösungen, oben auf Wasserbasis, unten auf Essigsäurebasis, jeweils in μm/min /59/

2.3.1.3 Elektrochemisches Ätzen von Silizium

Keines der bisher genannten anisotropen oder isotropen Verfahren ermöglicht es, schwach dotiertes Silizium selektiv zu strukturieren. Dies läßt sich aber für die von der Kristallorientierung abhängigen Ätztechniken durch elektrochemisches Ätzen erreichen. Bei einer anliegenden Spannung von etwa 0,6 V - 1 V stoppt der Ätzvorgang beispielsweise bei den anisotrop wirkenden Ätzlösungen KOH und EDP, da die für die Reaktion erforderlichen Elektronen von der positiven Spannung abgezogen werden /60/. Liegt diese Spannung an einem pn-Übergang an, kann damit eine niedrig dotierte Schicht selektiv strukturiert werden, in der sich anschließend MOS-Transistoren herstellen lassen.

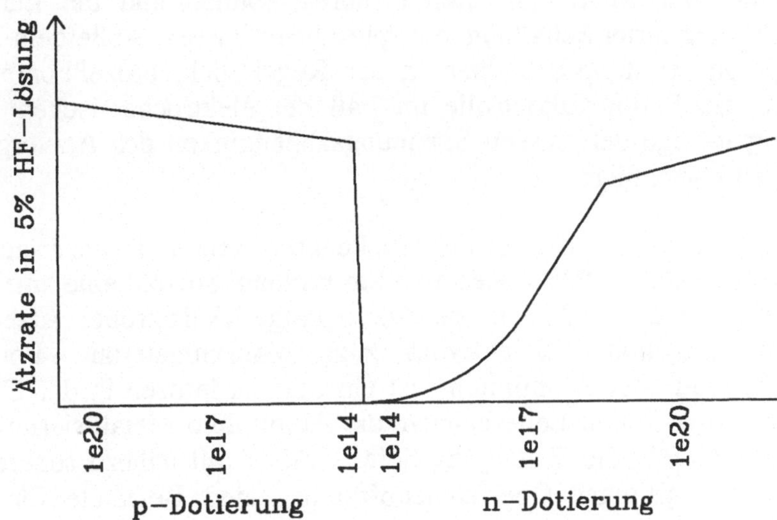

Bild 19: Dotierungsabhängigkeit der elektrochemischen Ätzrate von kristallinem Silizium in 5 %-iger HF-Lösung

Isotropes selektives elektrochemisches Ätzen von kristallinem Silizium ist mit einer 5 %-igen HF-Lösung möglich /61, 62/. Sie greift p-leitendes und höher dotiertes n-leitendes Silizium stark an, während im Konzentrationsbereich unterhalb $10^{15} \cdot cm^{-3}$ Donatoren nur eine geringe Abtragrate auftritt (Bild 19). Vergleichbare Ergebnisse lassen sich auch mit einer $HF-H_2SO_4$-Lösung erreichen, wobei die Oberflächenrauhigkeit noch deutlich geringer ist /63/. Als Ätzmaske eignet sich nur Siliziumnitrid; Oxid wird von der HF-Lösung direkt abgetragen, während Fotolack bei anliegender Spannung nicht ausreichend stabil ist.

2.3.2 Trockenätzverfahren in der Mikromechanik

Obwohl die Eigenschaften der naßchemischen Lösungen - hohe Ätzrate und gute Selektivität - vielen Ansprüchen genügen, sind sie in Kombination mit der Mikroelektronik nicht ohne Einschränkungen anzuwenden. So enthalten die Strukturbeizen Alkaliionen, die zu Veränderungen in den Parametern der MOS-Transistoren führen können und die Langzeitstabilität integrierter Schaltungen negativ beeinflussen. Außerdem ist der Einbau von Ätzstopp-Schichten in der Regel nicht prozeßkompatibel, bzw. ist die Endpunktkontrolle im Fall der elektrochemischen Strukturierung infolge der starken Spannungsabhängigkeit des Ätzvorganges schwer zu kontrollieren.

Die o. a. Gründe entfallen für die Trockenätzverfahren. Dabei erlaubt das reaktive Ionenätzen (RIE = Reactive Ion Etching) sowohl eine anisotrope Strukturierung als auch isotrope Ätzvorgänge. Anisotropes Ätzen von Silizium mit hoher Selektivität zum Maskenmaterial - Fotolack, Siliziumdioxid oder Aluminium - ist ein Standardprozeß in der CMOS-Technik. Polysilizium-Leiterbahnen, die Aluminium-Metallisierung oder das "Trenching" - die Erzeugung tiefer Gräben mit nahezu senkrechten Wänden bei geringer Oberflächenöffnung - sind Beispiele für diese Technik.

In vielen mikromechanischen Anwendungen reichen jedoch die Selektivität zur Maske und die Siliziumätzrate nicht aus, so daß neue Ätzprozesse mit Spezialgasen entwickelt werden müssen. Zur Erzeugung tiefer Gräben mit hohem Aspekt-Verhältnis im Silizium zeigt z. B. die Verbindung $CBrF_3$ eine deutlich höhere Selektivität zu SiO_2 als die weit verbreitete Cl-Chemie. Mit $CBrF_3$ lassen sich Ätzraten von 0,2 µm/min erreichen, wobei die Selektivität zur Oxidmaske 30:1 beträgt /64/.

Für Tiefenätzungen über 30 μm hinaus steht ein isotropes Ätzverfahren auf der Basis von SF_6 als Reaktionsgas zur Verfügung. Bei einem Druck im Bereich um 300 mT und einer Leistungsdichte von etwa 0,67 W/cm^2 sind Silizium-Ätzraten von mehr als 2 μm/min bei einer Selektivität von 100:1 zu Fotolack und Oxid erzielt worden. In Bild 20 sind im Silizium-Substrat realisierte Strukturen dargestellt.

Bild 20: Beispiel für eine isotrope Tiefenätzung im RIE-Verfahren mit SF_6 als Reaktionsgas; das Silizium wurde mit Oxid als Ätzmaske strukturiert

2.3.3 Mikromechanische Bauelemente

Obwohl die Mikromechanik eine noch junge Technologie darstellt und gerade erst das reine Entwicklungsstadium verlassen hat, sind bereits einige vielversprechende Anwendungen von der Industrie aufgenommen worden. Dazu zählen insbesondere Beschleunigungssensoren/65/ und Druckaufnehmer /66/, aber auch die einfachen V-Grubenätzungen und die Strukturierung von Mikrodüsen. Hier sollen nur zwei einfache Beispiele mikromechanischer Komponenten angeführt werden.

Eine einfache Struktur der Mikromechanik ist der V-Graben in einkristallinen 100-orientierten Siliziumscheiben, der mit Hilfe anisotrop wirkender Ätzlösungen strukturiert wird. Seine Begrenzung ist durch die 111-Ebenen gegeben, die im 100-orientierten Silizium einen Winkel von 54,7° einschließen und symmetrisch zur Oberfläche der Scheibe ausgerichtet sind. Dabei entspricht die Ätztiefe des Grabens etwa der Größe der Öffnung an der Scheibenoberfläche.

Eine Einsatzgebiet des V-Grabens ist die exakte Positionierung von hybriden Elementen auf Silizium, z. B. die in der Integrierten Optik notwendige exakte Ankopplung von Glasfasern an Lichtwellenleitern oder zur Justierung einer Laserdiode zum Fotodetektor bzw. integrierten Wellenleiter. Während die laterale Ausrichtung einer Glasfaser mit Hilfe der Fototechnik in einer Genauigkeit von +/- 0,5 μm erfolgen kann, bestimmt die Breite der Maskierung in Verbindung mit der Ätzzeit die Tiefe der Struktur. Bei hinreichend exakter Glasfaserfertigung lassen sich mit dieser Technik reproduzierbar gute Koppelwirkungsgrade erzielen.

Eine Anwendung des isotropen Trockenätzverfahrens ist die Herstellung von Düsen in Silizium, speziell für die Druckmatrix eines Tintenstrahl-Druckers. Dazu muß die Siliziumscheibe von der Vorderseite bis zur Rückseite durchgeätzt werden, so daß eine äußerst hohe Selektivität zum Maskenmaterial in Verbindung mit einer hohen Ätzrate erforderlich ist. Aluminium oder Kupfer bieten sich bei Verwendung von Fluor-Chemie als Maskierung an, da diese Elemente von den im Plasma entstehenden Fluor-Radikalen nicht angegriffen werden.

Zur Fertigung wird die Siliziumscheibe beidseitig z. B. mit Kupfer maskiert, wobei in die vorderseitige Maske je Düse ein Loch geätzt wird, das bis zur Oberfläche des Siliziums reicht. Hier kann das SF_6-Plasma des Trockenätzverfahrens angreifen, das mit hoher Ätzrate eine Kalotte in das Substrat ätzt (Bild 21). Wichtig dabei sind die Parameter: Fluß des Gases, Druck im Reaktionsraum und Hochfrequenz-Leistung an den Elektroden, wobei die letzten beiden Größen die Bias-Spannung des Substrates bestimmen. Mit wachsender Bias-Spannung nimmt die Isotropie des Ätzverfahrens ab, d. h. die Ätzung verläuft in vertikaler Richtung stärker als lateral, wobei ab 250 V nahezu völlige Anisotropie einsetzt.

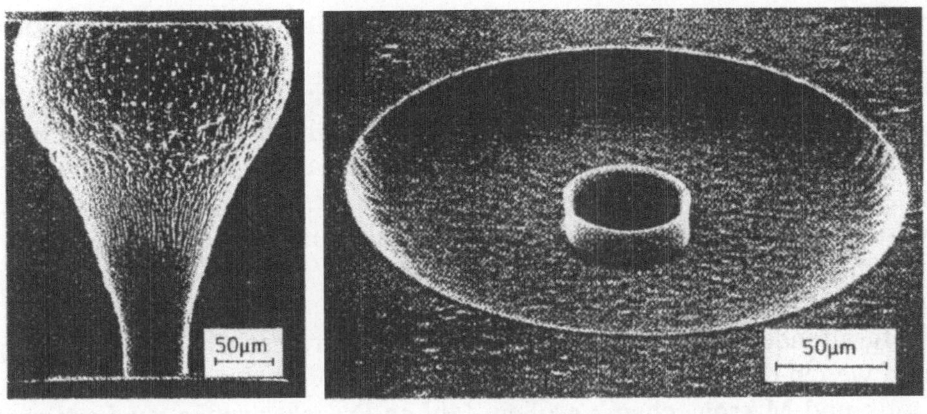

Bild 21: Querschnitt und Aufsicht einer im Trockenätzverfahren erzeugten mikromechanischen Düse /67/

Durch geeignete Wahl der Ätzparameter läßt sich nun im reaktiven Ionenätzverfahren eine tiefe Kalotte in das Siliziumsubstrat ätzen, die bis zur Rückseite der Scheibe reicht. Nach dem Ablösen der Maskierung wird die Scheibe thermisch oxidiert und auf der Rückseite mit einer weiteren Fototechnik maskiert, die den Auslaßbereich der Düse offen läßt. Hier werden zentrisch um die Düsenöffnung einige μm Silizium entfernt, so daß nach dem Ablösen der Lackmaske das komplette mikromechanische Bauelement zur Verfügung steht. Der Aufwand zur Fertigung eines Arrays von vielen Düsen ist nicht höher, denn nur die Zahl der Löcher in der Maske legt die Menge der gleichzeitig erzeugten Düsen fest.

3 Voraussetzungen für eine monolithische Systemintegration

Zur Systemintegration auf einem Siliziumchip ist es notwendig, die vorgestellten Einzelprozesse der Mikroelektronik, der Integrierten Optik und der Mikromechanik in Planartechnik einander anzupassen. Dabei sind insbesondere die extreme Komplexität der CMOS-Technologie in Verbindung mit der erforderlichen Präzision in der Justierung, Strukturierung und Dotierung zu berücksichtigen.

Tiefgreifende Änderungen in der mikroelektronischen Prozeßführung sind wegen der hohen Maskenzahl und der im Verhältnis zur Integrierten Optik und Mikromechanik großen Zahl an Prozeßschritten zur Fertigung der Bauelemente nicht nur unerwünscht, ihre Auswirkungen auf die Transistor-Parameter und die Langzeitstabilität der Schaltungen sind auch nicht direkt überschaubar (vgl. Tabelle 1). Aus diesem Grund ist es zwingend notwendig, die optischen und mikromechanischen Komponenten mit möglichst geringen Änderungen im Technologieablauf in den CMOS-Prozeß einzufügen.

Im Gegensatz zur CMOS-Integrationstechnik bestehen die optischen und mikromechanischen Strukturen in der Regel aus maximal zwei fotolithografischen Schritten, sowie höchstens drei Abscheideprozessen und Ätzvorgängen. Die minimalen Strukturgrößen betragen ca. 1 µm, so daß die Technologie gut beherrscht werden kann. Infolge dieses geringen Prozeßumfangs lassen sich die erforderlichen zusätzlichen Fertigungsvorgänge der optischen und mikromechanischen Komponenten mit tolerierbarem Aufwand an den CMOS-Prozeß anpassen und in den Herstellungsablauf einfügen.

Prozeß	Mikroelektronik	Mikromechanik	Integrierte Optik
Maskenebenen	14	1-2	1-2
Ätzungen	8	2	1-2
Dotierungen	7	0	0
Depositionen	6	1-2	3
Prozeßschritte	ca. 140	ca. 10	ca. 10

Tabelle 1: Abschätzung der Prozeßkomplexitäten

3.1 Planarisierung der Scheibenoberfläche

Das sich in den Lichtwellenleitern ausbreitende Licht kann infolge der geringen Brechungsindexdifferenz der optischen Materialien starken Krümmungen nicht folgen, es wird in den Radien abgestrahlt (schwache Führung). Aus diesem Grund sind auch abrupte Höhenunterschiede auf der Scheibenoberfläche zu vermeiden. Speziell der Übergang des Wellenleiters vom optischen Isolator zum Aktivgebiet eines Fotodetektors darf keine Stufe aufweisen, da das Lichtsignal ansonsten reflektiert bzw. abgestrahlt wird und damit nicht zur Ladungsträgergeneration beiträgt. Auch die angestrebten Kopplungsmechanismen zwischen der Integrierten Optik und der Mikroelektronik lassen sich nur bei völliger Oberflächenplanarität reproduzierbar realisieren. Folglich ist eine ebene Scheibenoberfläche eine Grundvoraussetzung der Integrierten Optik.

Im beschriebenen Basis-CMOS-Prozeß tritt jedoch an jedem Übergang vom Feldoxid zum Aktivgebiet eine Stufe von 700 nm auf. Sie läßt sich aber durch Planarisierungstechniken während der Schaltungsintegration verschleifen oder mit der Technik der Lokalen Oxidation minimieren.

3.1.1 Rückätztechnik

Eine bewährte Technik zur Oberflächenplanarisierung ist aus der Mehrlagenverdrahtung in der CMOS-Technologie bekannt /68/. Sie basiert auf der einebnenden Wirkung einer verfließenden Lack- oder Flüssigglasschicht, die auf die stufenbehaftete Fläche aufgeschleudert wird. Ein nachfolgender Temperaturschritt verbessert die Fließeigenschaften dieser Schicht und bewirkt eine Planarisierung der Oberfläche.

Weil der verflossene Lack für die weitere Bearbeitung der Siliziumscheibe nicht ausreichend stabil ist bzw. das aufgeschleuderte Glas keine optische Qualität aufweist, muß dieser Prozeß ergänzt werden. Vor der Beschichtung mit Lack wird eine Oxiddeposition in der Dicke der zu planarisierenden Stufenhöhe durchgeführt. Es folgen die Belackung und ein Temperaturschritt zur Einebnung der Topologie.

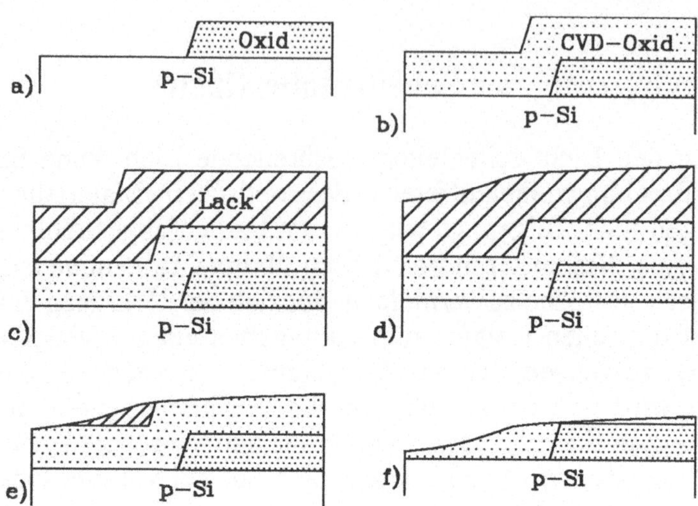

Bild 22: Schematischer Prozeßablauf der Planarisierung durch Lackreflow: a) Stufe in der Siliziumoberfläche, b) Pufferoxidabscheidung, c) Belackung, d) Verfließen des Lackes, e) Trockenätzen von Lack und Pufferoxid und f) resultierende Struktur

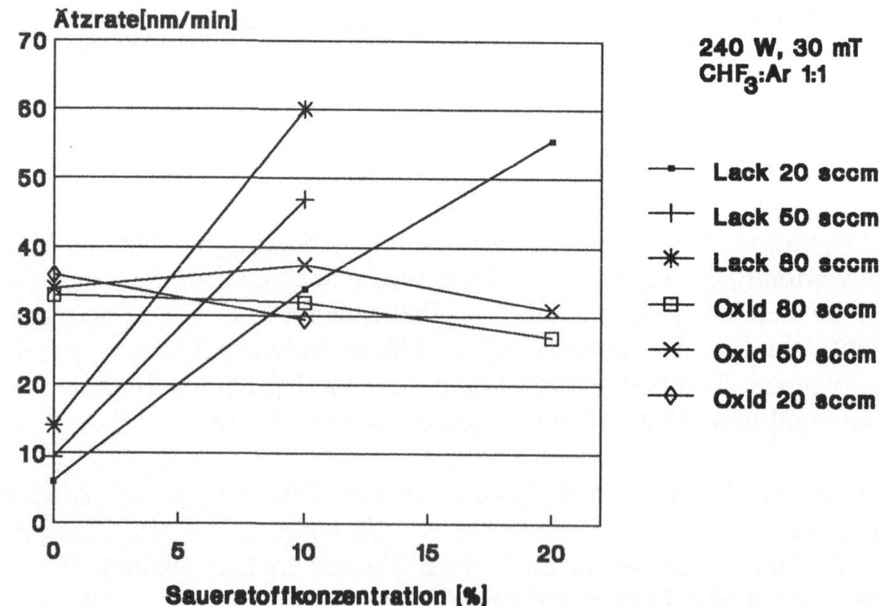

Bild 23: Ätzrate von Lack und Oxid in Abhängigkeit von der Sauerstoffkonzentration mit dem Gesamtgasfluß als Parameter

Um die nun ausreichend ebene Oberflächenstruktur in das Oxid zu übertragen, ist ein spezieller Ätzprozeß erforderlich, der die Lackschicht und das Oxid mit gleicher Geschwindigkeit abträgt. Dies kann mit einem Reaktionsgasgemisch aus $CHF_3/Ar/O_2$ geschehen. CHF_3/Ar trägt Oxid mit ausreichend hoher Ätzrate ab, während die O_2-Konzentration den Lackabtrag bestimmt. Bild 23 zeigt die Ätzraten für Lack und Oxid im Trockenätzverfahren bei verschiedenen Gasflüssen.

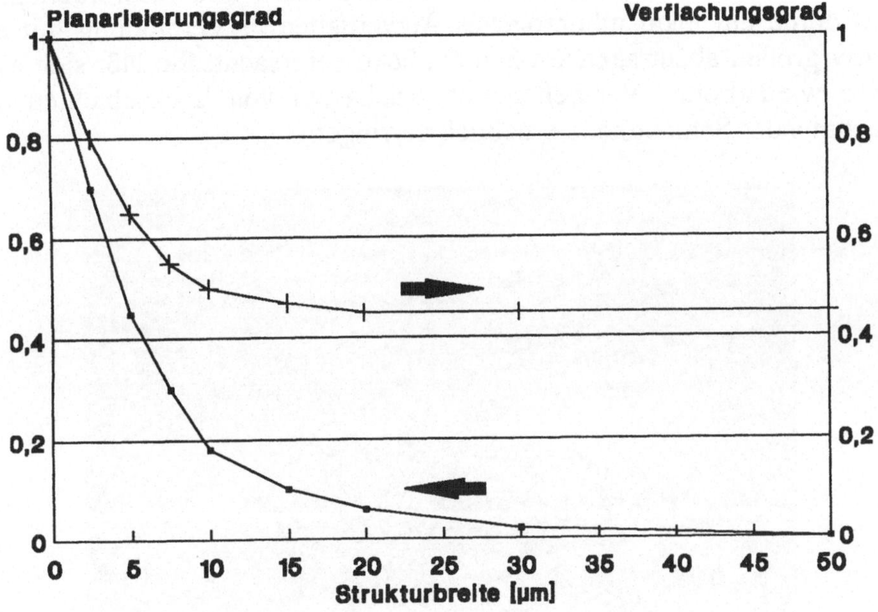

Bild 24: Planarisierungsgrad ß und Verflachungsgrad γ in Abhängigkeit von der Strukturweite

Dieser Prozeß kann durch einen Planarisierungsgrad ß bzw. Verflachungsgrad γ /69/, gegeben durch die Stufenhöhen und Kantenwinkel h_n und α_n nach, bzw. h_v und α_v vor der Planarisierung charakterisiert werden:

$$ß = 1 - h_n/h_v \qquad \gamma = 1 - \alpha_n/\alpha_v$$

Dabei zeigt sich, daß die aufgeschleuderte Lackschicht der doppelten Stufenhöhe entsprechen muß, um eine Kantenverflachung von γ = 0,8 für eine Strukturbreite von 10 µm zu erreichen. Der Planarisierungsgrad ist wegen der Fließeigenschaften des Lackes deutlich stärker von der Strukturbreite abhängig (Bild 24).

Die Kantenwinkel lassen sich mit dieser Planarisierungstechnik stark verringern, so daß eine für die Integrierte Optik ausreichende Stufenverrundung stattfindet. Jedoch ist die resultierende Oberfläche nicht mehr glatt, sondern weist eine Rauhigkeit im 0,1 µm-Bereich auf, die zu erheblichen Streuverlusten im Wellenleiter führt. Die Mikrorauhigkeit wird durch ein lokal inhomogenes Ätzverhalten in Verbindung mit der relativ großen abzutragenden Schichtdicke verursacht. Sie läßt sich aber durch wiederholtes Verfließen und Rückätzen von Lackschichten mit abnehmender Schichtdicke erheblich verringern.

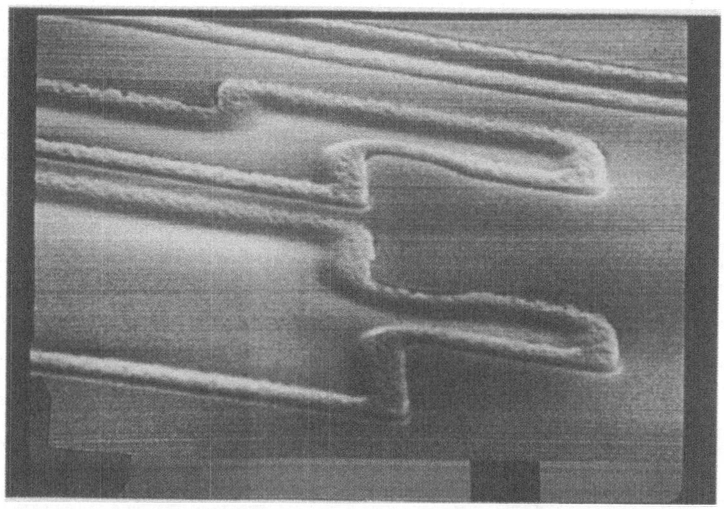

Bild 25: Oberflächenrauhigkeit   nach   der   Planarisierung   durch
         Deposition/Reflow/Rückätztechnik

Für eine industrielle Anwendung erscheint dieser zeitintensive Prozeß zu aufwendig, da für die optoelektronische Integrationstechnik zumindest zwei Lackreflow- und Trockenätzschritte zur Planarisierung und Rauhigkeitsminimierung erforderlich sind. Außerdem resultiert aus dem Verschleifen der Stufen eine starke Geometrieverkleinerung in den Aktivgebieten, die für eine VLSI-Technik nicht tolerierbar ist.

3.1.2 Techniken der Lokalen Oxidation von Silizium

Alternativ zum o. a. Planarisierungsverfahren existieren Techniken zum Planschleifen der Silizium- bzw. Oxidoberflächen /70/ im Verlauf des Prozesses. Mit Hilfe von Läpp- und Polierschritten werden vorhandene Unebenheiten der Oberfläche zunächst abgetragen; anschließend erfolgt die Politur der kristallinen Oberfläche. Da jedoch ein gleichzeitiger Abtrag von Silizium und Oxid erforderlich ist, kann bei dieser Technik die Kristallstruktur in den Aktivgebieten lokale Schäden aufweisen.

Günstiger für die Integration mikroelektronischer Schaltungen und optoelektronischer Systeme ist die direkte Vermeidung von Stufen und Unebenheiten an der Scheibenoberfläche durch eine spezielle Prozeßführung, z. B. durch die Anwendung der Lokalen Oxidationstechnik.

3.1.2.1 Die einfache Lokale Oxidation von Silizium

Zur Verbesserung der Oberflächenplanarität in Verbindung mit einer strukturgetreuen Maßübertragung der Aktivgebiete von der Maske in das Silizium ist die Technik der "Lokalen Oxidation" (LOCOS = LOCal Oxidation of Silicon) entwickelt worden /71,72,73/. Sie nutzt die natürlichen Eigenschaften des Siliziumnitrides - geringe Oxidationsrate (Bild 26) und Maskierung gegen Sauerstoff-Diffusion - aus, indem eine strukturierte Nitridmaske während der Feldoxidation die späteren Aktivgebiete einer Schaltung abdeckt.

Da Siliziumnitrid einen höheren thermischen Expansionskoeffizienten als Silizium aufweist, entstehen beim Abkühlen der Scheiben infolge von Gitterspannungen Kristallfehler im Substrat. Diese lassen sich durch ein Padoxid zwischen der Nitridmaske und dem Siliziumsubstrat zum Ausgleich des temperaturbedingten Stresses vermeiden. Das Padoxid bewirkt jedoch eine Sauerstoffdiffusion unter die Nitridmaske während der Oxidation und damit ein geringes Oxidwachstum im Kantenbereich der Maskierung. Der unter der Nitridmaske entstehende Oxidausläufer

hat die Form eines Vogelschnabels ("birds beak"), seine Länge hängt von
der Padoxid- und Nitriddicke /74/, sowie vom Oxidationsprozeß ab /75/.

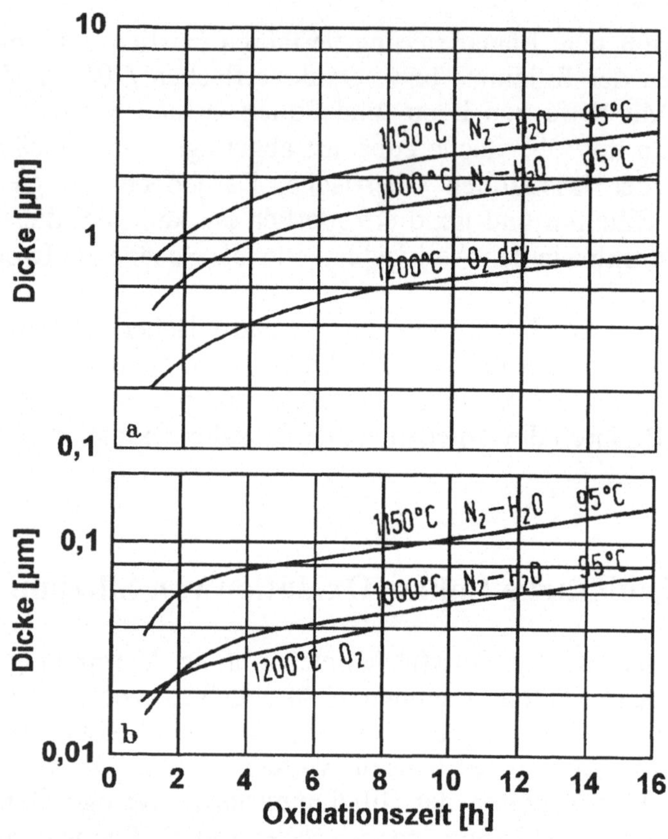

Bild 26: Vergleich der Oxidationsraten von Silizium (oben) und
Siliziumnitrid /76/

Bei Anwendung der feuchten Oxidation, die zur Erzeugung des Feldoxides als Standard gilt, tritt der "white ribbon"-Effekt auf. Im Bereich
der Spitze des birds beak bildet sich während der Oxidation eine dünne
Nitridschicht zwischen Padoxid und Silizium. Infolge der geringfügigen
Oxidation des Nitrides entsteht in Verbindung mit Wasserstoff
Ammoniak (NH_3), das zur Oberfläche des Siliziums diffundiert und dort
zu einer thermischen Nitridation führt. Dieser Nitridstreifen muß vor der

Gateoxidation entfernt werden, da anderenfalls in diesem Bereich wegen der maskierenden Wirkung des Nitrides kein stabiles Gateoxid aufwachsen kann.

Trotz dieser Probleme ist die Technik der Lokalen Oxidation ein geeignetes Verfahren zur Schaltungsintegration, da die Vorteile bei entsprechender Prozeßführung erheblich sind. Die Oberflächenunebenheiten nach der Feldoxidation verringern sich auf 55 % der Oxiddicke, außerdem lassen sich Strukturen mit minimalen Weiten von ca. 1 µm in das Silizium übertragen. Durch naßchemisches Ätzen des Feldoxides läßt sich diese geringe Aktivgebietweite nicht erreichen, da eine Maskenvorgabe zum Ausgleich der Unterätzung im Oxid notwendig ist. Des weiteren ist die Auflösung der folgenden Fototechniken wegen der geringeren Oberflächenstufen deutlich verbessert.

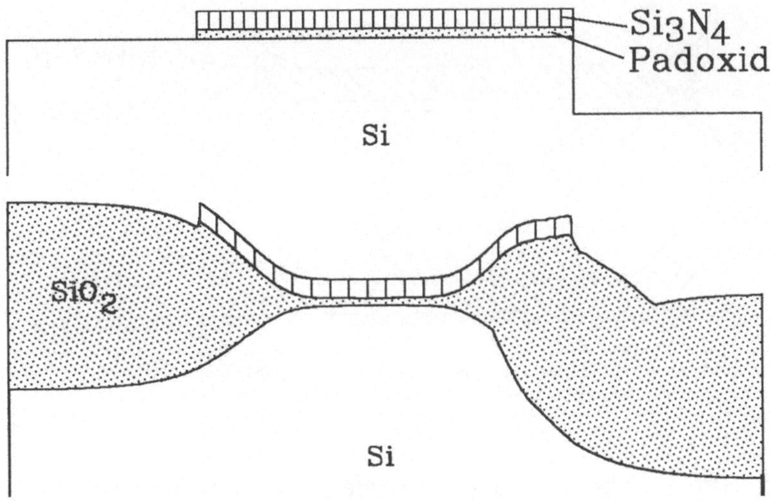

Bild 27: Simulation der Maskierung und der Oxidation in der einfachen LOCOS-Technik, rechts mit zusätzlicher Strukturierung des Substrates zur weiteren Verbesserung der Oberflächenplanarität, durchgeführt mit dem Programm ZWIEBEL /77/

3.1.2.2 Fortgeschrittene Techniken der Lokalen Oxidation

Neben der o. a. einfachen LOCOS-Technik sind verschiedene Verfahren unterschiedlicher Komplexität zur Erhöhung der Oberflächenplanarität und Unterdrückung der parasitären Effekte wie birds beak und white ribbon entwickelt worden /78/, wovon drei wichtige Prozesse vorgestellt werden.

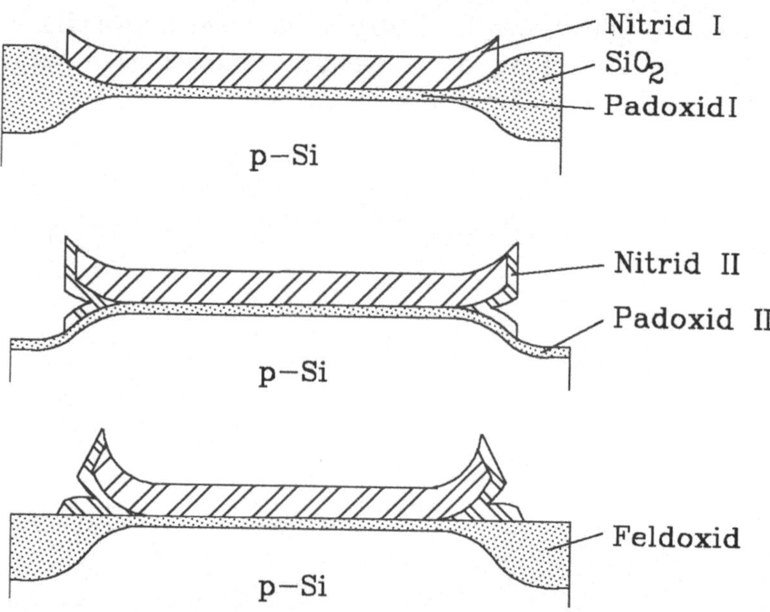

Bild 28: SPOT-Technik der Lokalen Oxidation mit doppelter Feldoxidation und Nitriddeposition zur Optimierung der Oberflächenplanarität

Die von Widmann et al. /79/ erläuterte Technik der Lokalen Oxidation mit doppelter Feldoxidation und Nitridabscheidung (SPOT-Technik, Self-aligned Planar Oxidation Technology) /80/ liefert eine hervorragende stufenlose Oberfläche, jedoch ist die Strukturtreue bei der Übertragung der Maske in das Silizium sehr schlecht. Nach der in

Standard-LOCOS-Technik erfolgten Feldoxidation wird hier zunächst das thermische Oxid wieder vollständig entfernt und eine weitere konforme Nitridabscheidung durchgeführt. Mit Hilfe des anisotropen reaktiven Ionenätzens, z. B. im CHF_3/O_2-Plasma, läßt sich exakt die abgeschiedene Nitriddicke wieder abtragen, so daß diese zweite Maskierschicht nur unterhalb des ersten Nitrides zurückbleibt. Eine weitere Feldoxidation liefert dann die gewünschte Oxidschicht mit einem stufenlosen Übergang vom Feldbereich zum aktiven Silizium (Bild 28).

Es steht nun eine vollkommen planare Oberfläche zur Verfügung, jedoch sind große Abweichungen zwischen dem Strukturmaß der Maske und dem der Aktivgebiete im Silizium unvermeidlich. Die zum Ausgleich dieser Differenz erforderliche Maskenvorgabe verhindert den Einsatz dieser Technik der Lokalen Oxidation in der VLSI-Technologie.

Alternativ ist die SILO-Technik (Sealed Interface Local Oxidation) /81/ zur Unterdrückung des birds beak und des white-ribbon-Effektes entwickelt worden. Die Oberfläche der Siliziumscheibe wird hier thermisch nitridiert, erst dann folgen die Depositionen des Padoxides und der Nitridmaske. Dabei dient die thermische Nitridschicht von ca. 4 nm Dicke zur Versiegelung der Siliziumoberfläche gegen Sauerstoffdiffusion zum Aktivgebiet. Speziell im Bereich der Maskenkante wird damit die Ausbildung des birds beaks unterdrückt /82/. Aufgrund der geringen Stärke des thermischen Nitrides treten im Gegensatz zu den vorgenannten Techniken keine Gitterspannungen im Substrat auf.

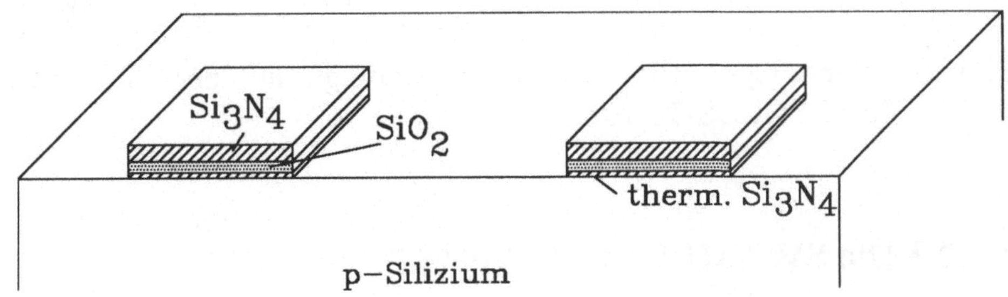

Bild 29: Aufbau der Maskierung bei Anwendung der SILO-Technik zur Lokalen Oxidation von Silizium

Die Anwendung der SILO-Technik zur Schaltungsintegration ist recht aufwendig, denn es sind außer der Nitridabscheidung zusätzliche Prozeßschritte - eine thermische Nitridation und eine Oxiddeposition - erforderlich. Sie liefert aber gute Ergebnisse bei der Unterdrückung des birds beak und des white ribbon-Effektes. Die Oberflächenplanarität entspricht den Resultaten der einfachen LOCOS-Technik, d. h. es bleibt eine verringerte Stufe an den Aktivgebietgrenzen zurück.

Eine weitere Alternative zur Verminderung der o. a. parasitären Effekte ist die über eine Polysiliziumschicht gepufferte LOCOS-Technik ("Poly Buffered" - LOCOS). Zwischen Padoxid und Nitridmaske wird hier ein Polysiliziumfilm eingefügt, der die Ausbildung des white ribbons auf dem Siliziumsubstrat verhindert und die Ausdehnung des birds beak unter die Maskenkante begrenzt. Aufgrund der relativ geringen Ausweitung des Herstellungsprozesses gegenüber der einfachen Technik der Lokalen Oxidation hat sich diese fortgeschrittene Technik in der Industrie etabliert, obwohl die Stufe vom Feldoxid zum Aktivgebiet auch hier ca. 55 % der Oxiddicke beträgt.

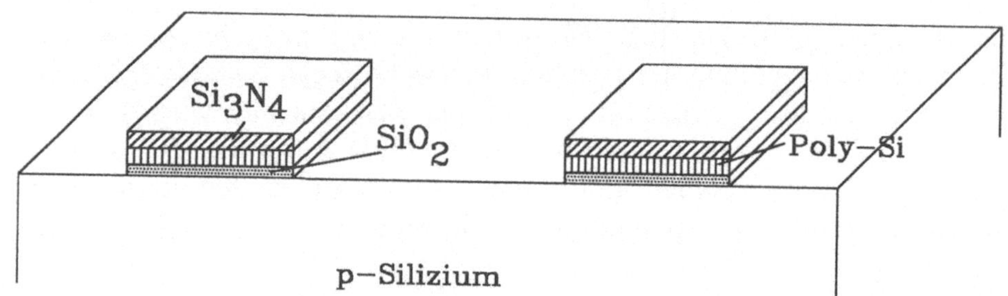

Bild 30: Schichtfolge der Substratmaskierung in der Poly-Buffered-LOCOS-Technik

3.1.2.3 Die SWAMI-LOCOS-Technik

Zur Erzeugung planarer Oberflächen muß das Siliziumsubstrat in den Bereichen des Oxidwachstums um etwa 55 % der späteren Oxiddicke geätzt werden, da das Volumen des Siliziumdioxides entsprechen größer ist als das des während der Oxidation verbrauchten Siliziums.

Sowohl in der einfachen LOCOS-Technik als auch in der SILO- und Poly-Buffered-LOCOS-Technik liegen dann die Feldgebiete und die Aktivgebiete nach der Feldoxidation auf gleichem Niveau, jedoch entsteht durch laterale Oxidation unter die Nitridmaske jeweils eine Erhebung umlaufend um die Aktivgebiete (Bild 31). Diese Struktur wird Vogelkopf ("birds head") in Anlehnung an den o. a. birds beak genannt. Die Höhe der Erhebung beträgt je nach LOCOS-Verfahren ca. 30-50 % der Oxiddicke.

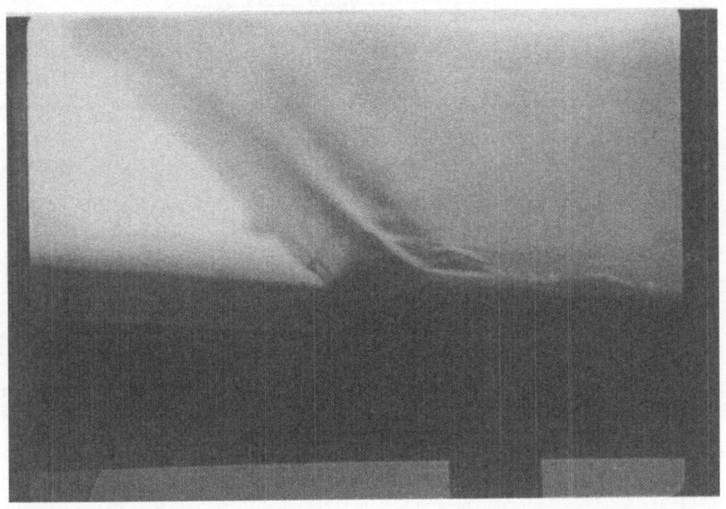

Bild 31: REM-Aufnahme eines Vogelkopfes (birds head) bei Anwendung der einfachen LOCOS-Technik mit Strukturierung des Substrates (Maßstab = 1 µm)

Da die konventionelle und auch die fortgeschrittenen LOCOS-Techniken keine vollständig ebenen Substratoberflächen in Verbindung mit einer exakten Strukturübertragung der Aktivgebiete liefern, wird die SWAMI-LOCOS-Technik (Side WAll Mask Isolated LOCal Oxidation of Silicon) /83, 84/ angewandt, bei der ebenfalls eine Strukturierung des Siliziums zum Ausgleich der oxidationsbedingten Volumenexpansion im Feldbereich erfolgt.

Entsprechend der einfachen LOCOS-Technik wird das thermisch oxidierte Silizium mit Nitrid beschichtet und mit der Maske zur Definition der Aktivgebiete versehen. Die Fotolackmaske läßt die

Feldbereiche der zu integrierenden Strukturen frei, hier werden der Nitridfilm und das Padoxid im CHF_3/O_2 bzw. CHF_3/Ar-Plasma entfernt. Es folgt ein weiterer anisotroper Ätzschritt zum Abtragen des Siliziumsubstrates in einer Dicke von ca. 55 % der späteren gewünschten Oxiddicke im reaktiven Ionenätzverfahren mit $SiCl_4$, SF_6 oder $CBrF_3$.

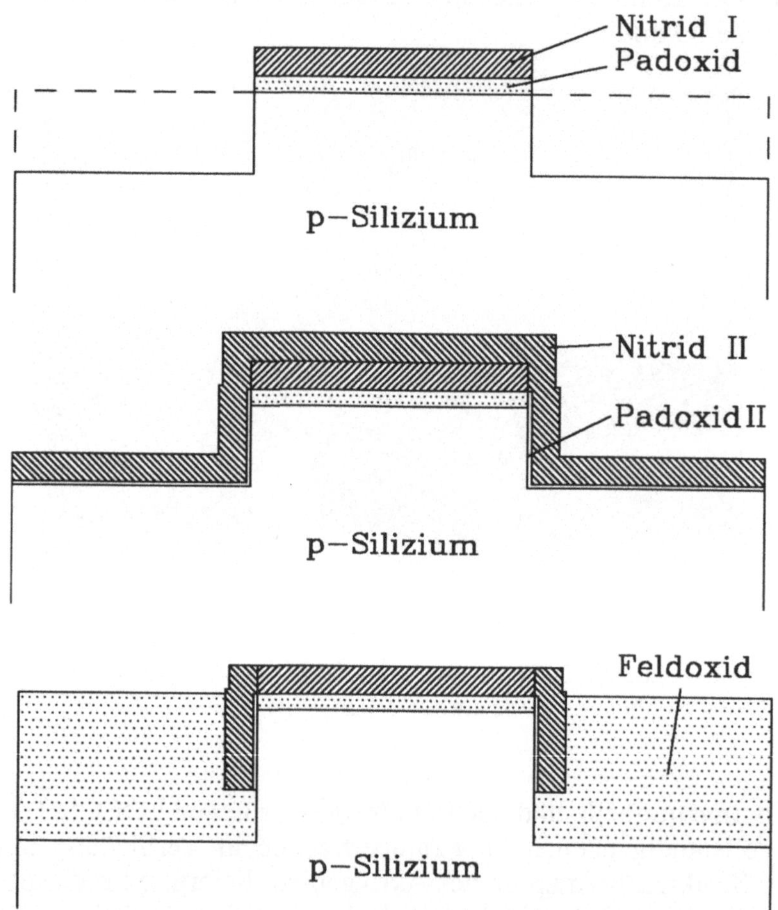

Bild 32: Maskierung und Prozeßfolge in der SWAMI-LOCOS-Technik zur Erzeugung einer planaren Scheibenoberfläche: a) Maskierung und Strukturierung des Substrates, b) Passivierung der vertikalen Inselflanken und c) Struktur und Oberfläche nach der thermischen Feldoxidation

Vor der Feldoxidation ist eine Passivierung der vertikalen Aktivgebietflanken notwendig. Dazu wird ein weiteres Padoxid bei 900°C thermisch
aufoxidiert und durch eine zweite konforme Nitridabscheidung abgedeckt. Diese Nitridschicht läßt sich im Trockenätzverfahren anisotrop
zurückätzen. Es verbleiben die an den vertikalen Flanken abgeschiedenen
Schichten auf dem Silizium zurück. Folglich ist das gesamte spätere
Aktivgebiet sowohl an der Oberfläche als auch an den Aktivgebietflanken mit Nitrid vor der Oxidation maskiert (Bild 32).

Während der anschließenden thermischen Oxidation wächst das Feldoxid
außerhalb der Aktivgebiete auf, bis am Ende dieses Prozeßschrittes eine
planare Oberfläche erreicht ist. Lediglich direkt an der Grenzfläche SiO_2
zum Aktivgebiet entsteht eine enge Einschnürung, die teils aus der
maskierungsbedingten Verarmung an zu oxidierendem Silizium resultiert,
teils auch vom entfernten Maskierungsnitrid freigegeben wird (vgl.
Bild 33).

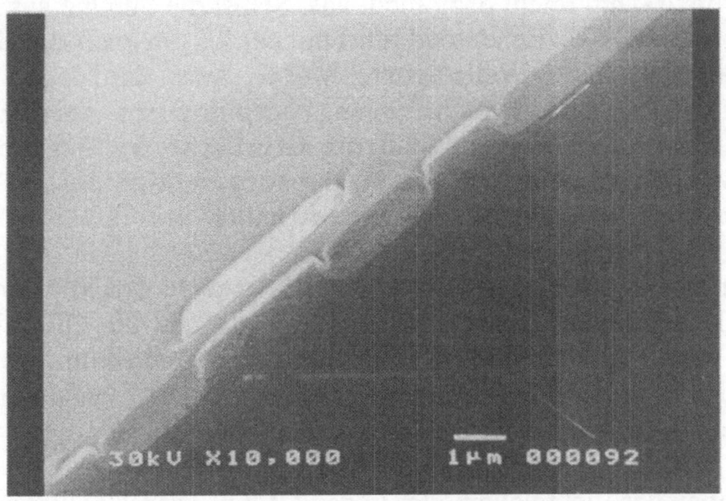

Bild 33: Oberflächenplanarität im Bereich des Überganges vom
Feldoxid zum Aktivgebiet bei Anwendung der SWAMI-
LOCOS-Technik

Ein wesentlicher Vorteil der o.a. Technik ist, daß zum Aufbringen des
Feldoxides keinerlei Maskenvorgabe erforderlich ist, d. h. es entsteht eine
planare Scheibenoberfläche in Verbindung mit einer strukturgetreuen

Übertragung des Maskenmaßes in das Siliziumsubstrat. Des weiteren werden der in der einfachen LOCOS-Technik auftretende birds head, der birds beak und der white ribbon Effekt vollständig unterdrückt. Damit erlaubt diese Form der LOCOS-Technik eine Lichtführung in abgeschiedenen Wellenleitern vom Feldoxid der Schaltungen auf die aktiven Siliziumflächen.

3.2 Integration der Wellenleiter in den LOCOS-CMOS-Prozeß

Die Lichtwellenleiter erfordern im monolithischen Integrationsprozeß eine ausreichende optische Isolation vom Siliziumsubstrat, die bei den verwendeten Wellenlängen von 633 nm bis 800 nm für Oxinitridschichten mit einem Brechungsindex von 1,52 durch eine Oxiddicke von 2 µm gegeben ist. Das übliche Feldoxid der CMOS-Technik in einer Stärke von 700 nm reicht dazu nicht aus. Selbst die Summe aus Feldoxid und Phosphorglas-Zwischenoxid führt mit ca. 1,3 µm noch zu erheblicher Signaldämpfung im Wellenleiter, wobei sich der leicht erhöhte Brechungsindex des abgeschiedenen Phosphorglases noch zusätzlich negativ auswirkt. Außerdem muß die Oberfläche des Isolationsoxides vollkommen glatt sein, um die Ausbreitungsverluste der elektromagnetischen Welle so gering wie möglich zu halten.

Hochtemperaturprozesse verschlechtern die optische Qualität der Wellenleiter; als maximale Temperaturbelastung sind für die PECVD-SiON-Schicht etwa 800°C erlaubt. Folglich kann die Deposition des Wellenleiters erst nach der Aktivierung der Dotierstoffe, also nach dem letzten Dotierschritt des CMOS-Prozesses erfolgen.

Zum Einbau der Lichtwellenleiter in den CMOS-Prozeß sollten möglichst wenige Eingriffe in den eingefahrenen Fertigungsablauf vorgenommen werden. Wegen der erforderlichen Oberflächenplanarität ist es jedoch notwendig, das Feldoxid von typischerweise ca. 700 nm Dicke in SWAMI-LOCOS-Technik aufwachsen zu lassen. Es besteht dann die einfache Möglichkeit, anstelle des Phosphorglases undotiertes oder nur schwach dotiertes, auf 1,3 µm verstärktes Oxid zur Vervollständigung der optischen Isolation abzuscheiden. Zwar verfließen die Zwischenoxidkanten bei einem nachfolgenden Temperaturschritt nicht, jedoch ist dies bei einer Polysiliziumdicke von ca. 300 nm auch nicht mehr erforderlich. Kantenabrisse in der Metallisierungsebene treten an diesen durch die hohe Zwischenoxiddicke verschliffenen Stufen nicht auf.

Auf dem Oxid von insgesamt 2 μm Dicke lassen sich die optischen Schichten entweder unabhängig vom Abscheideverfahren vor der Verdrahtung der CMOS-Schaltungen oder in PECVD-Abscheidetechnik nach der Metallisierung und dem Test der Schaltungen aufbringen. Bei der letzteren Technik bilden die optischen Schichten gleichzeitig die Oberflächenpassivierung der mikroelektronischen Schaltungen.

Zur Umsetzung der im Wellenleiter geführten Signale in einen elektrischen Strom ist eine Ankopplung der optischen Schichten an Fotodetektoren erforderlich, die nur durch einen äußerst geringen Abstand zwischen Wellenleiter und Siliziumsubstrat erreicht werden kann. Im zuvor beschriebenen Prozeß liegt jedoch eine dicke Isolationsschicht zwischen den Wellenleitern und den unter dem Zwischenoxid liegenden Fotodetektoren, d. h. die Ankopplung ist ohne zusätzliche Maßnahmen nicht sehr effizient. Für schwache Signale oder hohe Schaltgeschwindigkeiten eignet sich diese Vorgehensweise folglich nicht.

Günstiger scheint hier ein tiefer greifender Einschnitt in den CMOS-Prozeß, indem die Feldoxiddicke in SWAMI-LOCOS-Technik auf 2 μm angehoben wird und somit gleichzeitig die erforderliche optische Isolation bildet. Die Wellenleiter lassen sich dann als direkten Ersatz für das Zwischenoxid nach der Strukturierung der Polysiliziumebene und den Drain-/Source-Implantationen abscheiden. Sie befinden sich im direkten Kontakt zur Sensoroberfläche, was eine hohe Koppeleffizienz bedeutet. Problematisch kann bei dieser Koppeltechnik die Planarität am Übergang vom Feldoxid zur aktiven Siliziumoberfläche sein. Durch verändertes Oxidwachstum an dieser Grenzfläche sind bei Oxiddicken über 1 μm Unebenheiten möglich, die zu erhöhten Signalverlusten führen können.

Für die MOS-Schaltungen ist bei dieser Prozeßführung eine Anpassung der Dotierung zur Einstellung der Schwellenspannung im Feldbereich der Schaltungen notwendig, da infolge der veränderten Oxidationsparameter eine erhöhte Dotierstoff-Segregation in das Oxid auftritt. Diese muß durch Anhebung der Dosis für die Feldimplantation ausgeglichen werden.

3.3 Adaption der mikromechanischen Integrationstechnik

Entsprechend den integriert-optischen Strukturen muß auch die monolithische Integration mikromechanischer Komponenten in den mikroelektronischen Gesamtprozeß kompatibel zum CMOS-Fertigungsablauf sein, d. h. hochdotierte Ätzstopschichten sind ebenso zu vermeiden wie die Alkaliionen enthaltenden anisotrop wirkenden Ätzlösungen. Einerseits eignet sich das entartete Halbleitermaterial der Ätzstopschichten nicht als Substrat für MOS-Transistoren, andererseits beeinflussen die Alkaliionen die Langzeitstabilität der Bauelemente aufgrund ihrer hohen Beweglichkeit im Oxid. Geeignet sind dagegen die elektrochemische Strukturierung des Siliziums mit schwachen Flußsäure-Lösungen zur Erzeugung niedrig dotierter freitragender Siliziumschichten oder das Trockenätzverfahren mit den in der CMOS-Technologie gebräuchlichen Reaktionsgasen /85/.

Zur mikromechanischen Strukturierung mit Flußsäure-Lösungen wird durch Ionenimplantation und Diffusion eine schwach n-leitende, gegenüber der Ätzung resistente Siliziumschicht an der Scheibenoberfläche erzeugt. Mit Hilfe einer Lochmaske lassen sich im Trockenätzverfahren Öffnungen durch die n-dotierte Schicht bis in das p-Substrat einbringen, die ein selektives, isotropes Entfernen des p-dotierten Siliziums unterhalb der n-dotierten späteren Membran erlauben.

Diese isotrope naßchemische Ätztechnik erlaubt eine gemeinsame Integration von Siliziummembranen und -stegen mit CMOS-Schaltungen auf einem Chip. Jedoch ist die Siliziumoberfläche in der monolithischen optoelektronischen Integrationstechnik von mehreren Filmen aus SiO_2 bzw. SiON abgedeckt, so daß die Flußsäure-Lösungen auch die Oxidschichten stark angreifen können. Da eine Maskierung der gesamten Oxidoberfläche gegen die aggressiven Ätzlösungen sehr aufwendig ist, erscheint diese Technik für die gemeinsame Integration mit SiON-Wellenleitern nicht geeignet.

Speziell bei den mikromechanischen Komponenten für die hier entwickelte kombinierte optoelektronische Systemintegration steht folglich die Ätztechnik und damit auch die Materialfrage für Membranen und

Zungen im Vordergrund. In der monolithischen Integrationstechnik ist das Silizium kaum zugänglich für eine MOS-kompatible Sensorfertigung. Neben Silizium lassen sich aber auch Si_3N_4, SiON und in begrenztem Maße SiO_2 zu Zungen, Membranen und anderen Formen strukturieren.

Dies erscheint bei dem hier angestrebten Integrationskonzept besonders sinnvoll, da das kristalline Siliziumsubstrat während des Technologiedurchlaufes tief unter den thermischen bzw. abgeschiedenen Oxidschichten vergraben liegt. Die Nutzung der oberflächennahen Si_3N_4-, SiON- oder SiO_2-Schichten bietet somit eine Alternative zum Silizium für die monolithische Integration der mikromechanischen Komponenten in den optoelektronischen Prozeß.

Zur Erweiterung der vorgesehenen Integrationstechniken um einfache mikromechanische Bauelemente werden entsprechend den vorhergehenden Überlegungen die in allen o. a. Prozessen auftretenden dicken dielektrischen Schichten aus Oxid und Oxinitrid eingesetzt. Aus diesen Materialien lassen sich durch lokales Entfernen des darunter vergrabenen Siliziums freitragende Stege, Brücken oder Membranen an der Scheibenoberfläche erzeugen, die den Anforderungen als Sensorelement genügen können. Ihre Langzeitstabilität ist dabei jedoch noch nicht geklärt.

4 Schnittstellen zwischen den einzelnen Technologien

Zur gemeinsamen Integration mikromechanischer Komponenten und optischer Lichtwellenleiter mit VLSI-CMOS-Schaltungen auf einem Siliziumchip sind die Anforderungen der bisher getrennten Technologien - z. B. an die verwendete Substratorientierung und an die Oberflächenbeschaffenheit des Trägermaterials - im Herstellungsprozeß zu berücksichtigen, um ein funktionsfähiges, die Vorteile der jeweiligen Einzelkomponenten vollständig ausnutzendes Gesamtsystem zu erhalten.

Wegen der Komplexität und der damit verbundenen Empfindlichkeit der CMOS-Technologie in Bezug auf Prozeßänderungen ist es sinnvoll, die Integrierte Optik und die Mikromechanik an die eingefahrene Integrationstechnik der Mikroelektronik anzupassen. Ist dies nicht ohne Eingriff in den Standard-Prozeß möglich, so sind die Rückwirkungen auf die Transistorparameter auszuloten. Des weiteren ist eine genaue Charakterisierung der Schnittstellen zwischen den Systemkomponenten der bisher getrennten Technologien notwendig, um Anwendungen mit geringen Signalpegeln oder hohen Schaltfrequenzen zu ermöglichen.

Die Schnittstelle der Mikroelektronik zur Integrierten Optik beruht auf der Photonen-induzierten Ladungsträgergeneration im Siliziumkristall. Sie beinhaltet die Art der Kopplung der elektromagnetischen Welle zum Fotoempfänger, wobei einerseits die Effizienz der Signalwandlung und zum anderen die erreichbare Schaltgeschwindigkeit wesentlich sind. Wegen der indirekten Bandlücke des Siliziums kann jedoch keine direkte Transformation einer elektrischen Information in ein Lichtsignal mit ausreichendem Wirkungsgrad erfolgen. Folglich läßt sich in diesem Halbleitermaterial bislang nur eine unidirektionale Schnittstelle von der Integrierten Optik zur Mikroelektronik realisieren.

Dagegen lassen mikromechanische Bauelemente in der Regel eine bidirektionale Wechselwirkung zur Mikroelektronik zu. Piezoelektrische Kristalle erlauben eine Auslenkung der freigeätzten Komponenten, leicht bewegliche Strukturen lassen sich auch elektrostatisch ansteuern. Das Auslesen von mechanischen Verspannungen in einem Sensor ist über den piezoresistiven Effekt möglich. Weitere nutzbare Schnittstellen zur Mikroelektronik sind die kapazitive und die optische Detektion von Abstandsänderungen bzw. Kristallverspannungen in den mikromechanischen Sensoren.

4.1 Optoelektronische Kopplungsmechanismen

Die Kopplung zwischen den optischen Wellenleitern und der signalverarbeitenden Elektronik erfolgt über integrierte Fotodetektoren, im gemeinsamen Integrationsprozeß speziell über Fotodioden oder Fotobipolartransistoren. Dabei hängt der erreichbare Kopplungsgrad bzw. die Quantenausbeute wesentlich von der Art der Ankopplung ab. Grundsätzlich lassen sich zwei Mechanismen unterscheiden: die Stoßkopplung und die Leckwellenkopplung der Wellenleiter an den optischen Sensor. Beide Techniken stellen spezielle Anforderungen sowohl an die Oberfläche der Siliziumscheibe als auch an den Fertigungsablauf in der Technologielinie.

4.1.1 Stoßkopplung

Im klassischen Fall der Stoßkopplung trifft der Wellenleiter mit seiner Stirnfläche senkrecht auf die lichtempfindliche Fläche der Fotodiode, so daß die geführte elektromagnetische Welle in einen transmittierenden - in der Fotodiode absorbierten Anteil - und einen reflektierten, für die Signalverarbeitung verlorenen Teil aufgespalten wird. Die Reflexionsverluste betragen beim Übergang vom SiON (n = 1,52) zu Silizium etwa 20 %, können aber durch Vergütung der Grenzfläche zwischen Wellenleiter und Silizium gesenkt werden, um einen höheren Koppelgrad zu erreichen. Geeignet ist dazu ein Nitridfilm, z. B. die zur Flankenpassivierung in der SWAMI-LOCOS-Technik eingesetzte Si_3N_4-Maskierung an den senkrechten Inselflanken. Es muß dann entsprechend der Wellenlänge des einfallenden Lichtes als Antireflexionsschicht zur Brechungsindexanpassung abgeschieden werden /86/.

Eine Realisierung dieser Form der Stoßkopplung läßt sich durch Integration der Fotodiode in Mesaform erreichen, indem bei Anwendung der

SWAMI-LOCOS-Technik das Substrat um mehr als 55 % der Dicke des späteren Feldoxides angeätzt wird /87/. In Bild 34a ist die resultierende Struktur im Querschnitt dargestellt, wobei - wie oben erwähnt - infolge des Oxidationsprozesses mit Flankenpassivierung bereits eine Grenzflächenvergütung vorhanden ist.

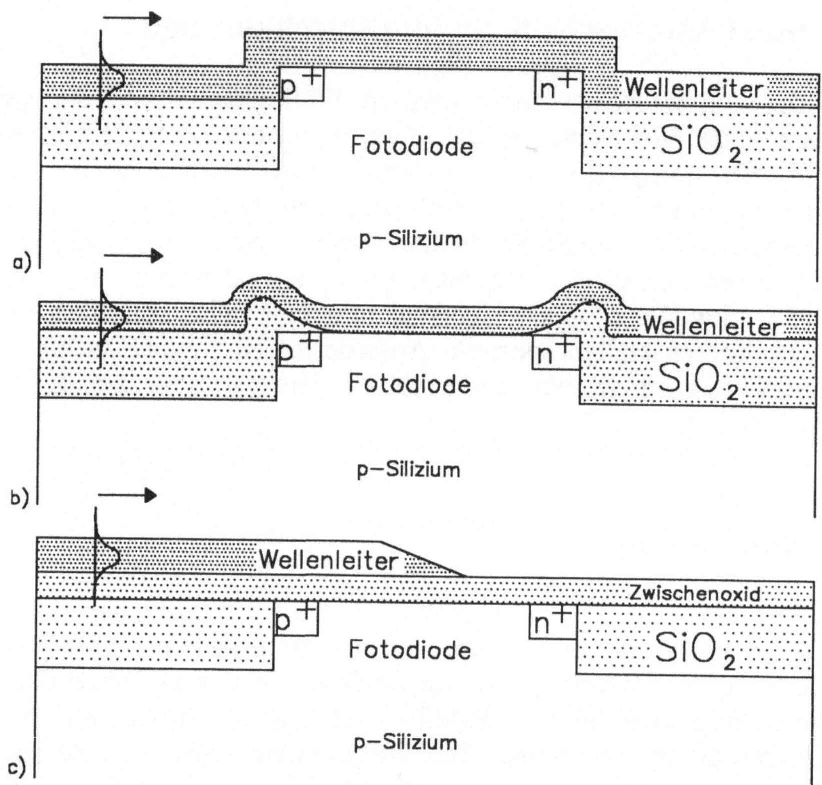

Bild 34: Stoßkopplung eines Wellenleiters an einer Fotodiode: a) durch Mesa-Diodenbauform, b) durch Reflexion infolge des birds heads der LOCOS-Technik, c) durch Reflexion an einem integrierten Oberflächenspiegel

Eine weitere Art der Stoßkopplung nutzt die Lichtabstrahlung an Oberflächenunebenheiten - z. B. den birds head der LOCOS-Technik - aus. Das geführte Licht durchstrahlt zum Teil den birds head; der transmittierende Anteil trifft auf den relativ flachen Ausläufer des birds beak. Die elektromagnetische Welle wird anschließend am Übergang vom Oxid zum SiON-Film in Richtung Substrat reflektiert. Ein Teil des Lichtes tritt in den Detektor ein und wird absorbiert. Infolge des flachen Einfallswinkels sind die Reflexionsverluste jedoch sehr hoch. Selbst bei optimaler Vergütung der Oberfläche sind sie nicht vollständig zu unterdrücken, so daß diese Koppeltechnik zwar einfach zu realisieren ist, jedoch wegen der eingeschränkten Reproduzierbarkeit der Form des birds head und des birds beak in Verbindung mit dem schlechten Koppelgrad für Anwendungen mit geringem Signalpegel ausscheidet.

Durch Erweiterung des Integrationsprozesses um eine Spiegelmaske läßt sich bei planarer Scheibenoberfläche eine effiziente Stoßkopplung erreichen. Im Wellenleiter wird oberhalb des Fotodetektors ein Spiegel geätzt, der die elektromagnetische Welle aus dem Wellenleiter durch das Zwischenoxid in die lichtempfindliche Fläche der Diode ablenkt. Auch in diesem Fall treten Abstrahlungsverluste an der Diodenoberfläche und zusätzlich am Spiegel auf, jedoch ist der Einstrahlwinkel sehr steil, so daß die Reflexionsverluste an der Siliziumoberfläche erheblich geringer als in den zuvor beschriebenen Techniken ausfallen. Durch eine spezielle Teilstrukturierung des Spiegels läßt sich sogar eine mehrfache Signalabtastung an einem Wellenleiter erreichen, wobei jeweils nur ein Teil der Intensität ausgekoppelt wird. Mit wachsender Ätztiefe nimmt der Koppelgrad zu, so daß sich die Ankopplung über die Tiefe der Spiegelätzung durch die Prozeßführung festlegen läßt.

Nachteilig sind bei der Spiegelkopplung - neben der zur optimalen Auskopplung notwendigen planaren Scheibenoberfläche - die schichtdickenabhängigen Signalverluste durch Reflexion an den Grenzflächen der einzelnen dielektrischen Filme untereinander bzw. zum Siliziumsubstrat sowie die Transmissionsverluste am Spiegel. Diese Verluste lassen sich zum Teil durch geeignete Auslegung der Schichtdicken als Antireflexionsschichten abfangen /88/, bzw. durch Bedampfung des Spiegels mit Aluminium vermeiden, so daß eine sehr gute Koppeleffizienz erzielt werden kann.

In sämtlichen Techniken der Stoßkopplung treten Reflexionsverluste bei der Signaleinkopplung in die Fotodetektoren auf. Besonders gravierend ist die Signalabnahme bei der Kopplung über Oberflächenunebenheiten wie dem birds head, so daß nur die direkte Stoßkopplung und die

Signaleinkopplung über einen Spiegel als wirkungsvolle Varianten der Stoßkopplung im monolithischen Gesamtprozeß sinnvoll erscheinen. Letztere Technik nutzt zusätzlich die für die CMOS-Technik wünschenswerte planare Scheibenoberfläche.

4.1.2 Leckwellenkopplung

Eine wirkungsvolle Anbindung des Lichtwellenleiters an einen Fotodetektor bietet auch die Leckwellenkopplung durch einen stufenlosen Übergang des wellenführenden Films vom optischen Isolator auf das Aktivgebiet einer Fotodiode (Bild 35).

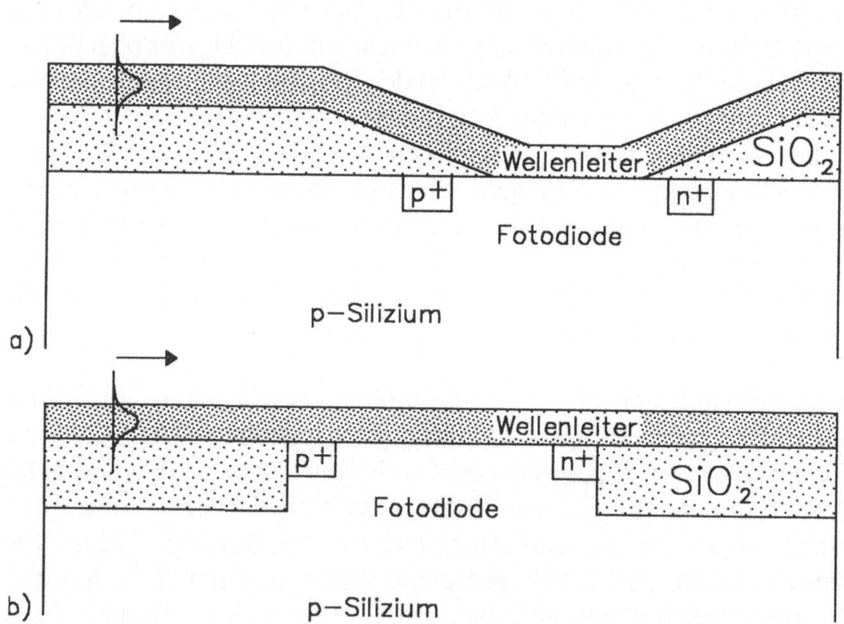

Bild 35: Leckwellenkopplung eines Wellenleiters an eine Fotodiode: a) mittels Taperung des Isolations- bzw. Feldoxides, b) durch Anwendung der SWAMI-LOCOS-Technik

Die Feldausläufer der im Wellenleiter geführten elektromagnetischen Welle koppeln im Bereich des Detektors in das Silizium über und generieren dort Ladungsträger. Durch die Länge der Koppelstrecke wird somit die Stärke der Kopplung als Entwurfsgröße bereits vom Design her festgelegt. Diese Kopplungsmethode ermöglicht darüber hinaus die mehrfache Abtastung eines Wellenleiters, da je nach Diodenlänge bzw. Koppelfläche nur ein Teil der geführten Lichtintensität ausgekoppelt wird.

Wichtig ist im Fall der Leckwellenkopplung die Güte des Überganges des Wellenleiters vom Isolationsoxid auf das Sensorgebiet. Ein geeigneter Aufbau kann mit Hilfe eines sich zum Detektor hin stetig verjüngenden Isolationsoxides, der "Taperung" des Oxides, erreicht werden. Zur Fertigung bieten sich die Planarisierungsverfahren der CMOS-Technik an: der Phosphor- bzw. Bor-Phosphorglas-Reflow oder die Abscheide-/Rückätzverfahren mit Lack-Reflow. Während die Reflow-Methoden sehr hohe Dotierungen oder Prozeßtemperaturen benötigen, um die notwendige Planarität zu gewährleisten, führt das Rückätzverfahren zu Dämpfungsverlusten im Wellenleiter aufgrund der bereits erläuterten, schwer vermeidbaren Oberflächenrauhigkeiten.

Ein grundlegender Nachteil der Ankopplung über Taperung des Oxides besteht in der frühzeitigen Auskopplung des geführten Signals außerhalb des Detektors. Die stetige Verringerung der Isolationsoxiddicke bewirkt eine kontinuierliche Zunahme der Signalkopplung zum Substrat, so daß in einiger Entfernung vor dem Detektor bereits eine Ladungsträgergeneration im Silizium stattfindet. Diese Ladungsträger müssen zur Fotodiode diffundieren und führen infolge ihrer geringen Geschwindigkeit zur Verlängerung der Schaltzeit, bzw. der Totzeit des Detektors.

Aufgrund der Fertigungsproblematik des Oxidtapers in Verbindung mit der geringen erreichbaren Schaltgeschwindigkeit ist diese Koppeltechnik für die monolithische Integrationstechnik nur bei geringen Signalfrequenzen geeignet.

Auch die SWAMI-LOCOS-Technik ist zur Erzeugung eines ausreichend planaren Überganges vom Isolationsoxid zur Detektoroberfläche geeignet. Sie bietet ein gegenüber der Oxidtaperung verbessertes lokales Koppelverhalten: die bei der Taperung bereits außerhalb des Sensors einsetzende Kopplung zum Substrat kann nicht auftreten, denn der abrupte Übergang vom Feldoxid zum Aktivgebiet der Fotodiode sorgt für eine auf den Diodenbereich begrenzte Ladungsträgergeneration. Dies bedeutet unter der Voraussetzung einer völlig planaren Oberfläche eine exakte, räumlich definierte Kopplung hoher Güte in Verbindung mit schnellen Detektorschaltzeiten, da die Ladungsträger nur die kurzen Driftstrecken innerhalb des Sensors zurücklegen müssen.

Zu berücksichtigen ist hierbei jedoch der Sprung im effektiven Brechungsindex des Wellenleiters am Übergang zum Detektor. Er kann eine partielle Signalreflexion bewirken, die den Koppelgrad beeinträchtigt. Trotzdem überwiegen bei dieser Form der Leckwellenkopplung die Vorteile: Die Stärke der Ankopplung läßt sich durch die Koppelfläche bereits im Entwurf festlegen, wobei die maximale Schaltfrequenz nicht durch zusätzliche, außerhalb der Diode generierte Ladungsträger eingeschränkt wird.

Eine vergleichende Betrachtung der vorgestellten Kopplungsmechanismen zeigt, daß für die monolithische Integrationstechnik nur die Stoßkopplung an Dioden in Mesabauform oder über einen integrierten Spiegel, sowie die Leckwellenkopplung mit planarer Oberfläche geeignet sind. Insbesondere die Realisierung der Leckwellenkopplung scheint erstrebenswert, da einzig bei dieser Technik die Koppeleffizienz ohne technologischen Mehraufwand als Designgröße festgelegt werden kann.

4.1.3 Lichtemitter auf Siliziumsubstrat

Im Gegensatz zu den Verbindungshalbleitern GaAs, InP oder GaAlAs ist Silizium infolge des indirekten Bandüberganges in Verbindung mit einem geringen Bandabstand von 1,12 eV nicht in der Lage, eine Rekombinationsstrahlung mit einer Wellenlänge im sichtbaren oder nahen infraroten Spektralbereich zu emittieren. Trotz umfangreicher Versuche mit Ge-Übergittern /89/ oder der Implantation von Kohlenstoff /90/ sind bisher keine bedeutenden Erfolge mit diesem kristallinen Material erzielt worden.

Zwar treten auch im Silizium Leuchteffekte an hochgradig belasteten pn-Übergängen sowie in Kurzkanal-MOS-Transistoren auf, jedoch ist der

Wirkungsgrad äußerst gering. Diese Strahlung resultiert aus der Abbremsung hochenergetischer Elektronen im Kristallgitter /91/. Sie besteht aus einem kontinuierlichen Spektrum inkohärenter Strahlung, das von ca. 400 nm bis in den Infrarotbereich verläuft. Über die Drain- oder Gatespannung läßt sich die emittierte Lichtintensität beim MOS-Transistor modulieren, wobei der Arbeitspunkt im Bereich des Avalanche-Durchbruchs liegt /92/.

Ein weiterer Leuchteffekt in Silizium, der - zunächst als Lumineszenz entdeckt /93, 94/ - elektrisch angeregt werden kann, ist in n-dotiertem porösen Silizium nach Flußsäure-Ätzung gefunden worden /95/. Diese Strahlung ist zwar auf einen engeren Wellenlängenbereich begrenzt, jedoch liegt die erforderliche Betriebsspannung noch relativ hoch, wobei der Wirkungsgrad mit etwa 10^{-4} % auch hier bislang recht gering ist. Vergleichbare Ergebnisse sind auf p-leitendem Silizium bereits bei einer Spannung von ca. 7 V erzielt worden /96/. Weder für das n- noch für das p-dotierte poröse Silizium ist bisher eine Ansteuerung über monolithisch integrierte MOS-Transistoren gelungen.

Die zuvor beschriebenen Leuchteffekte sind aufgrund ihrer geringen Intensität bzw. der divergenten Abstrahlcharakteristik als Sender zur Einkopplung elektromagnetischer Strahlung in Lichtwellenleiter im sichtbaren oder infraroten Wellenlängenbereich (bisher) nicht geeignet. Es sind aber erste Ansätze für eine integrierte Lichtquelle auf Siliziumsubstrat, die bis vor wenigen Jahren noch als nicht realisierbar galt.

Einen neuen Ansatzpunkt für einen effizienten integrierten Lichtemitter auf Silizium bietet die gemeinsame Implantation von Erbium- und Sauerstoffionen im Dosisbereich um $1 \cdot 10^{15}$ cm^{-2} /97, 98/. In Anwesenheit von Sauerstoff strahlt angeregtes dreifach positiv geladenes Erbium ein Photon der Wellenlänge 1,54 µm ab. Der Wirkungsgrad dieser in Diodenbauform hergestellten Elemente ist - verglichen mit den o. a. Lichtquellen auf Silizium - hoch, er beträgt ca. 0,1 %. Für die monolithische Integration mit den SiON-Lichtwellenleitern ist diese Strahlungsquelle wegen der großen Wellenlänge jedoch nicht geeignet, ihr Licht wird von den SiON-Wellenleitern nicht geführt.

Für die Lichtemission im sichtbaren Spektralbereich sind halbleitende Polymere entwickelt worden, die einen hohen Wirkungsgrad von ca. 2 % aufweisen /99/. Diese Polymerschichten lassen sich vergleichbar zum

Fotolack durch eine Schleuderbeschichtung auf die Siliziumscheibe aufbringen. Sie sind resistent gegen verschiedene Säuren, lassen sich aber im Sauerstoff- oder $SiCl_4$-Plasma strukturieren. Bei einer Einsatzspannung von ca. 5 V liegt die Stromaufnahme bei einigen $nA/\mu m^2$ strahlender Fläche, so daß sie für eine Ansteuerung über MOS-Transistoren geeignet sind. Bislang wird der Einsatz dieser Lichtquelle einzig durch die geringe Lebensdauer der emittierenden Schicht verhindert /100/.

Weitere Lichtquellen auf Siliziumsubstrat stehen bislang nicht zur Verfügung, so daß auf die externe Ankopplung von Glasfasern oder Laserdioden zurückgegriffen werden muß. Zwar lassen sich inzwischen epitaktische GaAs- oder GaAlAs-Schichten auf Silizium aufwachsen, jedoch gestaltet sich der Gesamtprozeß zur monolithischen Integration eines Systems derart komplex, daß eine industrielle Fertigung unrentabel erscheint.

Mit Hilfe einer modernen Aufbau- und Verbindungstechnik - z. B. der Flip-Chip-Montage - bietet sich eine attraktive, kostengünstige Alternative zur reproduzierbaren, dauerhaften Ankopplung von Laserdioden der III-V-Verbindungshalbleiter an einen Wellenleiter. Der Lichtsender wird in einer Vertiefung auf der Schaltungsseite des Siliziumsubstrates kopfüber - mit der aktiven Seite zur Schaltung - an seinen Anschlüssen festgelötet. Damit befindet sich die Austrittsöffnung des Lasers auf vergleichbarem Niveau mit dem Wellenleiter, und das Licht kann durch Feinjustage bei aufgeschmolzenem Lot optimal eingekoppelt werden. Diese Technik erscheint zwar von der Justierung her aufwendig, sie läßt sich aber in der Herstellung automatisieren.

Der Einsatz der o. a. direkt im Siliziumsubstrat integrierten Strahlungsquellen zur monolithischen Integration eines Lichtemitters für interferometrische Anwendungen auf dem Chip ist aufgrund der kontinuierlichen Spektren und des inkohärenten Lichtes - auch in näherer Zukunft - nicht möglich. Dagegen sind Applikationen dieser Sender mit kontinuierlichen Spektren denkbar, sobald das Problem der Signaleinkopplung in einen Wellenleiter auf dem Chip gelöst ist. Beispielsweise könnte der im Durchbruch betriebene MOS-Transistor ein frequenzmoduliertes Signal für eine optische Datenübertragung innerhalb einer Schaltung liefern.

4.2 Kopplung der Mikromechanik

Mikromechanische Sensoren reagieren in der Regel mit einer Auslenkung, die zur Verspannung des Siliziumkristalles führt, auf ein äußeres Signal. Diese Dehnungen oder Stauchungen können mit piezoresistiven oder - bei starker Krafteinwirkung - piezoelektrischen Materialien elektrisch ausgewertet und in Relation zum Auslöser gesetzt werden. Treten im Sensor Abstandsänderungen auf, sind kapazitive Ausleseverfahren möglich. Des weiteren ist auch die Ankopplung der Integrierten Optik an die Mikromechanik interessant /101/. Infolge von Druck- oder Zugspannungen im SiON- oder Si_3N_4-Film treten in den optischen Wellenleitern Phasenverschiebungen auf, die sich interferometrisch sehr genau auswerten lassen.

4.2.1 Elektrische Auslesemechanismen

Das Ansprechen eines mikromechanischen Sensorelementes ist in der Regel mit einer Materialdehnung oder Stauchung verbunden, wobei die Stärke der Verspannung in einem mathematischen Zusammenhang mit der Auslenkung und damit mit dem zu detektierenden Signal steht. Wirkt das unter Druck- oder Zugspannung stehende Element auf eine Leiterbahn aus Halbleitermaterial, z. B. n-leitendes Polysilizium, so ändert sich dessen Bandstruktur. Die effektive Masse der Ladungsträger und der Bandabstand werden beeinflußt, so daß deren Beweglichkeit und Dichte je nach Art der Verspannung zu- oder abnehmen. Dieser piezoresistive Effekt ist gleichbedeutend mit einer Widerstandsänderung infolge von mechanischen Verspannungen, welche mit der Auslenkung des Sensorelementes korreliert und damit eine Berechnung des Eingangssignals erlaubt.

Die Stärke der Widerstandsänderung hängt unter anderem vom Elastizitätsmodul des Sensormaterials und vom verwendeten Piezowiderstand ab. Zur elektrischen Auswertung ist es sinnvoll, mehrere Piezowiderstände antiparallel in einer Brückenschaltung an den maximal verspannten Bereichen des Sensors zu plazieren, um eine möglichst hohe Empfindlichkeit zu erreichen.

Starke mechanische Verspannungen lassen auch die Nutzung des piezoelektrischen Effektes zu. Infolge äußerer Krafteinwirkung tritt in piezoelektrischen Kristallen, wie z. B. Quarzglas, ein elektrisches Dipolmoment auf. Es resultiert eine Ladungstrennung, die als elektrische Spannung an zwei gegenüberliegenden Oberflächen abgegriffen werden kann. Sie ist mit der Verspannung korreliert und kann über empfindliche Verstärker zum Auslesen des Sensorelementes genutzt werden.

Eine weitere Technik zur Abfrage der Sensoren ist die kapazitive Detektion von Abstandsänderungen /102/. Im Bereich der maximalen Auslenkung des mikromechanischen Bauelementes befinden sich zwei möglichst große Elektroden, die einen Kondensator mit der Umgebungs- atmosphäre als Dielektrikum bilden. Je nach Meßsignal ändert sich der Abstand der beiden Elektroden und damit auch die Kapazität als Maß für die externe Größe.

Der Vorteil der kapazitiven Auslesetechnik liegt in der geringen Empfindlichkeit gegenüber Temperaturänderungen des Sensors. Jedoch ist die Auflösung infolge der eingeschränkten Kondensatorflächen relativ gering, so daß für sensitive Anwendungen mehrere Sensorelemente parallel geschaltet werden müssen. Aufgrund der in der Regel sehr geringen Kapazitäten ist außerdem die Empfindlichkeit gegenüber elektromagnetischen Feldern sehr hoch.

4.2.2 Interferometrische Signalauswertung

In Verbindung mit der Integrierten Optik bietet sich die Abtastung eines mikromechanischen Sensors über ein Mach-Zehnder-Interferometer an. Dabei wird monochromatisches kohärentes Licht über einen Strahlteiler in einen Referenz- und einen Signalarm aufgespalten. Das im Signalarm über den Sensor geführte Licht erfährt dort eine Phasenverschiebung infolge einer Brechungsindex- oder Weglängenänderung, während der neben dem Sensor verlaufende Referenzstrahl unbeeinflußt weitergeführt wird.

Die Phasenverschiebung im Signalarm des Interferometers resultiert - vergleichbar zum Verhalten der Piezowiderstände - aus der mechanischen Verspannung des SiON- bzw. Si_3N_4-Films. Eine wachsende Auslenkung des Sensors bewirkt über die Verspannung des Wellenleiters eine Brechungsindex-Änderung. Diese führt zu einer Verschiebung der Phasenlage des geführten Lichtes im Signalarm, so daß am Ausgang des Interferometers durch Überlagerung von Meß- und Referenzsignal Intensitätsänderungen auftreten. Über angekoppelte Fotodetektoren, die gemeinsam mit der Optik und Mikromechanik auf dem Chip integriert sein können, lassen sich die Helligkeitsschwankungen in Form eines elektrischen Spannungs- oder Stromwertes auslesen.

Bewegungen in lateraler Richtung auf der Substratoberfläche lassen sich mit Hilfe von integrierten Michelson-Interferometern quantitativ nachweisen. Der das Interferometer verlassende Laserstrahl wird an der bewegten Struktur zurückgestreut und interferiert mit dem Referenzstrahl. Je nach lateraler Wegstreckenänderung des beweglichen Elementes tritt eine Phasenverschiebung zwischen Meß- und Referenzstrahl auf, die sich als Intensitätsänderung am Interferometerausgang erfassen läßt. Im Vergleich zum Mach-Zehnder-Interferometer ist keine tragende Verbindung zwischen Sensor und Wellenleiter erforderlich, jedoch wird ein Spiegel als Reflektor am beweglichen Element benötigt.

4.2.3 Ansteuerung mikromechanischer Elemente

Für eine Bewegung freigeätzter Zungen, Rotoren oder anderer beweglicher Strukturen ist eine elektrisch regelbare Kraft erforderlich, die auf das entsprechende Element einwirkt. Magnetfelder scheiden für diese Anwendung aus, da sie nicht in nutzbarer Form auf dem Chip erzeugt werden können. Es verbleiben der piezoelektrische Effekt, die elektrostatische Wechselwirkung und die thermische Anregung, die entsprechend der Anwendung ausgewählt werden können.

Die elektrische Ansteuerung der mikromechanischen Komponenten über piezoelektrische Kristalle eignet sich beispielsweise zur Auslenkung von Stegen. Durch Anlegen einer Spannung ändern die Kristalle ihre Größe, sie ziehen sich zusammen oder dehnen sich aus. Werden sie auf freitragenden Siliziumzungen aufgebracht, so wirkt sich die proportional zur anliegenden Spannung verlaufende Längenänderung der piezoelektrischen Kristalle entsprechend dem Effekt des Bimetalles als Bewegung der mikromechanischen Komponente aus. Damit sind z. B. elektrisch angeregte Schwingungen an einer freigeätzten Siliziumzunge oder die gezielte Einstellung des Tunnelstromes in einem Raster-Tunnelmikroskop möglich.

Alternativ ist auch eine elektrostatische Ansteuerung von freitragenden Strukturen möglich. Die aus der Coulombanziehung zwischen entgegengesetzt geladenen Elementen resultierende Kraft läßt sich für aktive mikromechanische Komponenten nutzen /103/, wobei im Gegensatz zur piezoelektrischen Bewegung auch eine Rotation frei gelagerte Strukturen erreicht werden kann. Zur Steuerung des Elementes wird eine möglichst große Ladungsdifferenz zwischen der zu bewegenden Komponente und dem umgebenden Material erzeugt, so daß die Krafteinwirkung zu einer Reaktion führt. Ein Beispiel für diese Anwendung ist der mikroskopische Motor in Silizium, dessen Rotor durch umlaufende elektrostatische Felder angetrieben wird.

Übliche Betriebsspannungen der piezoelektrischen Elemente und auch der elektrostatischen Steuerungen liegen jedoch mit 30 - 150 V oberhalb der Versorgungsspannung der CMOS-Komponenten, so daß eine interne Ansteuerung vom Chip nur über DMOS-Transistoren erfolgen kann.

Zur thermischen Anregung von mikromechanischen Elementen ist eine Widerstandsheizung erforderlich, die z. B. in Form einer Polysilizium-leiterbahn realisiert werden kann. Die zugeführte elektrische Leistung bewirkt einen Wärmefluß zum Substrat als Senke, so daß in der mikromechanischen Struktur ein Wärmegradient auftritt. Entsprechend ungleichmäßig ist die thermische Ausdehnung des Materials, sie bewirkt eine Elongation des Elementes. Aufgrund der begrenzten thermischen Leitfähigkeit der Sensormaterialien sind Anregungsfrequenzen bis zu maximal einigen 10 kHz möglich, die typischen Heizleistungen betragen 100 - 800 mW. Diese können von MOS-Transistoren noch problemlos gesteuert werden.

5 Beschreibung der Herstellungsprozesse

5.1 Optoelektronische Integrationstechniken

Zur Realisierung des Teilsystems optischer Wellenleiter, CMOS-kompatibler Fotodetektor und mikroelektronische Schaltung bieten sich entsprechend der o. a. Überlegungen folgende Integrationstechniken an:

- ein zweistufiger, sequentieller Prozeß mit der Wellenleiterdeposition nach der Integration der CMOS-Schaltungen in SWAMI-LOCOS-Technik mit Standard-Feldoxiddicke, evtl. einschließlich Verdrahtung und Test der mikroelektronischen Komponenten, als modulare Bauform;

- ein vollintegrierter Prozeß unter Ausnutzung der Schichtfolge der CMOS-Technik, speziell des verstärkten Feldoxides als optischer Isolator und des Zwischenoxides als Lichtwellenleiter;

- die Integration der CMOS-Schaltungen in SOI-Technik auf der Grundlage eines Rekristallisationsverfahrens vor oder nach der Fertigung der Lichtwellenleiter.

In allen hier vorgestellten Integrationstechniken lassen sich optoelektronische Systeme mit Leckwellen- oder Stoßkopplung herstellen, wobei die Lichtführung auf einmodigen SiON-Rippenwellenleitern basiert. Sie sind wegen ihrer schwachen Lichtführung zur Realisierung von Kopplerstrukturen den höher brechenden Schichten vorzuziehen. Eine Übertragung auf reine Si_3N_4-Wellenleiter ist aber ohne Einschränkungen möglich, wobei die Isolationsoxiddicke, die Stärke der lichtführenden Schicht und die Rippenbreite der Wellenleiter deutlich verringert werden können. Die Lichtquelle als Sender der elektromagnetischen Strahlung muß unabhängig von der ausgewählten Realisierungsvariante bisher noch extern angekoppelt werden.

Eine Einbindung mikromechanischer Strukturen kann unter Berücksichtigung der jeweiligen Gegebenheiten unabhängig von der gewählten

Prozeßführung in kompatibler Form erfolgen, falls die SiON-Schichten gemeinsam mit dem Isolationsoxid ausreichende Stabilität und Elastizität aufweisen. Einkristallines Silizium steht zumindest bei der SOI-Technik nicht für mikromechanische Elemente zur Verfügung.

5.1.1 Der modulare Integrationsprozeß

Die einfachste Technik zur monolithischen Integration der optischen Komponenten in einer VLSI-CMOS-Technologie basiert auf einem in SWAMI-LOCOS-Technik geführten modularen Prozeß, bei dem der wellenleitende Film erst nach der Verdrahtung und dem Test der MOS-Schaltungen abgeschieden und strukturiert wird (Bild 36). Er ersetzt die übliche, etwa 700 nm starke Plasmanitrid- oder Plasma-Oxinitrid-Oberflächenpassivierung durch eine Oxinitrid/Siliziumdioxid-Schichtfolge.

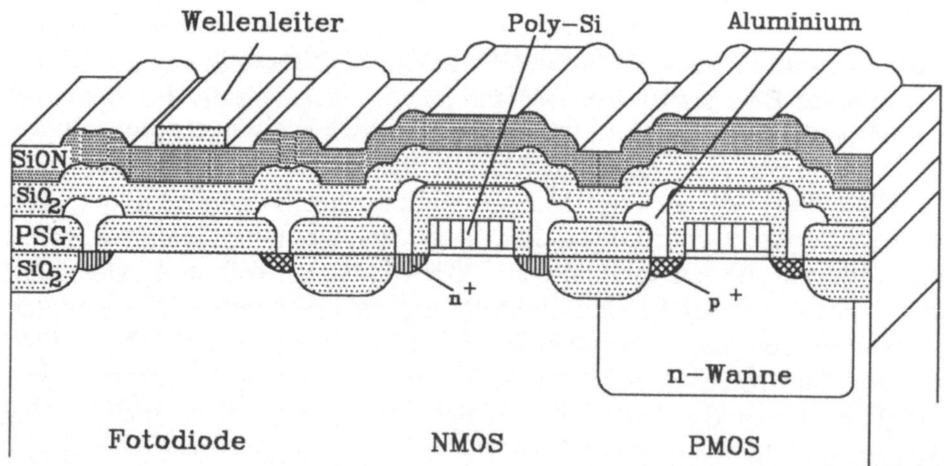

Bild 36: Querschnitt des monolithisch integrierten optoelektronischen Systems, bestehend aus SiON-Wellenleiter und VLSI-CMOS-Schaltungen, gefertigt in modularer Technik

In der Herstellung werden die Siliziumscheiben nach der Strukturierung der Metallebene und der Legierungstemperung im PECVD-Verfahren mit einer Schichtfolge aus zunächst 600 nm Oxid zur Verbesserung der optischen Isolation, 500 nm SiON als wellenführender Film und 500 nm SiO_2 als Abdeckung beschichtet. Die folgende Fotomaske legt die Rippen des Wellenleiters fest, die durch Rückätzen der reinen Oxiddeckschicht um 400 nm im reaktiven Ionenätzverfahren geformt werden. Als Reaktionsgas eignet sich CHF_3/O_2 im Verhältnis von 5:1 besonders gut, weil mit dieser Mischung ein für die Signaldämpfung im Wellenleiter günstiger Anisotropiefaktor von ca. 0,5 zur Abschrägung der Oxidkanten erreicht wird. Da die abgeschiedenen Schichten die Anschlußflecken der mikroelektronischen Schaltungen verdecken, ist eine letzte Fototechnik zum Öffnen der Passivierungsfenster notwendig. Auch dieser Ätzschritt erfolgt im RIE-Verfahren.

Aufgrund des ungeänderten eingefahrenen Fertigungsablaufes zur Realisierung der mikroelektronischen Bauelemente wird die Ausbeute an funktionsfähigen CMOS-Strukturen von der zusätzlichen Integration der optischen Komponenten nicht beeinflußt. Des weiteren ist die Übertragbarkeit dieser Integrationstechnik auf andere Technologielinien wegen der entkoppelten Prozesse relativ problemlos. Sie erweist sich auch als kostengünstig, da vor dem Aufbringen der optischen Komponenten bereits ein Funktionstest der CMOS-Schaltungen erfolgen kann und folglich nur einwandfreie Scheiben mit einem wellenleitenden Film beschichtet werden.

In dieser Technik läßt sich die Leckwellenkopplung jedoch nur mit extrem geringem Koppelgrad realisieren, da der wellenleitende SiON-Film durch das Zwischenoxid und die zusätzliche Oxiddeposition zur optischen Isolation vom optoelektronischen Wandler, dem Fotodetektor, getrennt ist. Eine Stoßkopplung ist wegen des großen vertikalen Abstandes zwischen der integriert optischen Struktur und dem lichtempfindlichen Sensor nicht ohne eine zusätzliche Aufweitung des Prozesses möglich.

Kritisch ist auch die Dämpfung des elektromagnetischen Signals in den Wellenleitern aufgrund der Oberflächenrauhigkeit. Infolge der begrenzten Selektivität des reaktiven Ionenätzverfahrens zur Strukturierung des Polysiliziums und der Aluminiumverdrahtung entsteht eine Aufrauhung des Isolationsoxides, welche zu erhöhten Ausbreitungsverlusten im

Wellenleiter führt. Die Wellenleiter-Deposition an der Substratoberfläche kann außerdem zu Scheibenverzug führen, falls die abgeschiedenen Schichten mechanische Spannungen auslösen.

Zur Verbesserung der sequentiellen Prozeßführung sind zwei ergänzende Maßnahmen erforderlich:

- eine Minimierung der Dämpfungsverluste infolge der Lichtstreuung an Oberflächenrauhigkeiten,

- die Verbesserung des Koppelwirkungsgrades.

Um die Oberflächenrauhigkeit minimal zu halten, kann die Wellenleiterabscheidung auch vor der Kontaktlochstrukturierung und Metallisierung erfolgen. Speziell die zur Aluminiumätzung verwendete Cl-Chemie, die zu einem ungleichmäßigen lokalen Oxidabtrag führen kann, wirkt dann nicht auf die kritische Grenzfläche Isolationsoxid/SiON-Film ein, sondern greift nur die abdeckende Oxidschicht an der Oberfläche an. Eventuell entstehende Rauhigkeiten wirken sich wegen ihres Abstandes zum wellenleitenden Film deutlich schwächer aus.

Ein weiterer positiver Effekt dieser Änderung im Fertigungsablauf ist die Anhebung der maximal zulässigen Depositionstemperatur. Sie wird dann nur durch die Dotierstoffdiffusion im Silizium begrenzt. Neben den PECVD-Schichten ist ein Einsatz von LPCVD-Nitrid oder LPCVD-Oxinitrid denkbar. Bei dieser Variante der sequentiellen Integrationstechnik müssen die Kontaktöffnungen jedoch durch eine ca. 2 μm dicke SiO_2 / $SiON$ / SiO_2-Schichtfolge hindurch strukturiert werden, wobei der Böschungswinkel der Öffnungen zur Vermeidung von Leiterbahnabrissen in der Verdrahtungsebene möglichst flach sein sollte. Des weiteren ist das Aufbringen einer Oberflächenpassivierung nur im Lift-Off-Verfahren möglich, da die wellenleitenden Strukturen nicht zusätzlich abgedeckt werden dürfen.

Eine starke Kopplung zwischen Wellenleiter und Fotodetektor läßt sich unabhängig vom Zeitpunkt der SiON-Deposition durch Integration eines Spiegels zur Strahlablenkung in den optisch aktiven Bereich des Detektors erreichen, so daß die schwache Leckwellenkopplung in eine Stoßkopplung mit senkrechter Bestrahlung transformiert wird (Bild 37). Die zum Ätzen des Reflektors erforderliche Fotolackmaske wird nach der

Strukturierung der Rippen des Wellenleiters aufgebracht und bei einer
Temperatur von 160°C getrocknet. Bei dieser Temperatur schrägen sich
die Ränder der Lacköffnungen stark ab.

Im Trockenätzschritt läßt sich die entstandene Oberflächentopografie in
die Oxid/Oxinitrid/Oxid-Schichtfolge übertragen, so daß die resultierende
Abschrägung der Spiegelöffnung das geführte Licht durch Reflexion aus
dem Wellenleiter in den Detektor lenkt. Zur Optimierung läßt sich die
Spiegeloberfläche noch mit Aluminium abdecken, damit kein den Spiegel
transmittierender Strahl entsteht und die aus der Rauhigkeit der
reflektierenden Fläche resultierende Streustrahlung nicht verloren geht.

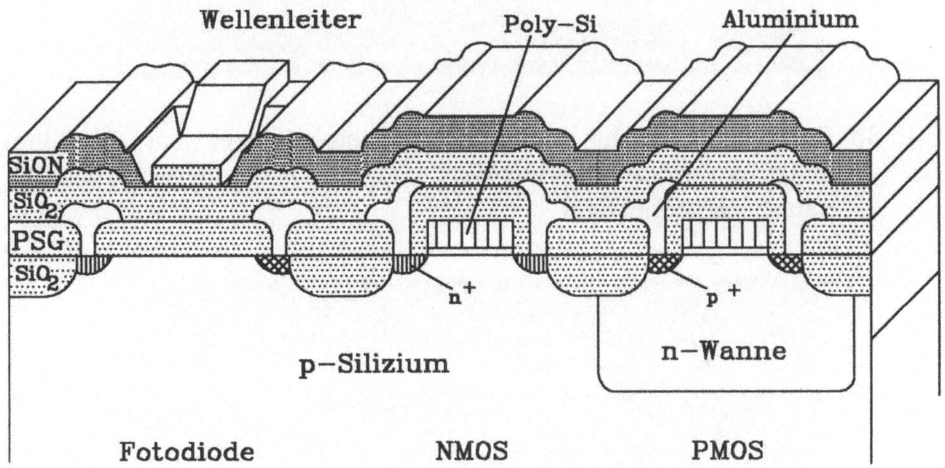

Bild 37: Modulare Integrationstechnik mit Signaleinkopplung über
einen Spiegel im Wellenleiter zur reproduzierbaren, verlustarmen Lichteinkopplung in die Fotodiode

Die Strukturierung des Spiegels kann direkt nach der Wellenleiterdeposition durchgeführt werden oder, im Fall der Oxiddeposition nach der
Metallisierung, parallel zum Öffnen der Oberflächenpassivierung erfolgen (Bild 38). Mit Hilfe der Lackmaske ist auch ein Lift-Off-Verfahren zur Verspiegelung der Reflektoroberfläche mit Aluminium
möglich.

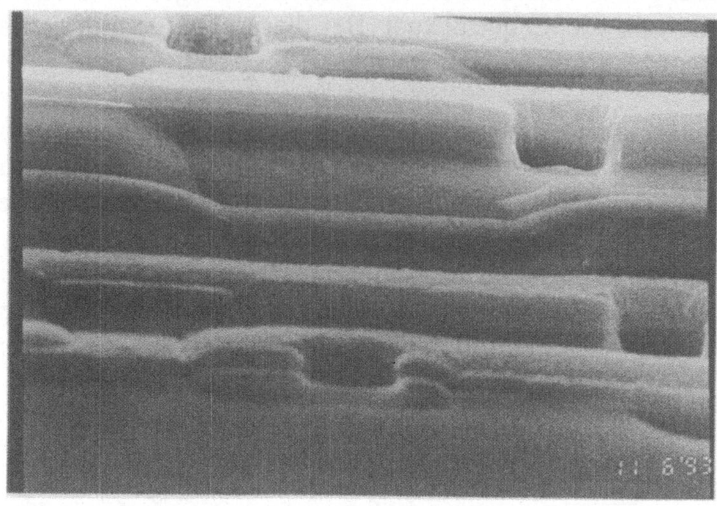

Bild 38: Seitliche Ansicht eines integrierten Spiegel zur Strahlablenkung aus dem Wellenleiter in einen Fotodetektor (7.500-
fache Vergrößerung)

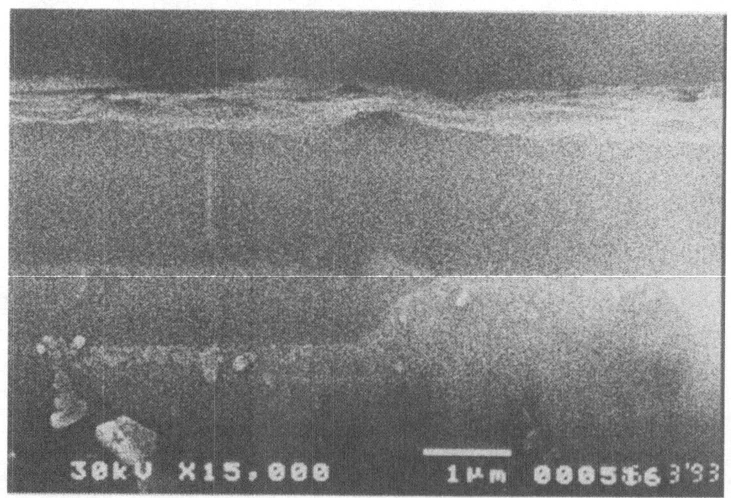

Bild 39: Modulare Integrationstechnik: Schliff durch eine Fotodiode mit darüberliegendem Wellenleiter und integriertem
Spiegel zur Strahleinkopplung

Der modulare Integrationsprozeß ist wegen der einfachen sequentiellen Fertigungstechnik und der leichten Übertragbarkeit auf andere Technologielinien - trotz der genannten Nachteile in Bezug auf Koppelwirkungsgrad und Dämpfung der elektromagnetischen Wellen - für die monolithische Systemintegration gut geeignet. Ohne zusätzliche Maßnahmen zur Verbesserung der Ankopplung bietet er jedoch keine Möglichkeit, ein hochempfindliches integriert optisches Gesamtsystem zu fertigen. Die Verarbeitung schwacher optischer Signale ist erst mit Hilfe der Signalreflexion an einem integrierten Spiegel möglich.

5.1.2 Der vollintegrierte Prozeß

Der vollintegrierte Prozeß verbindet die Anforderungen der Technologie der Integrierten Optik mit dem Fertigungsablauf der CMOS-Integrationstechnik durch eine Angleichung verwandter Oxidations- und Depositionsschritte. Er verlangt erhebliche Änderungen gegenüber dem reinen CMOS-Technologieablauf, benötigt jedoch keine zusätzlichen Schichten zur Herstellung der optischen Komponenten. Als Koppelmechanismen sind hier sowohl Leckwellen- als auch Stoßkopplung möglich, wobei in der Regel die vorteilhafte Leckwellenkopplung angestrebt wird. Ergänzende Maßnahmen wie eine Spiegelstrukturierung zur Verbesserung der Koppeleffizienz sind nicht erforderlich.

Wesentliche Eingriffe in den Standard-Fertigungsablauf sind zur Isolation der Wellenleiter vom Siliziumsubstrat notwendig. Dazu wird im vollintegrierten Prozeß das Feldoxid der CMOS-Schaltungen in SWAMI-LOCOS-Technik auf 2 μm Dicke verstärkt, während die lichtführende Schicht als SiON-Film das Phosphorglas-Zwischenoxid der MOS-Technik ersetzt. Die Deckschicht zur Strukturierung der Rippen des Wellenleiters wird direkt nach der SiON-Deposition im gleichen Reaktor als reine SiO_2-Schicht oder nach der Metallisierung als SiO_2-Oberflächenpassivierung abgeschieden.

Infolge der hohen Feldoxiddicke muß die Einstellung der Feldschwellenspannung im Gegensatz zur Standardtechnik vor der thermischen Oxidation erfolgen, da eine nachträgliche Implantation durch das 2 μm starke Oxid nicht möglich ist. Des weiteren ist zur Verdrahtung der CMOS-

Komponenten eine Kontaktloch-Strukturierung mit abgeschrägten Kanten durch die wellenführende SiON-Schicht erforderlich, um Kantenabrisse in der Metallisierungsebene zu vermeiden.

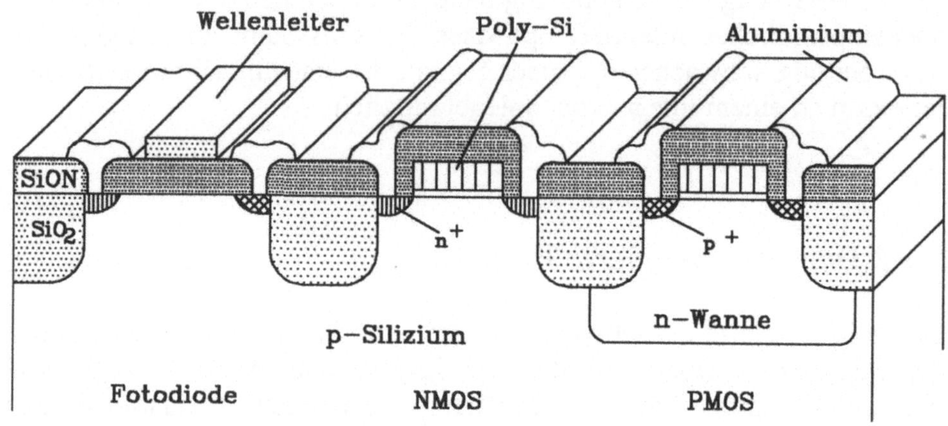

Bild 40: Schematischer Querschnitt des optoelektronischen Systems in vollintegrierter Technik mit 2 μm Feldoxiddicke und einem SiON-Film als Zwischenoxid

Zur Fertigung des optoelektronischen Systems in vollintegrierter Technik (Bild 40) wird das Siliziumsubstrat entsprechend dem SWAMI-LOCOS-Verfahren mit einem Padoxid und einem Nitridfilm beschichtet und anschließend außerhalb der Aktivgebiete in Relation zur späteren thermisch aufgebrachten Oxiddicke und zum angestrebten Kopplungsverfahren anisotrop geätzt. Für die laterale Stoßkopplung ist bei 2 μm Feldoxiddicke eine Ätztiefe von ca. 1,5 μm in das Siliziumsubstrat erforderlich, zur Leckwellenkopplung werden ca. 1,1 μm Silizium entfernt. Es folgt die konforme Nitridabscheidung zur Maskierung der vertikalen Wände der Aktivgebiete. Die Si$_3$N$_4$-Schicht wird ebenfalls anisotrop im Plasma geätzt, so daß neben der Oberfläche der Aktivgebiete auch deren Seitenwände vor der Oxidation maskiert sind.

Diese Technik der Nitridmaskierung ist für Feldoxiddicken bis ca. 1 μm ausreichend. Bei höheren Schichtstärken, wie sie zur optischen Isolation der SiON-Wellenleiter erforderlich sind, muß eine verbesserte Maskierung der Scheibenoberfläche erfolgen, um die für die Leckwellen-kopplung zwingend notwendige stufenlose Scheibenoberfläche zu gewährleisten. Kritisch hat sich bei Oxiddicken oberhalb von 1 µm die Berührungslinie Flankennitrid/Oberflächennitrid erwiesen. Während des Oxidwachstums kann in diesem Bereich eine Sauerstoffdiffusion statt-finden, die zur Oxidation des darunterliegenden Siliziums führt. Infolge des oxidationsbedingten Volumenzuwachses unterhalb der Nitrid-maskierung reißt diese, so daß weiterer Sauerstoff ungehindert eindringen kann und die Aktivgebietkanten stark oxidieren. Bild 41 zeigt das Ergebnis einer solchen Oxidation für eine zerstörte Nitridmaske.

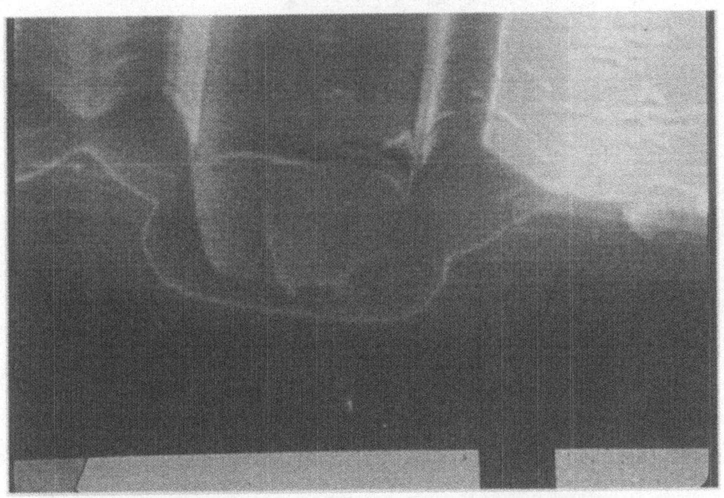

Bild 41: Oxidierte Aktivgebietkante nach der Feldoxidation infolge der Sauerstoffdiffusion durch die Nahtstelle in der Nitrid-maskierung (Maßstab = 1 µm)

Abhilfe kann hier eine Schichtfolge aus Padoxid, Siliziumnitrid, Poly-silizium und erneut Siliziumnitrid zur Oberflächenmaskierung während der thermischen Oxidation schaffen. Der bei dieser Struktur unter die Nitridschicht diffundierende Sauerstoff oxidiert den Polysiliziumfilm und gelangt folglich nicht mehr zum Siliziumsubstrat; die maskierte Struktur bleibt erhalten.

Jedoch ist das Ablösen der Maskierung, speziell des Polysiliziumpuffers, nach ausgedehnten thermischen Oxidationsprozessen schwierig. Die

Nitridoberfläche verhärtet durch Oxidation und muß in Flußsäure oder im
CHF$_3$-Plasma überätzt werden, um ein selektives Entfernen in Phosphorsäure zu ermöglichen. Das oxidierte Polysilizium läßt sich zwar in
gepufferter Flußsäure ablösen, dabei geht jedoch auch ein Teil des aufge-
wachsenen Feldoxides verloren; dieser muß als Vorgabe im Oxidationsprozeß berücksichtigt werden.

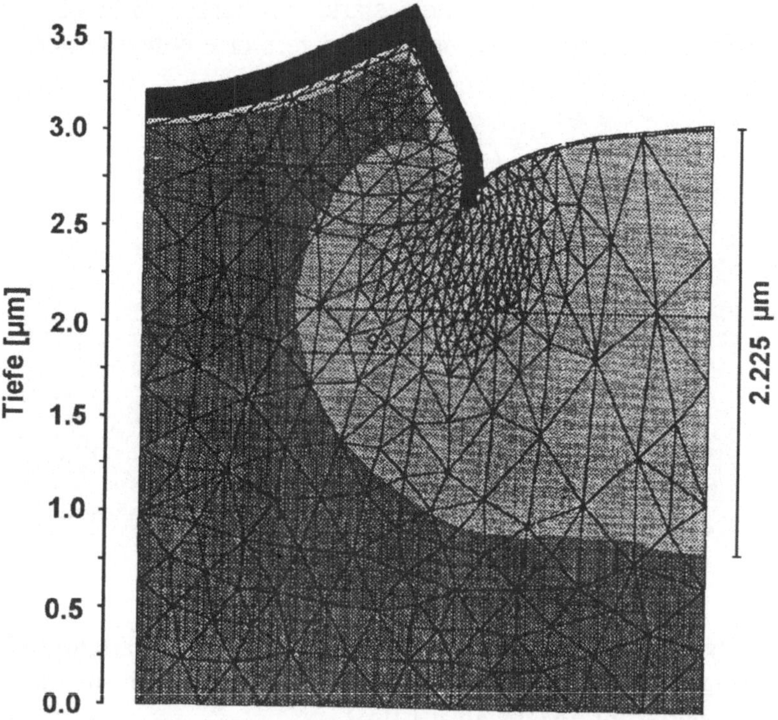

Bild 42: Simulation des SWAMI-LOCOS-Verfahrens bei einer
Oxiddicke von etwa 2,2 µm, durchgeführt mit dem Programm
MIMAS /104/

Diese verbesserte Form der SWAMI-LOCOS-Technik eignet sich auch
bei einer hohen Feldoxiddicke von bis zu 2 µm zur strukturgetreuen
Übertragung der Aktivgebietsmaske in das Siliziumsubstrat, wobei nach
der Oxidation bzw. dem Ablösen der Maskierung eine stufenlose
Scheibenoberfläche zur Verfügung steht. Jedoch ist eine äußerst exakte

Anpassung der Substratstrukturierung, der Feldoxidation und der Ätz-
schritte zum Entfernen der Oberflächenmaskierung erforderlich, um bei
diesen großen abzutragenden und wieder aufzuoxidierenden Schichtdicken eine ausreichende Planarität zu erhalten. Dies läßt sich nur durch
eine extrem präzise Prozeßführung erreichen.

Der Oberflächenmaskierung folgen in der Fertigung die Wannenimplantation mit Phosphor und die Einstellung der Feldschwellenspannung mit Hilfe der Ionenimplantation. Die Nachdiffusion zur Formierung
der n-Wanne findet in feuchter N_2-Atmosphäre statt, um gleichzeitig mit
der Eindiffusion des Phosphors das ca. 2 μm dicke Feldoxid aufwachsen
zu lassen. Infolge des Siliziumverbrauchs bei der Oxidation und des
größeren Volumens des Siliziumdioxids im Verhältnis zum Silizium
nimmt die Stufe vom Feldbereich der Strukturen zum Aktivgebiet
während der Oxidation stetig ab und verschwindet im Fall der Leckwellenkopplung bei der gewünschten Oxiddicke von 2 μm vollständig.

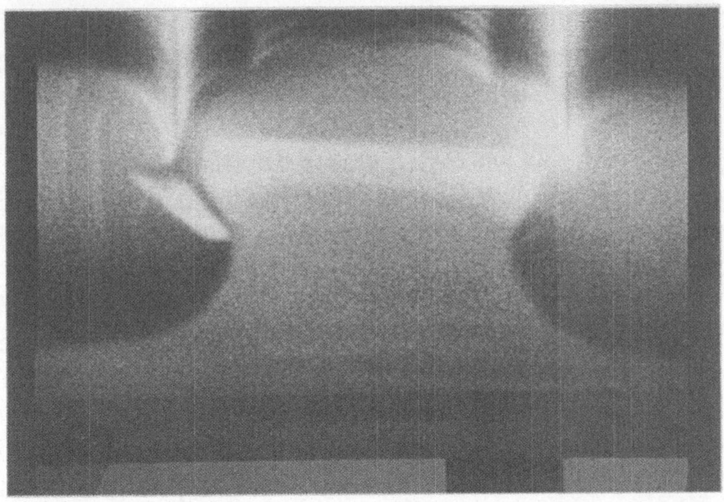

Bild 43: Querschnitt durch ein Aktivgebiet nach erfolgter Oxidation auf 2 μm Oxiddicke in verbesserter SWAMI-LOCOS-
Technik vor dem Ablösen der Maskierungsschichten (Maßstab =
1 μm)

Eine mit der verbesserten Maskierungstechnik gefertigte Struktur ist in
Bild 43 im Querschnitt dargestellt. Die nach dem Entfernen der

Nitrid/Poly-Silizium/Nitrid-Maske verbleibenden Einschnürungen im Bereich der Übergänge vom Oxid zum Silizium resultieren aus der maskierungsbedingten Verarmung an zu oxidierendem Silizium. Sie können durch eine dünne TEOS-Oxidabscheidung aufgefüllt werden. Die erreichte Höhendifferenz zwischen Feld- und Aktivgebiet liegt dann im Bereich von +/- 20 nm bei einer Oxiddicke von 2 μm. Diese Stufe ist ausreichend gering zum verlustarmen Übergang der optischen Wellenleiter vom Feldbereich auf das Aktivgebiet eines Sensors.

Problematisch ist die Dotierung der Feldbereiche zur Vermeidung parasitärer Strompfade mit Bor-Ionen. Aufgrund der Segregation diffundieren die implantierten Akzeptoren während der Nachdiffusion aus dem Siliziumkristall in das gleichzeitig aufwachsende Oxid hinein, so daß an der Grenzfläche Silizium/Siliziumdioxid eine Dotierstoffverarmung auftritt. Infolge dessen sinkt die Feldschwellenspannung drastisch ab. Selbst eine Erhöhung der Implantationsdosis um eine Größenordnung bewirkt keine wesentliche Verbesserung des Leckstromverhaltens im Feldbereich. Einzig der Übergang vom Element Bor zum Aluminium führt zur Anhebung der Dotierung an der Siliziumoberfläche, da die Löslichkeit dieses Akzeptormaterials im Silizium höher ist als im Oxid.

Sind ergänzend zu den MOS-Strukturen Bipolartransistoren bzw. Fotobipolartransistoren zur Integration vorgesehen, so wird deren Basis mit einer zusätzlichen Bor-Dotierung hergestellt. Die Akzeptoren werden im Prozeßablauf vor der Gateoxidation in den Kristall eingebracht.

Die nächsten Prozeßschritte bis einschließlich der Drain/Source-Implantationen entsprechen dem reinen CMOS-Prozeß. Da Dotierstoffe in hoher Konzentration zu Brechungsindexänderungen im Oxid führen können, sind die Feldbereiche während der Bor- und Arsen-Implantation maskiert. Als Zwischenoxid wird danach anstelle des Phosphorglases eine SiON-Schicht von 500 nm Dicke ganzflächig abgeschieden und mit einer reinen SiO_2-Schicht gleicher Stärke abgedeckt. Der bisher folgende übliche Hochtemperaturschritt zum Verfließen des Zwischenoxides kann hier wegen der planaren Scheibenoberfläche entfallen; Kantenabrisse der Leiterbahnen treten nicht auf.

Eine gerichtete Lichtführung im SiON-Film läßt sich durch Strukturierung der SiO_2-Schicht im Plasma erzielen, so daß Rippenwellenleiter entstehen. Dabei erfolgt die Ausbreitung der elektromagnetischen Wellen im

Bereich des SiON-Films unterhalb der SiO_2-Rippen des abdeckenden Oxides.

Um Kantenabrisse in der Verdrahtungsebene der MOS-Schaltungen zu vermeiden, ist bei der folgenden Kontaktloch-Strukturierung ein Ätzprozeß zur Erzeugung von Öffnungen mit schrägen Kanten in der SiO_2-SiON-Schicht notwendig. Dieser Prozeß nutzt als Reaktionsgas eine CHF_3/O_2-Gasmischung, wobei der Sauerstoffanteil des Plasmas den Neigungswinkel der Kanten bestimmt. Im Rahmen der Meßgenauigkeit ist dabei kein Unterschied in den Ätzraten der SiO_2- und SiON-Schichten festzustellen.

Bild 44: Kontaktloch mit schrägen Kanten im SiON-Film zur Vermeidung von Abrissen in der Verdrahtungsebene, strukturiert im CHF_3/O_2-Plasma (Maßstab = 1 µm)

Zur Komplettierung der Systemintegration ist noch die Metallisierung einschließlich der Silizid-Kontaktierung erforderlich. Vor dem Aufbringen des Titanfilms mit dem Verfahren der Kathodenstrahlzerstäubung erfolgt im Hochvakuum der gleichen Anlage ein Reinigungsätzschritt mit Argon-Ionen, der das natürliche Oxid von den Kontaktoberflächen beseitigt. Auf der gereinigten Scheibenoberfläche schlägt sich das Titan ganzflächig nieder; es befindet sich aber nur in den Kontaktöffnungen in direkter Verbindung mit dem Silizium. Die Aufgabe der Titanschicht ist es, einerseits über die Silizidbildung niedrige Kontaktwiderstände zu bewirken, zum anderen verhindert sie als Barrierenmaterial eine Legierung zwischen Aluminium und Siliziumsubstrat, die zum Kurzschluß der implantierten pn-Übergänge führen kann.

Als maximale Temperaturbelastung der wellenleitenden Schicht folgt im Prozeß eine Temperung bei 650°C in N_2-Atmosphäre, die zur Bildung der TiSi/TiN-Kontaktlegierung notwendig ist. Diese Schicht wird mit 1 µm Aluminium abgedeckt und im $SiCl_4/Cl_2$-Plasma anisotrop strukturiert. Eine abschließende H_2/N_2-Temperung bei 440°C dient zur Haftungs- und Kontaktverbesserung.

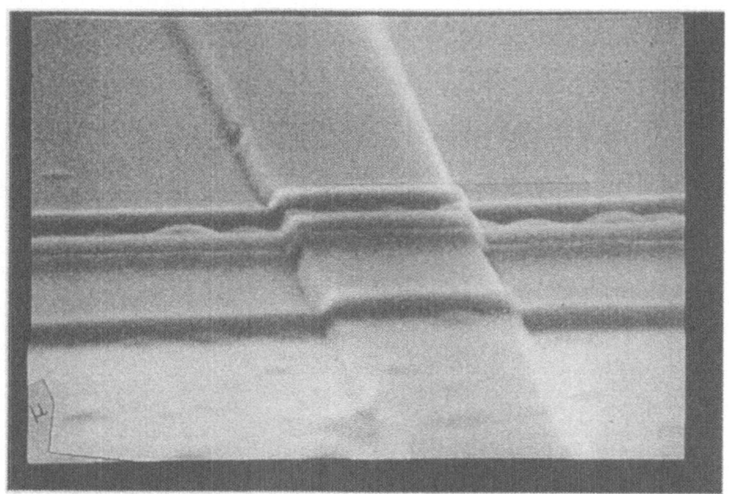

Bild 45: REM-Aufnahme des Überganges vom Feldgebiet zum Aktivgebiet einer Fotodiode in der vollintegrierten Fertigungstechnik (Wellenleiterbreite = 3 µm)

Im zuvor beschriebenen Prozeß verschmelzen die bisher völlig voneinander isolierten Integrationstechniken der Integrierten Optik und der Mikroelektronik zu einer eigenständigen Technologie der optoelektronischen Systemintegration. Vorteilhaft sind die starke Leckwellenkopplung zur mehrfachen Signalabtastung an einem Wellenleiter, sowie der insgesamt geringe Zuwachs an Prozeßschritten durch eine Symbiose in der Ausnutzung der vorhandenen Schichtfolgen.

Bild 46: Optoelektronisches Gesamtsystem, bestehend aus Wellenleiter, Fotodetektor und CMOS-Verstärker, auf Siliziumsubstrat
(50-fache Vergrößerung)

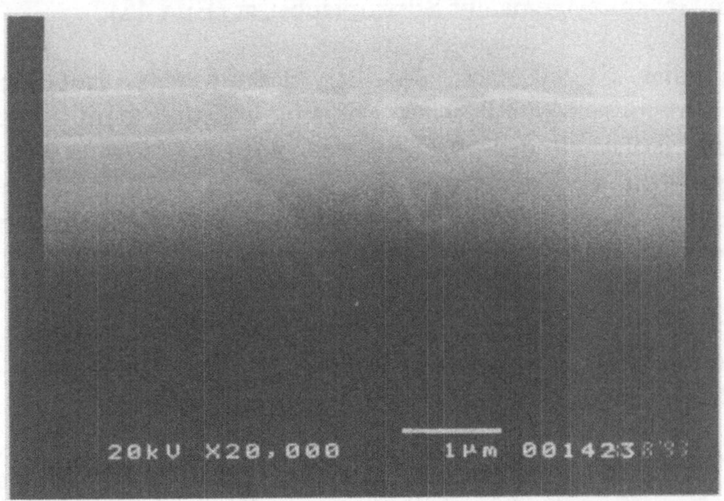

Bild 47: Senkrechter Schliff durch den Übergang des Wellenleiters
von der optischen Isolation zur aktiven Diodenfläche, realisiert
in vollintegrierter Technik

Aufgrund der speziellen, den Erfordernissen der monolithischen Integrationstechnik angepaßten Technologieschritte ist eine direkte Übertragung dieses Prozesses auf eine industrielle Fertigung jedoch schwierig. Die umfangreichen Änderungen gegenüber dem Standardprozeß führen zumindest in der Anlaufphase zu unvermeidlichen Ausbeuteverlusten. Des weiteren müssen die Prozeßschritte der Substratstrukturierung, der Feldoxidation und des Ablösens der Maskierungsschichtfolge äußerst homogen und reproduzierbar mit exakter Einhaltung der Geometrien erfolgen, damit eine wirklich planare Scheibenoberfläche als Substrat für die Wellenleiterdeposition entsteht. Abweichungen von weniger als 3 % der Sollwerte führen unweigerlich zu einer ausgeprägten Mischkopplung.

5.1.3 SOI-Prozesse

Alternativ zu den vorhergehenden Techniken bieten die auf Rekristallisationsverfahren basierenden Silicon-On-Insulator- (SOI-) Technologien /105,106/ zwei interessante Varianten zur Integration des optoelektronischen Gesamtsystems auf Siliziumsubstrat (Bild 48):

- ein einfacher SOI-Prozeß, der die dielektrische Isolationsschicht zwischen dem rekristallisierten Polysilizium und dem Substrat zur optischen Isolation der Wellenleiter ausnutzt und - wie in der vollintegrierten Technik - eine SiON-Schicht anstelle des üblichen Zwischenoxides verwendet; diese Technik läßt sich auch mit dem Verfahren des "wafer bondings" durchführen;

- ein zweistufiger SOI-Prozeß, bei dem die CMOS-Strukturen in einer - auf den bereits abgeschiedenen SiON-Filmwellenleitern - Laserrekristallisierten Polysiliziumschicht integriert werden.

Beiden Techniken gemeinsam ist die thermische Oxidation auf 2 µm Schichtdicke zur optischen Isolation der Wellenleiter. Während im einfachen SOI-Prozeß direkt die Integration der mikroelektronischen Schaltungen mit der Deposition und Rekristallisation eines Polysiliziumfilms folgt, wird im sequentiellen Prozeß zuvor noch die wellenführende SiON-Schicht abgeschieden. Die Fertigung verläuft anschließend entsprechend der Darstellung in Bild 49 /107/, wobei nur geringe Unterschiede zwischen den Prozeßvarianten bestehen:

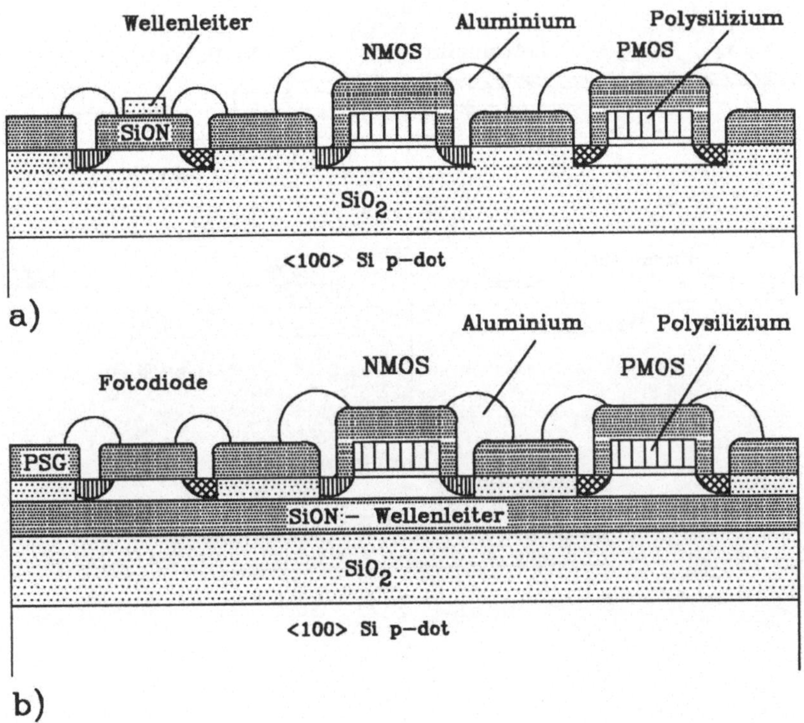

Bild 48: Schematischer Querschnitt durch a) den einfachen SOI-Prozeß und b) den zweistufigen SOI-Prozeß zur Fertigung des integrierten optoelektronischen Gesamtsystems

- Anstelle des Zwischenoxides wird in der einfachen SOI-Technik der wellenleitende SiON-Film abgeschieden; die Rippen lassen sich aus der Oberflächenpassivierung strukturieren. Es resultiert eine Stoßkopplung der Wellenleiter an die senkrechten Stirnflächen der Fotodioden, oder
- falls eine LOCOS-SOI-Technik angewandt wurde - eine Leckwellenkopplung mit planarer Scheibenoberfläche.

- In der zweistufigen SOI-Technik wird weiterhin SiO$_2$ als Zwischenoxid verwendet. Es dient neben der elektrischen Funktion auch als Material zur Strukturierung der Rippen der Wellenleiter. Damit sind die Wellenleiter über die Rückseite der Fotodioden via Leckwellenkopplung an die Schaltungen gekoppelt.

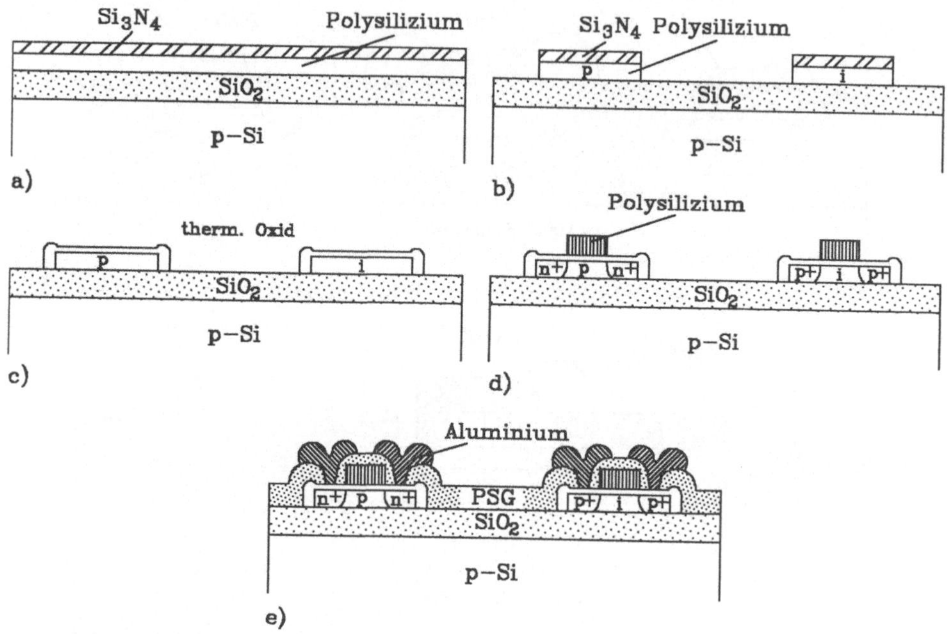

Bild 49: Schematischer Ablauf des SOI-Prozesses zur Schaltungsintegration auf der Basis der Laser-Rekristallisation abgeschiedener Polysiliziumfilme: a) Ausgangsschichtfolge zur Rekristallisation, b) Definition der Aktivgebiete und Substratdotierung, c) Passivierung der senkrechten Inselflanken, d) Polysiliziumstrukturierung und Drain/Source-Implantationen und e) vollständige CMOS-Struktur

Der einfache SOI-Prozeß bietet bis auf die problemlose Herstellung des Isolationsoxides kaum Vorteile gegenüber der Integrationstechnik im einkristallinen Silizium. Dagegen ermöglicht die zweistufige SOI-Technik eine vereinfachte Fertigung von hochwertigen Lichtwellenleitern, da die Abscheidung der SiON-Schicht auf unbehandelten, lediglich thermisch oxidierten Siliziumscheiben erfolgt. Rauhigkeiten der Oxidoberfläche vor der SiON-Abscheidung, resultierend aus dem Zurückätzen großer Schichtdicken, treten nicht auf. Kritisch ist in diesem

Prozeß die Rekristallisation des abgeschiedenen Polysiliziumfilms. Infolge der hohen notwendigen Laserleistung kann sich der wellenleitende SiON-Film durch Wärmeleitung stark aufheizen und Mikrokristallite ausbilden, die wiederum die Dämpfung erhöhen und mechanische Spannungen im Film bis hin zu Mikrorissen begünstigen.

Mit dieser Technik zur Integration mikroelektronischer Schaltungen sind bereits digitale CMOS-Schaltungen mit relativ hoher Ausbeute realisiert worden, jedoch ist die Herstellung analoger Komponenten wegen der sehr großen Parameterschwankungen bei den SOI-Schaltungselementen problematisch /108/. Trotz dieser Nachteile kann die SOI-Technik wegen der höheren möglichen Schaltgeschwindigkeiten der MOS-Komponenten und speziell der Fotodetektoren für digitale Anwendungen eine Alternative zu den beschriebenen Substrat CMOS-Prozessen darstellen /109/.

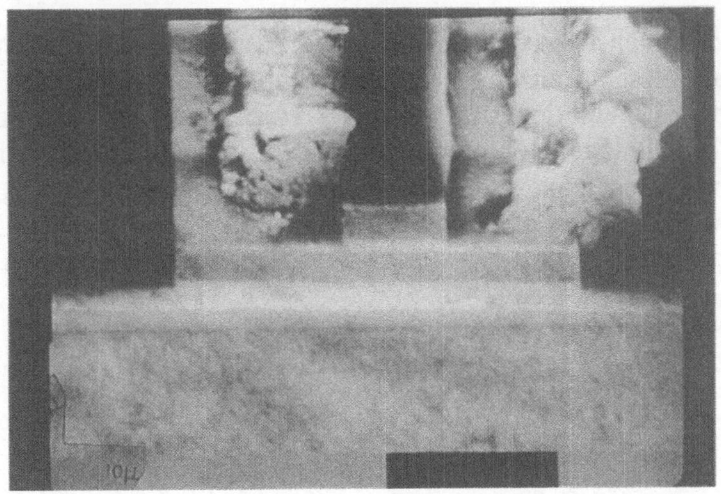

Bild 50: Schrägschliff eines in SOI-Technik gefertigten MOS-Transistors

5.2 Prozeßerweiterung um mikromechanische Komponenten

Ergänzend zu den optischen Strukturen lassen sich verschiedene mikromechanische Grundkomponenten in den CMOS-Prozeßablauf integrieren. Als Basis dienen dazu die Isolationsschichten der monolithischen
Integrationstechnik in Verbindung mit den Trockenätzverfahren für
Silizium, Si_3N_4 und SiO_2 bzw. SiON. Dabei kann keine Querbeein-
flussung der empfindlichen mikroelektronischen Komponenten auftreten,
weil sämtliche Fertigungsschritte vollständig entkoppelt sind.

5.2.1 Freitragende Zungen

Mikromechanisch strukturierte Zungen eignen sich als Frequenz- bzw.
Schwingungsdetektoren und bei mehrschichtigem Aufbau auch - basie-
rend auf dem Prinzip des Bimetalls - als Temperaturfühler. Der Frequenzdetektor besteht aus mehreren verschieden langen Zungen mit unterschiedlichen Resonanzfrequenzen, die bei entsprechender Anregung
schwingen und in der Regel piezoresistiv ausgelesen werden. Für den
Temperaturfühler reicht eine einzelne Zunge aus, deren Verbiegung
optisch ausgelesen werden kann.

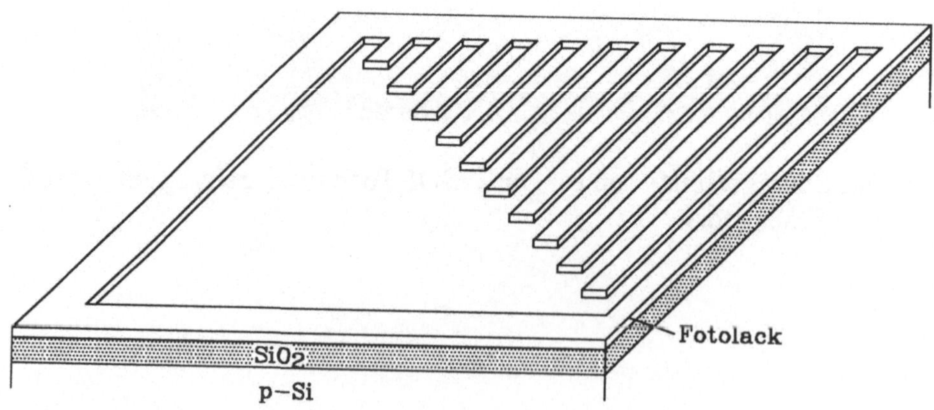

Bild 51: Maskierung zur Fertigung eines Zungenarrays

Die Herstellung dieser Strukturen erfolgt mit Hilfe einer den Oxidsteg maskierenden Fototechnik und dem RIE-Trockenätzverfahren. Um freistehende Oxidzungen zu erzeugen, wird nach vollständiger Prozessierung der MOS-Schaltungen einschließlich der Oberflächenpassivierung die Zungenoberfläche mit Fotolack abgedeckt, so daß nur eine enge, die spätere Zunge an drei Seiten umgebende Öffnung nicht maskiert ist. In RIE-Ätztechnik erfolgt die anisotrope Übertragung der Lackmaske in das Oxid, wobei die Ätzung bis zum Siliziumsubstrat reicht. Zum Lösen des Oxidsteges vom Substrat wird anschließend das Silizium unterhalb des Oxides im SF_6-Plasma vollständig entfernt. Bei geringer Anregungsleistung und hohem Druck wirkt dieser Silizium-Ätzschritt völlig isotrop, er weist trotz hoher Ätzrate eine gute Selektivität zum Oxid auf. Es resultiert ein einseitig befestigter Oxidsteg, dessen Bewegung optisch oder piezoresistiv ausgelesen werden kann.

Ein Einbau in den gesamten Fertigungsablauf kann bei Anwendung dieser Technik nur als letzter Prozeßabschnitt nach der Oberflächenpassivierung erfolgen, weil alle der Sensorstrukturierung folgenden Depositionsprozesse zum Auffüllen der die Zungen umgebenden Gräben beitragen würden. Des weiteren bewirken sie durch Vergrößerung des Zungenquerschnittes eine Änderung der elastischen Eigenschaften und damit der Resonanzfrequenz des freistehenden Elementes.

5.2.2 Integrierte Membranen als Drucksensoren

Zur Realisierung eines Druckaufnehmers ist ein geschlossener Hohlraum mit einem Referenzdruck unterhalb einer dünnen Membran notwendig. Entsprechend des Außendruckes resultiert eine Verbiegung der Membran, die in Relation zur Druckdifferenz Umgebung/Hohlraum steht. Die Integration eines Drucksensors in den optoelektronischen Gesamtprozeß erfordert im wesentlichen nur vier ergänzende Fertigungsschritte:

- Die Fototechnik definiert ein Feld regelmäßig im Abstand von 2 - 5 µm angeordneter Öffnungen von ca. 800 nm Durchmesser als Lackmaske auf der Oxidschicht im Bereich der späteren Membran.

- Im RIE-Verfahren mit CHF_3/Ar als Reaktionsgas werden diese Öffnungen anisotrop in das Oxid übertragen. Damit ist die Oberfläche des Siliziums lokal freigelegt und kann mit isotropen Ätzverfahren abgetragen werden.

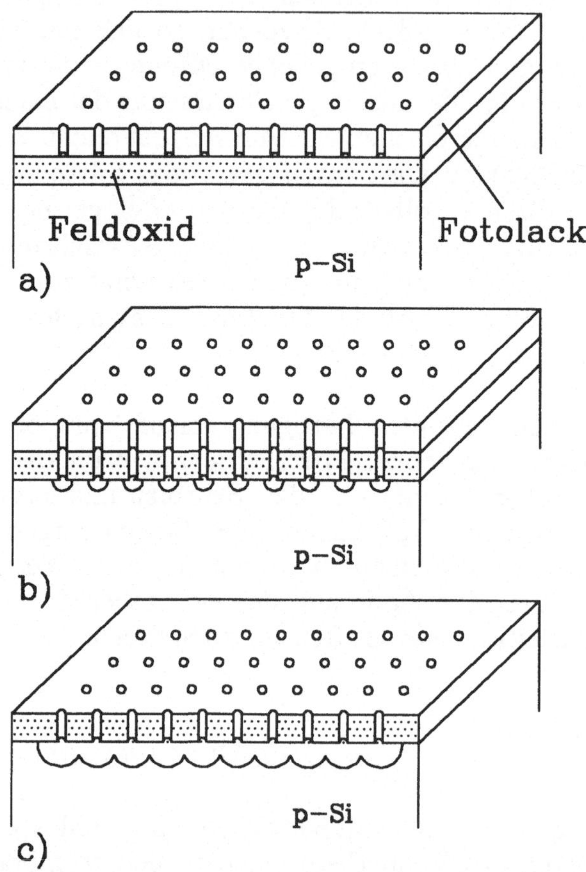

Bild 52: Prozeßfolge zur Herstellung von Membranen im Trocken-
ätzverfahren: a) Löcherarray im Fotolack zur Definition der
Ätzöffnungen, b) Übertragung der Lochmaske durch anisotropes
Ätzen in die Membranschicht, c) isotropes Entfernen des
Trägermaterials Silizium zur Hohlraumerzeugung

- In Trockenätztechnik greifen die Fluor-haltigen Radikale des SF_6-Plasmas das Silizium durch die Öffnungen im Oxidfilm an und erzeugen zunächst kleine Hohlräume unterhalb der SiO_2-Deckschicht.

Infolge der gewählten isotropen Ätzcharakteristik wachsen diese mit zunehmender Ätzdauer zu einer großen Kammer zusammen, wobei wegen der hohen Selektivität des Ätzprozesses zum Fotolack und zum Oxid keine Veränderung der Membran erfolgt. Der Ätzvorgang wird beendet, sobald der Oxidfilm vollständig vom Siliziumsubstrat abgelöst ist und als freitragende Membran einen großen Hohlraum abdeckt (vgl. Bild 52).

- Verschlossen werden die Öffnungen in den Membranen durch eine möglichst konforme Oxiddeposition; je nach Zeitpunkt der Integration im LPCVD- oder bei geringerer Temperatur im PECVD-Reaktor. Danach steht ein abgeschlossener Hohlraum als "Druckdose" zur Anwendung im mikromechanischen Bauelement "Drucksensor" zur Verfügung /110/.

Die genannten Prozeßschritte lassen sich in allen Varianten der optoelektronischen Integrationstechniken einbauen, wobei einzig der Schritt des Verschließens der Öffnungen problematisch ist. Da die Konformität einer Abscheidung mit steigendem Temperatur/Druck-Verhältnis wächst, benötigen die LPCVD-Abscheideverfahren eine geringere Schichtdicke zur Vervollständigung des Drucksensors als die Niedertemperatur-PECVD-Techniken. In Abhängigkeit vom Zeitpunkt der Integration in den Gesamtprozeß sind dazu verschiedene Vorgehensweisen möglich, die eine Ausnutzung der im CMOS-Prozeß auftretenden LPCVD-Abscheidungen erlauben.

Bei einer Integration der Druckdosen als letzter Teil des optoelektronischen Gesamtprozesses ist einerseits ein zeitintensiver Trockenätzschritt zur Strukturierung der relativ dicken Oxidschicht notwendig, zum anderen werden die Rippen der bereits gefertigten Wellenleiter durch das zum Verschließen der Öffnungen notwendige Oxid abgedeckt, so daß die Lichtführung nicht gewährleistet ist, bzw. eine andere Bauform der Wellenleiter angewandt werden muß.

Eine zur Lichtführung geeignete Variante bietet sich hier zwar in Form des direkt zu Rippen strukturierten wellenleitenden SiON-Films an, sie führt aber zu erhöhten Ausbreitungsverlusten. Ein weiterer Nachteil besteht in der geringen Kantenbedeckung der zum Verschließen notwendigen Niedertemperatur-Abscheideverfahren. Die benötigte Schichtdicke zum sicheren Auffüllen der Ätzöffnungen beträgt etwa 100 % des

Öffnungsdurchmessers, da ein maximaler Konformitätsfaktor von ca. 0,6 bei der plasmaunterstützten Deposition erreicht werden kann.

Alternativ lassen sich die Membranen bereits nach den Drain/Source-Implantationen, jedoch vor der Wellenleiter-Deposition, durch Unter-ätzung des Feldoxides erzeugen. Aufgrund der geringen Stufenhöhe auf der Scheibenoberfläche ist eine sehr gute Auflösung der Fototechnik zur Definition der Ätzöffnungen im Oxid gegeben, wodurch sich deren Durchmesser auf weniger als 800 nm verringern läßt. Die anisotrop zu strukturierende Schicht von 700 nm Dicke besteht auch nur aus thermischem Oxid, so daß die Ätzrate konstant ist und nicht von Stoffeigenschaften beeinflußt wird.

Ein weiterer wesentlicher Vorteil besteht in der Methode des Verschließens der Ätzöffnungen. Sie werden während der Abscheidung der Wellenleiter und der Deckschicht mit SiON und SiO_2 aufgefüllt. Damit ist kein zusätzlicher Depositionsprozeß für die Fertigung der Druckdosen erforderlich.

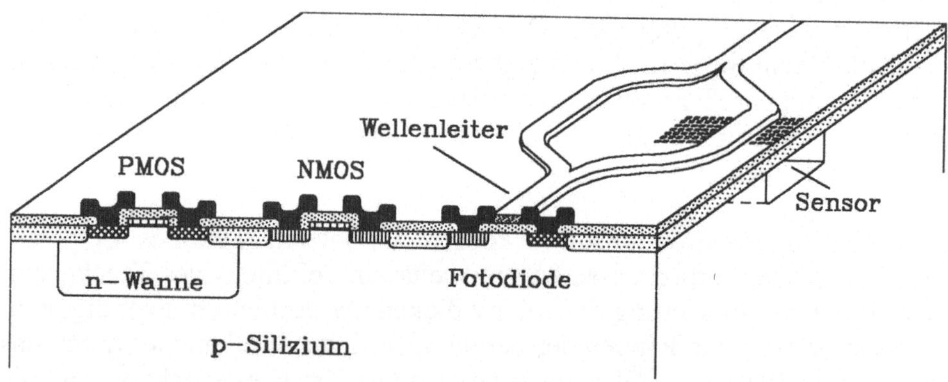

Bild 53: Schematischer Querschnitt eines monolithisch integrierten optoelektronisch-mikromechanischen Systems zur Druckdetektion im Silizium

Eine Integration der Membranen ist auch direkt nach der Feldoxidation möglich, jedoch muß die Empfindlichkeit dieser mikromechanischen Strukturen gegen die folgenden Prozeßschritte berücksichtigt werden. Es bietet sich dann an, die äußerst konforme Polysiliziumabscheidung zusätzlich zu den SiON- und SiO_2-Schichten zum Auffüllen der Öffnungen auszunutzen. Der Polysiliziumfilm darf die Membranen aber nicht völlig verschließen, weil noch Hochtemperaturprozesse wie die Phosphorbelegung des Polysiliziums und die Dotierstoff-Aktivierung folgen. Eine zu diesem Zeitpunkt bereits vorhandene Druckbelastung der Membran kann eine Verformung oder Zerstörung des Bauelementes bewirken.

Problematisch ist auch eine Implantation der freigeätzten Oxidmembranen. Lokale Dotierungen führen zu Spannungen im Oxidfilm, die sich als Wölbung der Membran widerspiegeln können. Folglich sollten Lackmasken während der für die MOS-Transistoren notwendigen Bestrahlungen zum Schutz der Oxidmembranen aufgebracht werden.

Unabhängig von der Herstellungsvariante läßt sich die Auslenkung der Membranen über Polysiliziumwiderstände piezoresistiv oder über Mach-Zehnder Interferometer optisch auslesen. Die kapazitive Abtastung des Sensors ist bei dieser Bauform zwar möglich, wegen des erheblichen technologischen Mehraufwandes jedoch nicht sinnvoll.

Ein Vergleich der vorgestellten Integrationstechniken zeigt auch hier wesentliche Vorteile für eine aufeinander abgestimmte, angepaßte Integrationstechnik. Während die sequentielle Integration von mikroelektronischen, optischen und mikromechanischen Komponenten mit qualitativen Nachteilen für die nachträglich auf die Elektronik aufgebrachten Komponenten verbunden ist, bietet die gegenseitige Anpassung der Prozesse mit der vollintegrierten Wellenleiterfertigung und der eingefügten Membranherstellung erhebliche Vorteile. Im CMOS-Fertigungsablauf vorhandene Schichtfolgen werden in geeigneter Form für die Wellenleiter und für die mikromechanischen Strukturen verwendet, so daß die Gesamtzahl der Prozeßschritte gering bleibt und trotzdem jede Technologie ihre Vorteile beibehalten kann.

5.2.3 Beschleunigungssensoren

In ähnlicher Form wie die Zungen und Stege lassen sich auch Beschleunigungssensoren fertigen. Während die freitragenden Zungen relativ weite Befestigungen aufweisen, werden die Beschleunigungssensoren über mehrere Arme am umgebenden Material befestigt. Über die Geometrie der Sensorarme läßt sich die Empfindlichkeit des Bauelementes festlegen. Wichtig ist auch die träge Masse des Tastelementes. Hier sollten, wenn möglich, schwere Elemente wie Gold oder Tantal aufgebracht werden, um eine weitere Steigerung der Empfindlichkeit zu erreichen. Beschleunigungssensoren in dieser Bauform lassen sich über die Verbiegung der Befestigungselemente piezoresistiv oder mit einem Mach-Zehnder-Interferometer optisch auslesen (Bild 54).

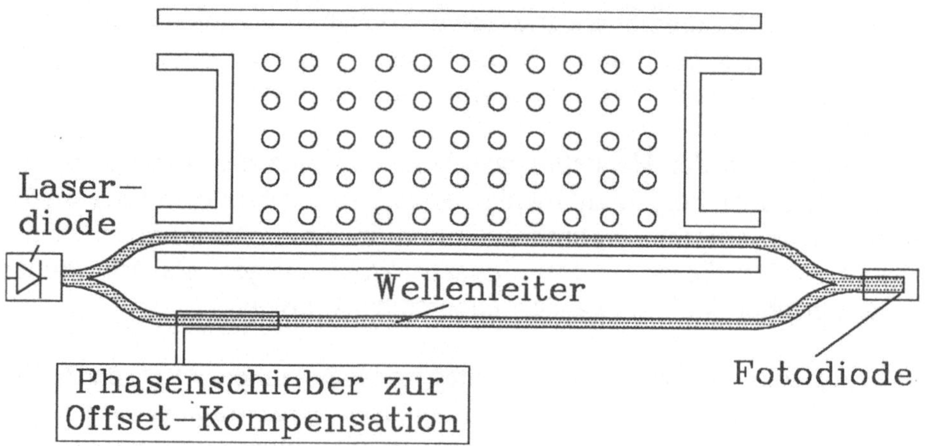

Bild 54: Aufbau eines Beschleunigungssensors mit optischer Auslesung der Detektorauslenkung

Eine andere sehr empfindliche Bauform spricht auch auf horizontale Beschleunigungen an. Die träge Masse befindet sich bei diesem Sensortyp am Ende eines einzelnen Befestigungsarmes (Bild 55). Wegen seiner Länge wird dieser Arm beim Ansprechen des Sensors nur unwesentlich gebogen, obwohl eine laterale Bewegung der Masse auftritt.

Die Auslesung dieser Detektorbauform läßt sich nicht mehr piezoresistiv gestalten, weil die Verbiegung des Sensorarms äußerst gering ist. Auch eine Abtastung über ein Mach-Zehnder-Interferometer scheidet aus. Günstiger erscheint hier ein Michelson-Interferometer, welches die Auslenkung am offenen Ende des Sensorarms mißt und über die Weglängenänderung bzw. Phasenverschiebung des Lichtes auf die einwirkende Beschleunigung schließen läßt.

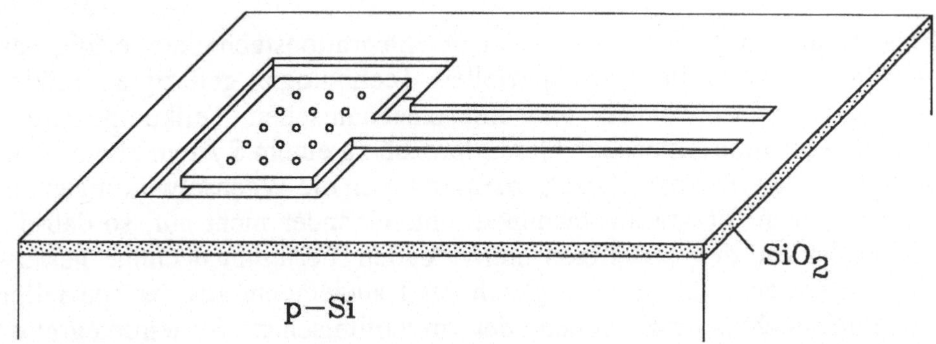

Bild 55: Sensor für Beschleunigungen in der Scheibenebene mit maximaler Empfindlichkeit bei einer Krafteinwirkung senkrecht zum Befestigungssteg

Die Fertigung der Beschleunigungssensoren erfolgt vergleichbar zur Zungenherstellung durch anisotropes Übertragen der Lackmaske in das Oxid und anschließendem isotropen Unterätzen der Oxidschicht mit SF_6 im Plasma. Dabei ist eine Vergrößerung der trägen Sensormasse durch den Einsatz von Ätzöffnungen zur großflächigen Unterätzung des Oxides am Sensorarmende möglich.

Wegen des identischen Fertigungsprozesses lassen sich Zungen und Beschleunigungssensoren gleichzeitig auf dem Siliziumchip herstellen. Sie können auch gemeinsam mit Membranen und Druckdosen integriert werden, wobei dann die zum Verschließen der Ätzöffnungen notwendigen Depositionsprozesse die Sensorempfindlichkeit beeinflußt.

6 Ergebnisse der Einzeltechnologien

Eine Beurteilung der verschiedenen Integrationstechniken erfolgt an zunächst einzeln, in ihrer speziellen Technologie gefertigten mikroelektronischen, optischen und mikromechanischen Teilkomponenten, bevor sie im monolithischen Gesamtprozeß zu einem System zusammengefügt werden. Bei den Einzelprozessen treten die Wechselwirkungen der verschiedenen Integrationstechniken untereinander nicht auf, so daß die Eigenschaften der jeweiligen individuellen Fertigungstechnik herausgefiltert werden. Erst ein Vergleich der Bauelemente aus der speziellen Fertigungstechnik mit denen der monolithischen Systemintegration ermöglicht eine Beurteilung der Wechselwirkungen zwischen den einzelnen ergänzenden Prozeßschritten und erlaubt damit einen Rückschluß auf die erreichte Qualität des Gesamtsystems.

6.1 Fotodetektoren und mikroelektronische Schaltungen

6.1.1 Fotodetektoren

Eine elementare Größe integrierter Fotodetektoren ist die spektrale Empfindlichkeit E, gegeben durch das Verhältnis zwischen erzeugtem Fotostrom I_{Foto} und einfallender Lichtleistung P_λ bei einer festen Wellenlänge λ, bezogen auf die sensitive Fläche des Detektors. Sie wird von den Dotierungsverhältnissen im Siliziumkristall und der Bauform des Detektors bestimmt. Die spektrale Empfindlichkeit ist über die Gleichung

$$E\ (\lambda) = \frac{I_{Foto}}{P_\lambda} = \frac{q\ \lambda\ \eta\ (\lambda)}{h\ c}$$

mit der Quantenausbeute $\eta(\lambda)$ gekoppelt und somit ein Maß für den Wirkungsgrad einer Fotodiode.

Zur Bestimmung der spektralen Empfindlichkeit werden die integrierten Fotodioden mit monochromatischem Licht im Bereich von 400 nm bis 980 nm Wellenlänge ganzflächig bestrahlt, wobei der im Kurzschlußbetrieb generierte Fotostrom bei bekannter einfallender Lichtleistung aufgenommen wird. Bei geringer Wellenlänge des einfallenden Lichtes ist die Absorption im Silizium sehr hoch, so daß die elektromagnetische Welle nur wenige Nanometer in den Kristall eindringt. Nur direkt an der Oberfläche des Halbleitermaterials kann folglich eine Ladungsträgergeneration stattfinden. Die Quantenausbeute und damit die Empfindlichkeit ist aber trotz der hohen Dichte an erzeugten Elektronen und Löchern infolge der Oberflächenrekombination gering.

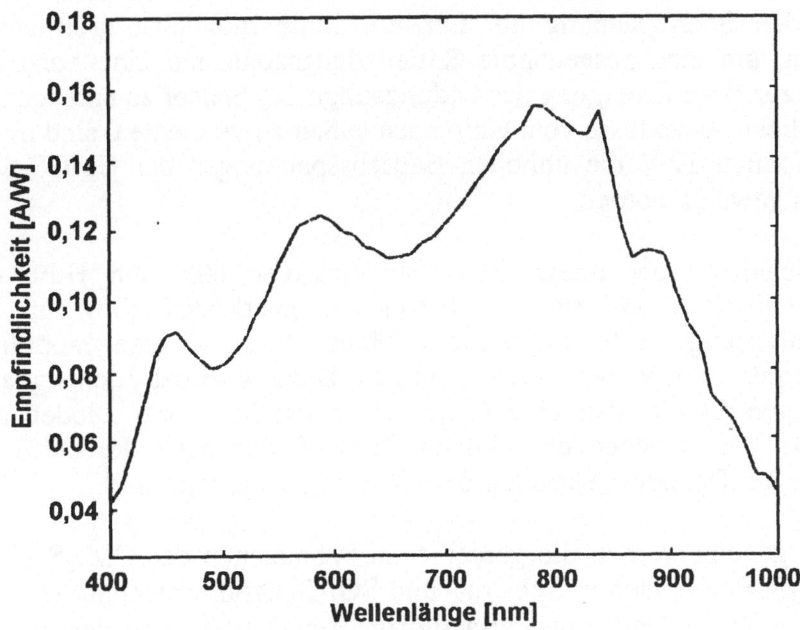

Bild 56: Spektrale Empfindlichkeit einer pn-Silizium-Fotodiode im Elementbetrieb bei senkrechter Bestrahlung

Mit wachsender Wellenlänge nimmt die Eindringtiefe der Strahlung zu, so daß die Oberflächenrekombination an Bedeutung verliert und die Empfindlichkeit der Diode steigt. Oberhalb von 800 nm fällt die spektrale Empfindlichkeit wegen der zu geringen Strahlungsabsorption im Silizium. Die einfallende Strahlung dringt tief in den Kristall ein; sie führt in der Nähe der Oberfläche nur zu einem schwachen Fotostrom. Tief im Substrat generierte Ladungsträger können zum großen Teil nicht mehr zu den Elektroden der Diode gelangen. Bild 56 zeigt den typischen Verlauf der spektralen Empfindlichkeit einer Silizium-pn-Fotodiode im Elementbetrieb für den Wellenlängenbereich von 400 -1000 nm.

Eine weitere für die Anwendung wichtige Größe integrierter Fotodioden ist die Schaltgeschwindigkeit, gegeben aus der Summe der Anstiegs-, Speicher- und Abfallzeiten des Fotostroms nach einem Lichtimpuls. Die maximale Schaltgeschwindigkeit hängt von den Sperrschichtkapazitäten, der Weite des eigenleitenden bzw. schwach dotierten Bereiches zwischen den Elektroden, den Bahnwiderständen des Detektors und der anliegenden Sperrspannung ab. Letztere sollte möglichst groß gewählt werden, um eine ausgedehnte Raumladungszone und eine hohe Feldstärke zur Beschleunigung der Ladungsträger im Sensor zu erzeugen. Um zusätzliche Anschlüsse vom Chip nach außen zu vermeiden, sind mit 5 V bis maximal 12 V die üblichen Betriebsspannungen der CMOS-Schaltungen gewählt worden.

Die Schaltzeit der integrierten Fotodetektoren läßt sich Hilfe eines gepulsten Nd-YAG-Laser mit Frequenzdopplerkristall (532 nm, Pulsspitzenleistung 100 W, Pulsweite < 200 ns) sowie mit einer modulierten Laserdiode (5 mW, 675 nm) bestimmen. Dazu wird das Lichtsignal des jeweiligen Lasers über eine Glasfaser senkrecht an die Dioden angekoppelt, wobei neben der aktiven Diodenfläche auch die Diffusionsgebiete der Detektorelektroden der Strahlung ausgesetzt sind.

Im Folgenden werden die gemessenen Schaltzeiten der CMOS-kompatiblen pn-Fotodioden in Substrat- und SOI-Integrationstechnik sowie die Schaltzeiten der mit einer zusätzlichen Bor-Dotierung in der n-Wanne integrierten npn-Fotobipolartransistoren vorgestellt. Die getesteten pn-Dioden sind in einer n-Wanne integriert, um die freie Beschaltbarkeit des Detektors zu gewährleisten. Während der Bestimmung der Schaltgeschwindigkeit im Elementbetrieb liegt jedoch keine externe Spannung an. In einer Schaltung dagegen befindet sich die Wanne gemeinsam mit der Kathode der Diode auf dem Potential der Betriebsspannung.

Dioden ohne Vorspannung und Parallelwiderstand weisen schnelle Signalanstiegszeiten, lange Speicherzeiten und ein langsames Abklingverhalten auf, das einzig auf Rekombination der Ladungsträger beruht. Die Anstiegszeit ist im wesentlichen durch die Kapazität der Diode und die vom Lichtimpuls generierte Ladung festgelegt, die Speicherzeit resultiert aus der Diffusionsgeschwindigkeit der Elektronen und Löcher zu den Diodenelektroden. Infolge der im Vergleich zu den direkten Halbleitermaterialien langen Lebensdauer der Ladungsträger im Silizium verläuft die Entladung der Diodenkapazität nach einem Lichtimpuls durch Rekombination; die Zeitspanne liegt im Millisekundenbereich und bestimmt damit die Schaltgeschwindigkeit.

Bei einem zusätzlichen Parallelwiderstand zur Entladung der Diodenkapazität verringert sich die Signalabklingzeit deutlich. Die Zeitkonstante sinkt entsprechend des $R \cdot C$-Produktes, wobei sich der Widerstand aus den Bahnwiderständen der Diode und dem Parallelwiderstand zusammensetzt. Eine weitere Verkürzung der Schaltzeit ist durch Vorspannung der Dioden möglich. Aufgrund des anliegenden elektrischen Feldes werden die Ladungsträger sowohl in der Raumladungszone als auch im niedrig dotierten Bereich der pn-Dioden getrennt. Sie driften jedoch nicht mit ihrer Sättigungsgeschwindigkeit zu den Elektroden, sondern bewegen sich außerhalb der Raumladungszone wegen des geringen Feldgradienten im dotierten Silizium relativ langsam.

Die verschiedenen Diodentypen weisen alle - unabhängig von ihren geometrischen Abmessungen - eine relativ geringe Schaltgeschwindigkeit von maximal ca. 500 kHz auf. Ursache dafür ist die geringe Dotierung der tief in das Siliziumsubstrat reichenden n-Wanne einschließlich ihres pn-Überganges zum Substrat. Im hier interessierenden Wellenlängenbereich von ca. 500 nm bis 1 μm ist die Eindringtiefe des Lichtes in das Siliziumsubstrat so groß, daß auch in dieser ausgedehnten Raumladungszone eine große Anzahl von Elektron-Loch-Paaren erzeugt werden. Ladungsträger aus diesem lichtempfindlichen Übergang müssen über den relativ hohen Wannenwiderstand, der für die n-Wannen / Substrat-Diode als Bahnwiderstand wirkt, zur Entladung abfließen. Zusätzlich müssen die in der Tiefe der Wanne generierten Ladungsträger zu den Anschlüssen der Diode diffundieren, so daß zeitintensive Diffusionsprozesse die Schaltzeit der Dioden mitbestimmen.

Dagegen ist die Entladezeit der Sperrschichtkapazität der Elektrode wegen ihrer geringen $R \cdot C$-Konstante zu vernachlässigen. Geringere Schaltzeiten lassen sich folglich nur mit einer verbesserten, gegenüber den aus dem Substrat diffundierenden Ladungsträgern abgeschirmten Detektorbauform erreichen.

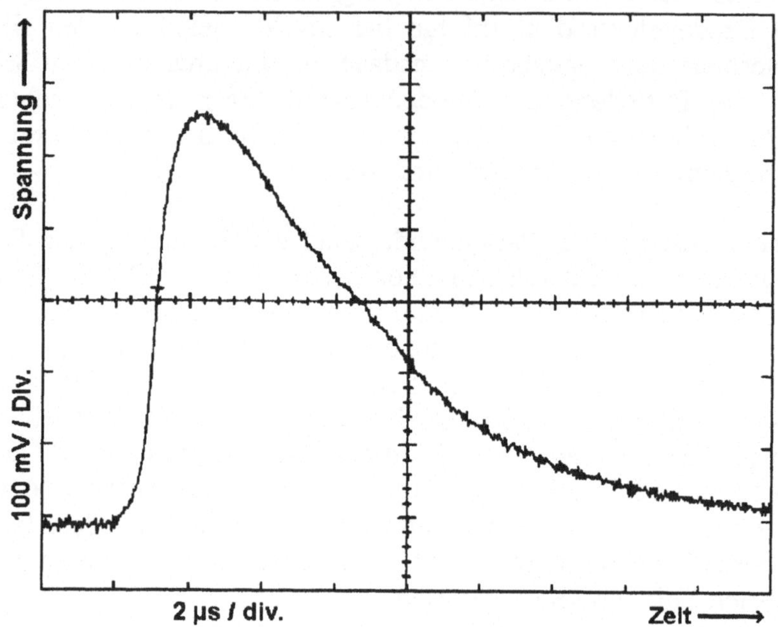

Bild 57: Schaltverhalten einer in der n-leitenden Wanne kompatibel zum CMOS-Prozeß integrierten pn-Fotodiode im Fotoelementbetrieb mit Parallelwiderstand (10 kΩ) nach einem Laserimpuls von 200 ns Dauer

Dies wird auch von den Messungen an vollständig vom Substrat isolierten Fotodioden in SOI-Bauform bestätigt. Ihre Schaltzeit wird nur von der Sperrschichtkapazität und den Bahnwiderständen des aktiven pn-Überganges bestimmt. Sie liegt mit ca. 500 ns deutlich unter den Werten der Fotodioden im einkristallinen Material, jedoch immer noch erheblich oberhalb der Pulsweite des Lasers. Messungen an den integrierten Widerstandsbahnen zeigen, daß die Ladungsträgerbeweglichkeiten in den rekristallisierten Gebieten der Testmuster relativ gering sind. Damit wächst die R · C-Konstante der SOI-Diode aufgrund der deutlich erhöhten Anschlußwiderstände. Geringere Schaltzeiten sind in der SOI-

Technik nur durch eine Verbesserung der Kristallstruktur in den Laser-behandelten Fotodioden möglich.

Wie die Messungen an den Fotodioden zeigen, resultieren die geringen Schaltfrequenzen der Detektoren aus der langsamen Diffusion der tief im Siliziumsubstrat bzw. in der schwach dotierten n-Wanne generierten Ladungsträger. Hohe Bahnwiderstände bewirken, daß die erzeugten Elektronen und Löcher ohne Einfluß eines äußeren elektrischen Feldes mit geringer Geschwindigkeit zu den Anschlußelektroden diffundieren. Für hochfrequente Anwendungen eignen sich die MOS-kompatiblen pn-Fotodioden weder in Substrat- noch in SOI-Integrationstechnik, so daß hier mit einer geänderten Bauform, bzw. einem anderen Detektortyp Abhilfe geschaffen werden muß.

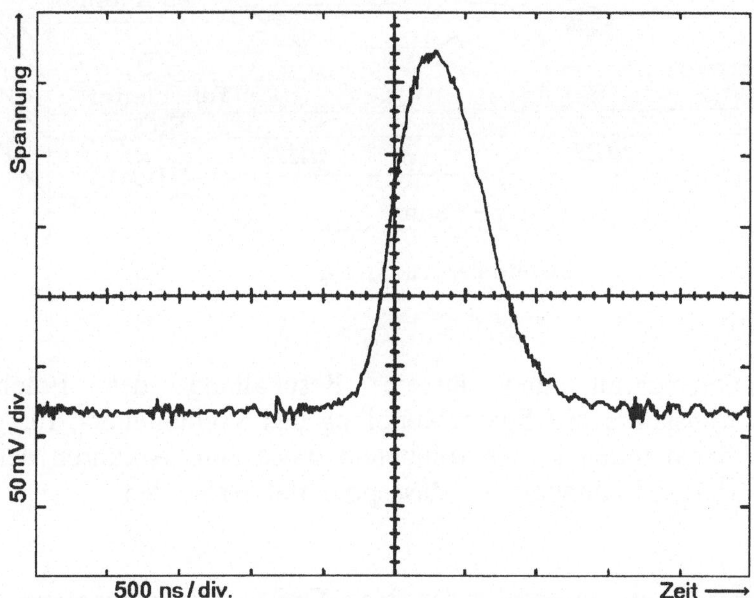

Bild 58: Schaltverhalten einer Fotodiode, realisiert in SOI-Technik, nach einem Laserimpuls von 200 ns Dauer, gemessen im Fotoelementbetrieb mit einem Parallelwiderstand von 10 kΩ

Um die sich lediglich aufgrund der Diffusion bewegenden Ladungsträger vom aktiven pn-Übergang fernzuhalten, läßt sich eine mehrschichtige

Dotierungsstruktur entsprechend eines npn-Bipolartransistors nutzen. Die n-Wanne des CMOS-Prozesses dient in diesem Fall als Kollektor. Sie liegt bei der Anwendung als Fotodetektor direkt auf Betriebsspannung, während die zusätzlich mit Bor-Ionen implantierte Basis mit Massepotential verbunden ist. Der Emitter ist über einen Lastwiderstand an Masse angeschlossen. Als lichtempfindliche Fläche des Fotobipolartransistors dient der Bereich der aktiven Basis einschließlich ihrer Raumladungszonen.

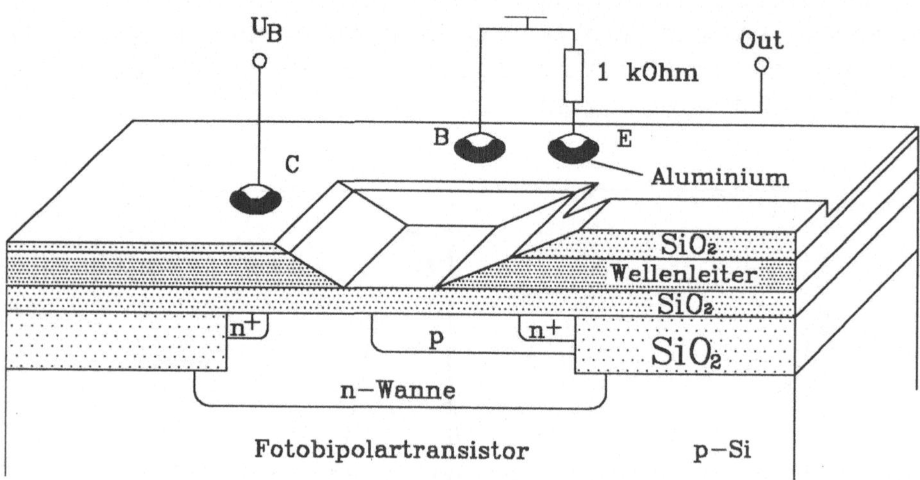

Bild 59: Querschnitt und äußere Beschaltung des Fotobipolartransistors mit Spiegelkopplung des Wellenleiters; für geringe Schaltzeiten ist die p-leitende Basis zum Abführen der generierten Ladungen mit Massepotential verbunden

Ladungsträger, die außerhalb der Basis-Emitter-Diode generiert werden, driften aufgrund der anliegenden Spannung zum Kollektor oder gelangen über den Basisanschluß zur Masse. Nur die innerhalb der Basis und der Raumladungszone zum Emitter erzeugten Elektronen und Löcher führen zu einem Emitter-Kollektor-Strom, der um etwa den Verstärkungsfaktor des Schaltungselementes erhöht ist. Eine schnelle Räumung der Basis nach dem Signal erfolgt zum einen wegen der geringen Ausdehnung der Basis in den Kristall bei relativ hoher Dotierung, andererseits infolge der

kurzzeitigen positiven Vorspannung des Emitters gegenüber der Basis-
zone, resultierend aus dem Spannungsabfall am Lastwiderstand.

Fotodetektoren dieser Bauform nutzen nur Ladungsträger, die im
elektrischen Feld eine schnelle Driftbewegung ausführen. Die langsam
diffundierenden, tief im Substrat generierten Elektronen und Löcher
tragen nicht zum Fotostrom bei und bewirken somit im Gegensatz zur
Fotodiode keine Schaltzeitverlängerung. Sie sind zwar als Signal verloren, der Verlust wird aber von der internen Verstärkung des Fotobipolartransistors ausgeglichen. Damit steht der monolithischen optoelektronischen Integrationstechnik für den interessierenden Wellenlängenbereich von 500 - 1000 nm ein schneller, empfindlicher Fotodetektor zur Verfügung.

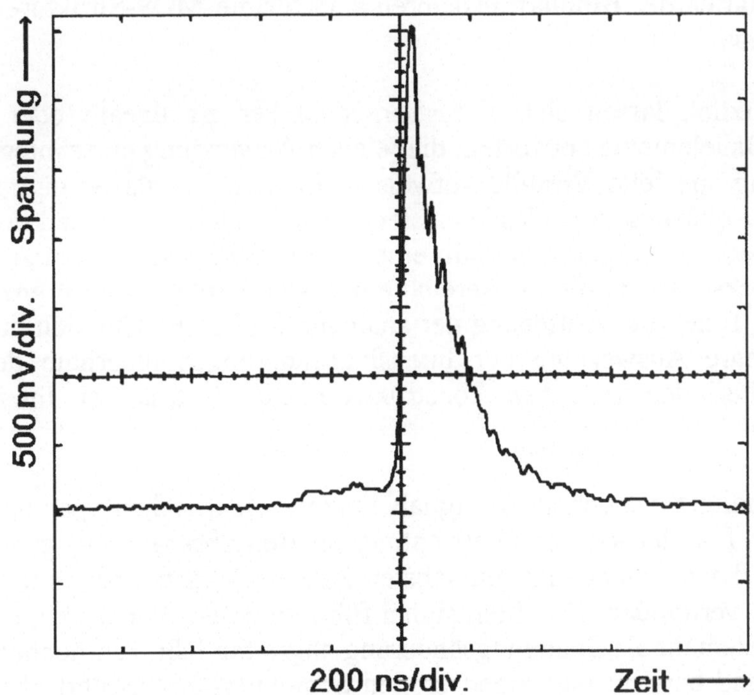

Bild 60: Schaltverhalten eines zum CMOS-Prozeß kompatiblen
Fotobipolartransistors bei einem Laserimpuls von 200 ns Dauer
(Kollektorspannung: 5 V, Basispotential: 0 V, Emitter über R =
1 kOhm an Masse)

6.1.2 Analoge Schaltungen zur Fotostromverstärkung

Die Ausgangssignale der vorgestellten Fotodetektoren reichen unabhängig vom Detektortyp nicht zur direkten Ansteuerung von CMOS-Schaltungen aus. Ein generierter Fotostrom im Nanoampere-Bereich bzw. ein Spannungssignal von wenigen Millivolt muß zunächst verstärkt werden, um die weitere Signalverarbeitung in Logikschaltungen zu ermöglichen. Ziel der entwickelten Verstärkerschaltungen ist es, möglichst empfindliche Verstärker mit großem Signal-Rausch-Abstand und hoher Grenzfrequenz zu entwerfen, wobei die Eigenschaften bereits vorgestellter Bipolar-Verstärkerstufen /111/ jedoch nicht als Maß für die CMOS-Schaltungen dienen können; Schaltgeschwindigkeit und Treibereigenschaften der Bipolartransistoren sind für die MOS-Strukturen nicht erreichbar.

Grundsätzlich lassen sich Fotostromverstärker als lineare oder nichtlineare Bauelemente entwerfen, die je nach Anwendung einer integrierten Schaltung spezielle Vorteile aufweisen. Lineare Verstärker eignen sich im optoelektronischen Gesamtsystem insbesondere zur Detektion von Phasenverschiebungen innerhalb einer Wellenlänge, z. B. zum Auslesen von Drucksensoren, die im Bereich einer oder weniger Interferenzlängen arbeiten. Eine gute Auflösung der analogen Meßgröße läßt sich nur über eine lineare Auswertung der Intensitätsänderungen innerhalb der einzelnen Perioden zwischen konstruktiver und destruktiver Interferenz erreichen.

Zur Wandlung des optischen Signals in einen elektrischen Spannungshub wird der Fotodetektor in Sperrichtung an Betriebsspannung gelegt und über ein Lastelement - im einfachsten Fall ein Widerstand - mit Massepotential verbunden. Das Lichtsignal führt zu einem Fotostrom, der sich am Lastelement als Spannungsänderung abgreifen läßt. Ein hochohmiger Widerstand bewirkt hier einen großen Spannungsabfall, führt aber auch zu einer langsamen Entladung der Detektorkapazität und damit zu einer niedrigen Grenzfrequenz. Niederohmige Lastelemente bewirken dagegen geringe Spannungsänderungen bei hohen möglichen Schaltgeschwindigkeiten.

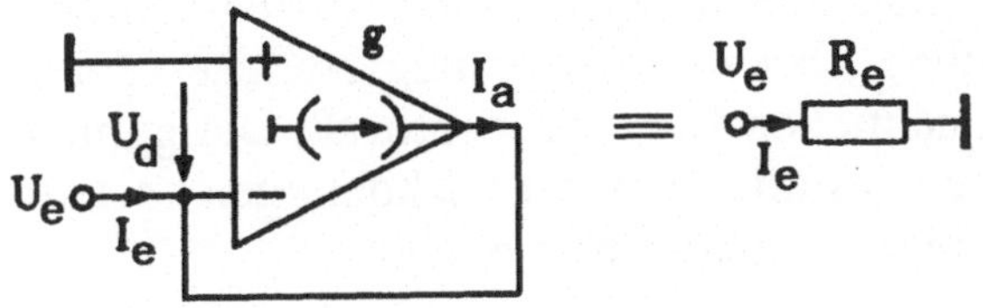

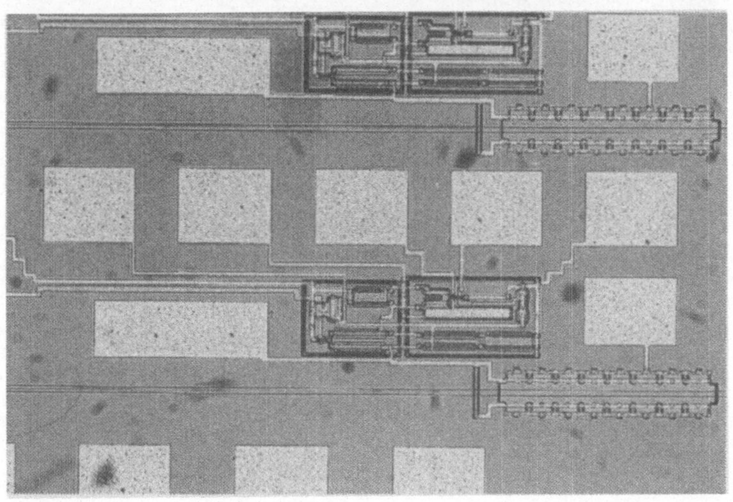

$$I_a = g\,(0\,V - U_e) = -I_e$$

$$R_e = \frac{U_e}{I_e} = \frac{1}{g}$$

Bild 61: Widerstandsnachbildung   durch   einen   Transkonduktanz-
verstärker

Widerstände als Lastelemente sind in der CMOS-Technik relativ flächenintensiv und nur mit großen Toleranzen zu fertigen. Günstiger ist deshalb
die Nachbildung dieses Schaltungselementes durch einen Transkonduk-
tanzverstärker. Unter Beachtung der Ähnlichkeit von MOS-Transistoren,
dem "Matching" /112/, lassen sich lineare Widerstände in weiten Werte-
bereichen platzsparend entwerfen und präzise herstellen (Bild 61).

Bild 62: Transimpedanzverstärker   zur   Umsetzung   schwacher   Signalpegel (150-fache Vergrößerung)

Für niederfrequente Anwendungen bis 100 kHz bei einer Betriebsspannung von 5 V ist der im Bild 62 gezeigte Fotostromverstärker

entwickelt worden. Mit einer linearen Signalumsetzung von 0,5 V/µA
Fotostrom eignet sich dieses Bauelement speziell für geringe Strom-
signale, z. B. bei der schwachen Leckwellenkopplung zwischen Foto-
diode und Wellenleiter im sequentiellen Integrationsprozeß. Die geringe
Grenzfrequenz dieses Verstärkers resultiert aus der hochohmigen Last am
Fotodetektor, die nur einen geringen Entladestrom erlaubt.

Für höhere Schaltfrequenzen steht zum Beispiel der in Bild 63 dargestellte Verstärker mit linearer Übertragungscharakteristik zur Verfügung /113/. Bei einer Bandbreite von ca. 10 MHz erstreckt sich der
lineare Arbeitsbereich von 0 - 50 µA Eingangssignal. Der Spannungshub
beträgt ca. 20 mV/µA Fotostrom.

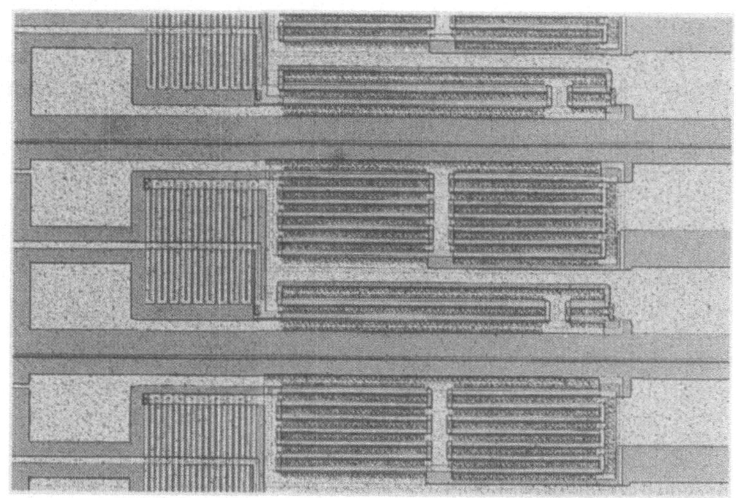

Bild 63: Fotostromverstärker   für   Schaltfrequenzen   bis   10 MHz
         Bandbreite, realisiert als Teil des optoelektronischen Gesamt-
         systems (200-fache Vergrößerung)

Viele Anwendungen der Integrierten Optik erfordern lediglich eine
Signalverstärkung zur digitalen Weiterverarbeitung des Fotostromes, z.
B. im Fall der interferometrischen Entfernungsmessung. Applikationen
mit einer Auflösung in der Größe der Wellenlänge benötigen nur eine
digitale Ansteuerung der nachgeschalteten Zähler, weil der Abstand bzw.
die Abstandsänderung über mehrere Interferenzmaxima und -Minima

erfaßt wird. Eine genaue Betrachtung der Zwischenintensitäten ist wegen der ausreichenden Genauigkeit nicht erforderlich.

Aufgrund der bei diesen Anwendungen auftretenden Entfernungsänderungen zwischen Signalgeber und empfangendem Wellenleiter treten jedoch große Signalpegelschwankungen und damit erhebliche Intensitätsunterschiede am Fotodetektor auf. Der generierte Fotostrom kann sich über mehrere Größenordnungen ändern, so daß ein weiter Dynamikbereich am Eingang des Verstärkers erforderlich ist. Bei geringem Fotostrom muß ein großes Signal/Rausch-Verhältnis für einen ausreichenden Störabstand gegeben sein, während bei hohem Fotostrom der Aussteuerbereich der Schaltung einzuhalten ist. Folglich ist - je nach Anwendung des optoelektronischen Systems - eine Anpassung der Verstärkerschaltung zur Signalumsetzung an die gegebenen Bedingungen erforderlich.

Zur Lösung dieses Problems bietet sich eine dynamische Kompression des Eingangssignals über eine Diodenlast in Verbindung mit einer Gleichsignalunterdrückung an (vgl. Bild 64). Änderungen im Fotostrom bewirken bei geringen Signalpegeln einen vergleichbar großen Ausgangsspannungshub wie Signaländerungen auf hohem Niveau.

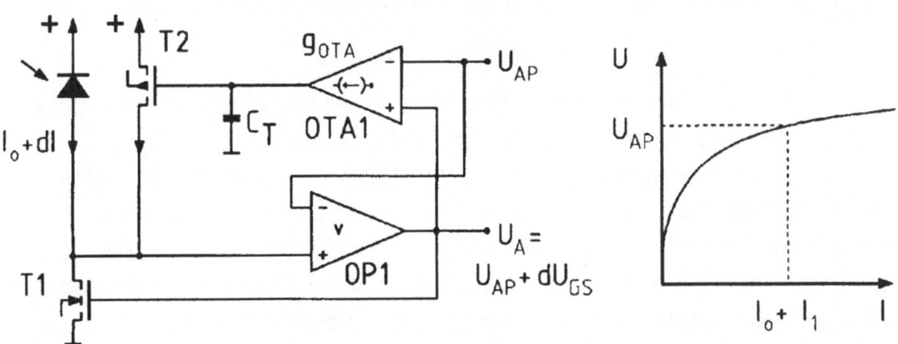

Bild 64: Nichtlinearer Fotostromverstärker mit Gleichtaktunterdrückung und Diodenlast zur erweiterten Ansteuerbarkeit

Kritisch für die genannte Anwendung der Integrierten Optik auf Silizium ist des weiteren der teilweise sehr geringe Signalstrom von wenigen

Nanoampere gegenüber der erforderlichen hohen Schaltfrequenz für eine analoge Signalauswertung /114/. Aufgrund des unvermeidlichen Rauschens der einzelnen Schaltungselemente der CMOS-Integrationstechnik ist je MHz Bandbreite ein Fotostrom von etwa 100 nA erforderlich, um einen minimalen Signal-Rauschabstand von ca. 30 dB zu erreichen.

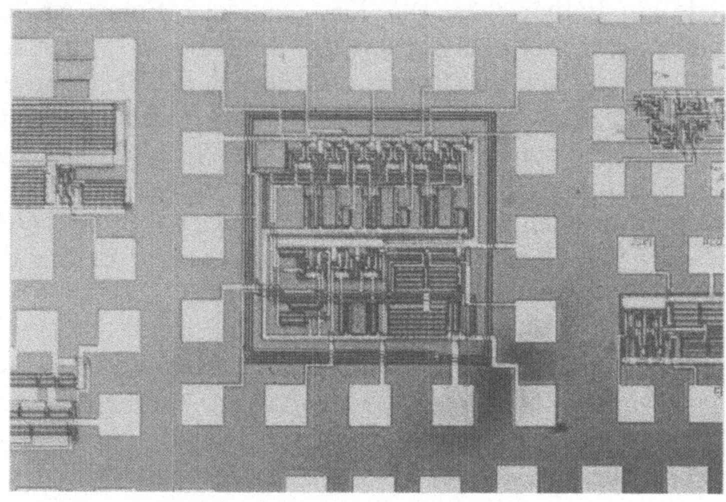

Bild 65: Chipfoto des hochempfindlichen nichtlinearen Fotostromverstärkers für einen Eingangsstrombereich von 10 nA - 100 µA

In Bild 65 ist ein speziell für diese Anwendungen entwickelter empfindlicher Fotostromverstärker mit einer Bandbreite von ca. 150 kHz bei einem Eingangssignal von minimal 10 nA dargestellt, der neben dem erreichten hohen Signal-Rauschabstand von 32 dB noch einen weiten Ansteuerungsbereich durch Anwendung der Diodenlast zur Strom-Spannungsumsetzung aufweist. Zusätzlich wird ein Gleichtaktsignal bis ca. 2 kHz schaltungstechnisch unterdrückt. Dieser nichtlineare Verstärker eignet sich zur digitalen Datenübertragung mit wechselnder Eingangssignalamplitude bei einer maximalen Bitfehlerrate von ca. 10^{-30} /115/. Steht ein größerer Fotostrom von ca. 1 µA als Eingangssignal zur Verfügung, so ermöglicht diese Schaltung eine Grenzfrequenz oberhalb von 1 MHz bei 5 V Versorgungsspannung.

6.1.3 Digitale Signalverarbeitung

Bei vielen Anwendungen der Integrierten Optik durchläuft das Lichtsignal mehrere Interferenzen, so daß ein digitaler Zähler zur Signalverarbeitung notwendig ist. Zu diesem Zweck wurden BCD-Zähler mit Siebensegment-Anzeigensteuerung in CMOS- und in BiCMOS-Technologie entwickelt und gefertigt.

Die Zähler basieren auf getakteten Flip-Flop-Grundschaltungen, deren Komponenten in der CMOS-Realisierungsform aus einer 2 μm-Zellenbibliothek stammen. Entsprechend der Leistungsfähigkeit der Technologielinie erfolgte eine Skalierung der Gateelektrode der MOS-Transistoren auf 0,8 μm Linienbreite, wobei im modifizierten Entwurf anstelle der flächenintensiven MOS-Ausgangstreiber Bipolartransistoren eingesetzt wurden.

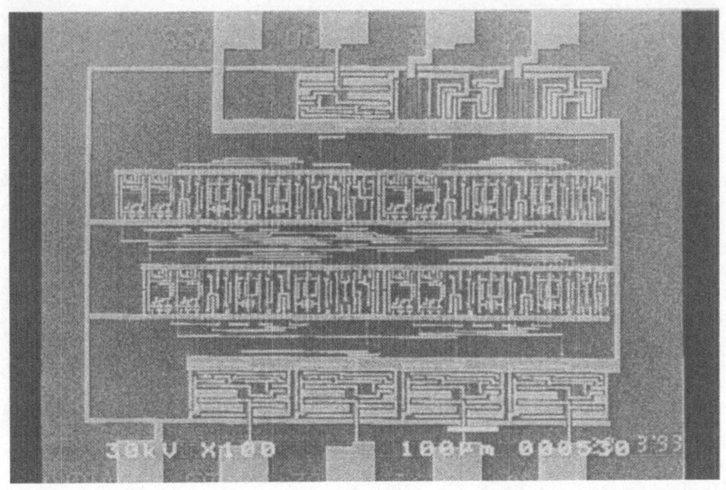

Bild 66: Foto des in 0,8 μm CMOS-Technik gefertigten BCD-Zähler

Die in 0,8 μm-CMOS-Technik gefertigte Schaltung ist in Bild 66 dargestellt. Ein Vergleich der Entwürfe zeigt, daß der BiCMOS-Entwurf nur eine unwesentlich größere Fläche benötigt, dafür aber verbesserte Schaltungseigenschaften wie Treiberfähigkeit, Flankensteilheit und Grenzfrequenz aufweist. Diese Zähler können auf dem Chip direkt mit den Siebensegment-Anzeigentreibern zusammengeschaltet werden, um eine Auslesung des Zählerstandes zu ermöglichen. Insbesondere bei den Anzeigentreibern ist der BiCMOS-Entwurf sehr vorteilhaft, da die Bipolartransistoren der Endstufe direkt den notwendigen Strom von 10 mA je Element liefern können.

Neben den vorgestellten Zählerstrukturen stehen der Schaltungsentwicklung die Standardzellenbibliotheken für den digitalen Schaltungsentwurf in der monolithischen Systemintegration zur Verfügung. Sämtliche bereits vorhandenen Schaltungen lassen sich auch für die Integration im optoelektronischen Gesamtprozeß weiterhin nutzen, da die Parameter der MOS-Transistoren von den zusätzlichen Integrationsprozessen nicht beeinflußt werden.

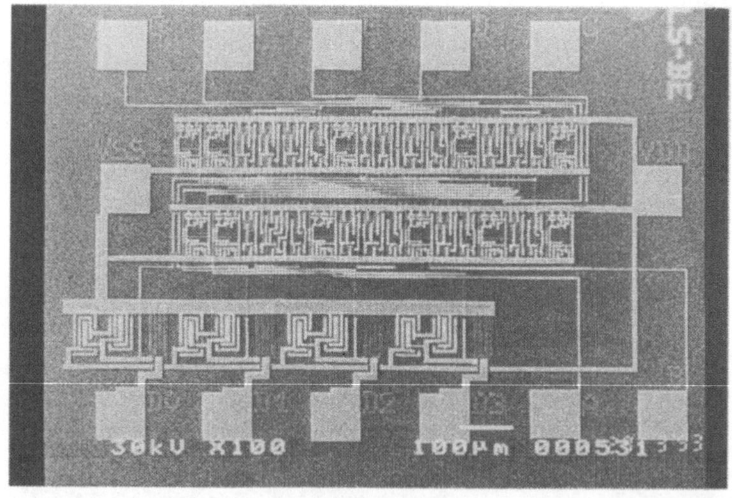

Bild 67: Siebensegment-Dekoderschaltung in 0,8 µm BiCMOS-Technik mit Bipolartransistoren als Ausgangstreiberstufen

6.2 Eigenschaften integriert-optischer Komponenten

6.2.1 Wellenleiter

Die zur gemeinsamen Integration mit CMOS-Strukturen wichtigen
Charakteristiken der Wellenleiter sind außer der Prozeßkompatibilität die
Dämpfung und die Einmodigkeit. Maßgeblich für die Einmodigkeit sind
die exakte Einhaltung der Geometrien und der Brechzahlen im lichtführenden Film und in der Deckschicht. Bei dem in Bild 12 dargestellten
Wellenleiter ist die Monomodigkeit bei 633 nm Wellenlänge für eine
Rippenbreite von 3 µm bei den angegebenen Schichtdicken bzw. Brechzahlen gegeben /116/. Die Dämpfung dieser SiON-Wellenleiter wird
stark von der Dicke der Isolation vom Substrat und von der Oberflächenrauhigkeit des Oxides bestimmt. Sie beträgt bei der verwendeten, zum
CMOS-Prozeß kompatiblen Struktur weniger als 0,5 dB/cm /117/.

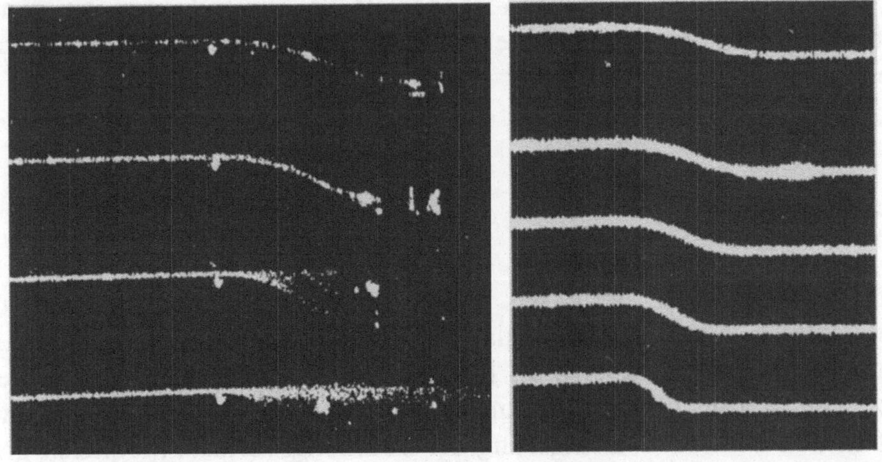

Bild 68: Vergleich der Strahlungsverluste an Radien bei einer
Wellenleiterverschwenkung um 100 µm, links in PECVD-
SiON-Wellenleitern mit n = 1,52, rechts in LPCVD-Si$_3$N$_4$-
Wellenleitern mit n = 2,02, abgeschieden jeweils auf 2 µm
thermischem Siliziumdioxid

Nitrid-Wellenleiter benötigen wegen der stärkeren Führungseigenschaften bei vergleichbarer Dämpfung nur eine Isolationsoxiddicke von etwa 0,7 µm. Obwohl damit eine deutlich einfachere Prozeßführung zur MOS-Schaltungsintegration möglich ist, kann eine Einmodigkeit der optischen Komponenten nur mit Wellenleiterbreiten im Submikrometerbereich erzielt werden. Sie sind wegen der fehlenden Auflösung der Lithografietechnik folglich nur als mehrmodige Wellenleiter zu verwenden und scheiden damit für interferometrische Anwendungen aus. Ein weiterer Nachteil der starken Führung liegt in der äußerst diffizilen Fertigungstechnik für Koppler, da die Koppelabstände im 100 nm-Bereich liegen müssen. Diese sind in Verbindung mit dem CMOS-Prozeß nicht mehr reproduzierbar zu fertigen.

Ein Vergleich der möglichen Krümmungsradien der integrierten SiON- und Si_3N_4-Wellenleiter ist in Bild 68 gegeben. Während die SiON-Bauform bereits bei Radien von 100 µm wesentliche Abstrahlungsverluste aufweist, sind für Si_3N_4-Typen infolge des höheren Brechungsindexsprunges zum umgebenden Medium noch verlustarme Bögen mit 20 µm Radius möglich. Dieses - für die Verkleinerung der optischen Strukturen wichtige - Kriterium ist speziell für Anwendungen, bei denen auf die Einmodigkeit verzichtet werden kann, ein Vorteil der Nitridwellenleiter.

6.2.2 Strahlteiler

Zur Verteilung der geführten Welle auf dem Siliziumchip und zur Aufspaltung eines Lichtsignals im Interferometer sind Strahlteiler notwendig. Sie lassen sich in Form einer Y-Verzweigung realisieren, wobei der Radius der Aufspaltung des einlaufenden Wellenleiters in zwei getrennte Arme zur Verringerung der Strahlungsverluste möglichst groß sein muß. Wegen der begrenzten Auflösung der Fototechnik zur Definition der Rippen des Wellenleiters entsteht im Zentrum der Y-Verzweigung eine abgerundete Spitze, die zur teilweisen Reflexion der einfallenden elektromagnetischen Welle führt. Folglich wirkt die Y-Verzweigung nicht verlustfrei, sondern weist in Abhängigkeit von der Auflösung der Lithografietechnik eine unterschiedlich hohe Dämpfung auf.

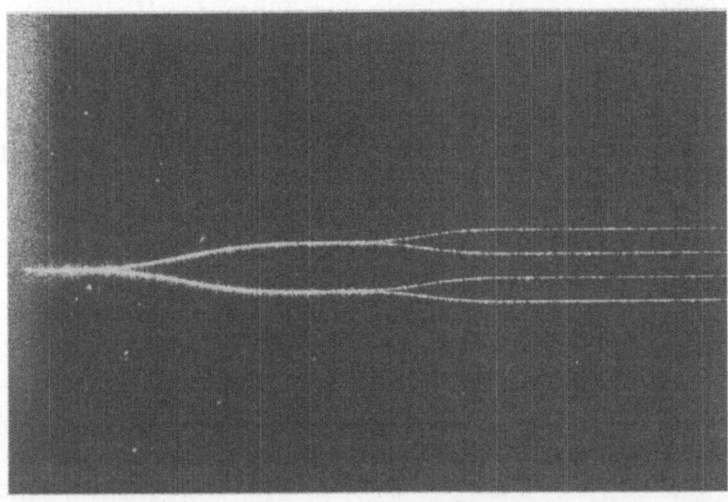

Bild 69: 1:4-Strahlteiler zur symmetrischen Aufspaltung eines geführten Lichtsignals über Y-Verzweigungen (15-fache Vergrößerung)

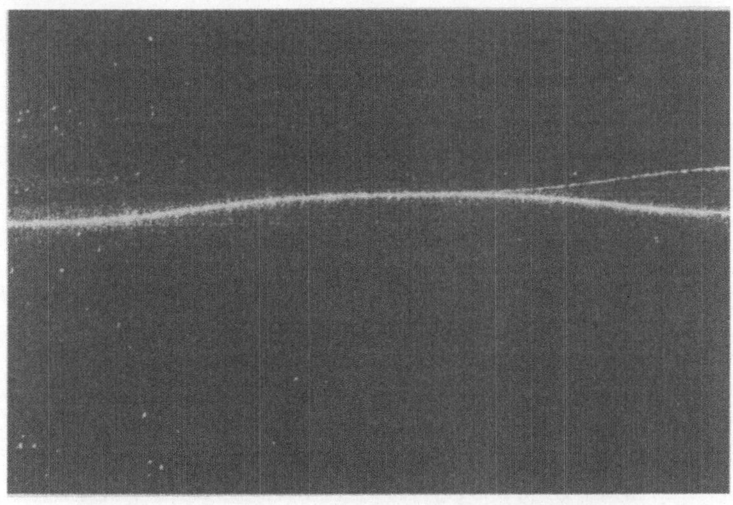

Bild 70: Streulichtaufnahme einer Kopplerstruktur mit 2 mm Koppellänge bei einem Wellenleiterabstand von 1,5 μm (10-fache Vergrößerung)

Alternativ läßt sich das geführte Signal auch über Koppler verteilen. In diesen Strukturen koppelt das Licht vom führenden Wellenleiter in einen unmittelbar in 1 -2 µm Abstand verlaufenden Wellenleiter durch Leckwellenkopplung über, wobei die Signalaufteilung durch die Länge der Koppelstrecke und den Koppelabstand festgelegt ist. In Bild 70 ist ein Koppler mit unsymmetrischer Intensitätsaufteilung dargestellt.

6.2.3 Spiegel

Zur Verringerung der Chipfläche der optischen Schaltungen ist es zwingend erforderlich, die Radien der flächenintensiven Bögen zu verkleinern. Dazu sind integrierte Spiegel geeignet, die sich durch anisotropes Ätzen der SiO_2/SiON/SiO_2-Schichtfolge im CHF_3/Ar-Plasma in den Wellenleiter einfügen lassen. Sie ermöglichen eine Strahlablenkung um mehr als 90° aufgrund der Totalreflexion am Übergang vom SiON zur umgebenden Luft. Bild 71 zeigt eine Streulichtaufnahme an Spiegeln mit unterschiedlichen Einfallswinkeln.

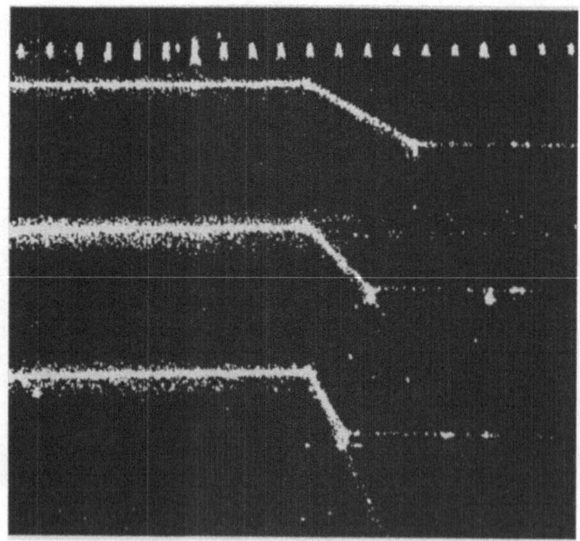

Bild 71: Streulichtaufnahme der Wellenleiter mit integrierten Spiegeln zur Strahlumlenkung um 30°, 45° und 75°

Messungen an mehreren in Serie angeordneten Spiegeln zeigen, daß mit zunehmendem Ablenkwinkel die Dämpfungsverluste steigen. Ursache dafür ist die Oberflächenrauhigkeit des Spiegels, die lokal im 100 nm-Bereich zur Überschreitung des kritischen Winkels der Totalreflexion führt (Bild 72). Bei Annäherung an den kritischen Winkel nimmt der transmittierende Strahlungsanteil zu, so daß die Dämpfung wächst.

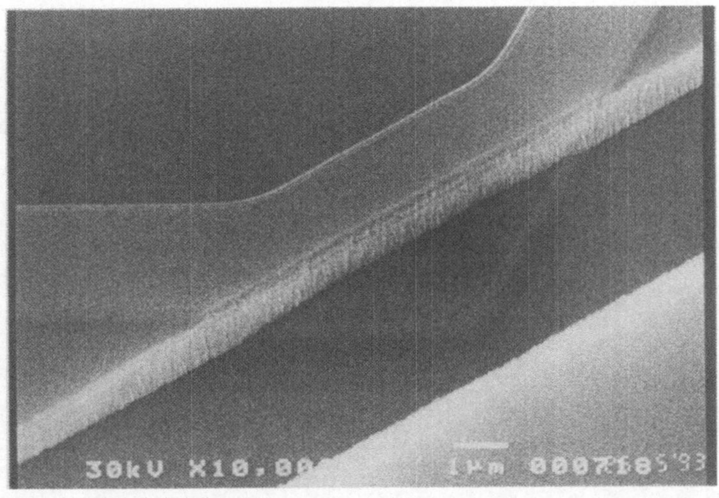

Bild 72: Oberflächenrauhigkeit eines im reaktiven Ionenätz-verfahren mit CHF_3/Ar strukturierten integrierten Spiegels zur Strahlumlenkung

Großen Einfluß auf die Dämpfung hat auch die Ausrichtung der Spiegel zum Wellenleiter: geringe Verluste bei der Strahlumlenkung lassen sich nur durch optimale Justierung der Spiegel erreichen, wobei mit wachsendem Ablenkwinkel die tolerierbare Fehljustierung noch abnimmt.

Alternativ zu Kopplern und Y-Verzweigungen können auch Spiegel zur Aufspaltung des geführten Signals eines Wellenleiters in zwei Teil-strahlen genutzt werden. Der keilförmige Aufbau bietet der im Wellen-leiter geführten elektromagnetischen Welle zwei symmetrisch zur Ausbreitungsrichtung spitz aufeinander zulaufende Oberflächen als Reflexionsebenen an (Δ-Spiegel), so daß sich die Welle aufteilt. Dämpfungsbestimmend ist hier die Qualität der Spiegelspitze.

Infolge der begrenzten fotolithografischen Auflösung ist diese leicht abgerundet, wodurch ein nicht unerheblicher Teil des einfallenden Signals reflektiert oder aus dem Wellenleiter gestreut wird. Der Spiegel als Strahlteiler ist demnach platzsparend für die Integration, weist jedoch erhöhte Verluste auf. Bild 73 zeigt einen Strahlteiler auf Spiegelbasis zur Aufspaltung des im Wellenleiter geführten Lichtes.

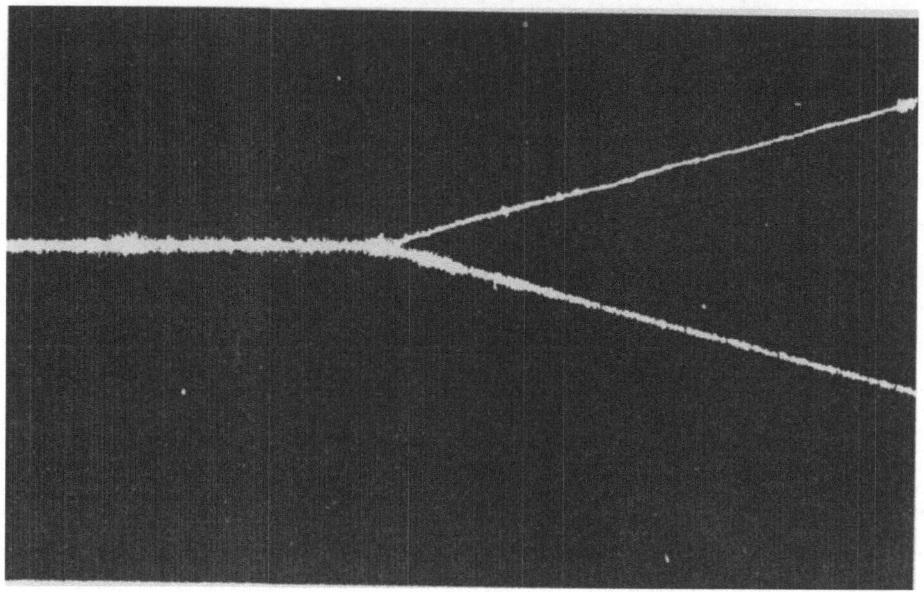

Bild 73: Spiegel als Strahlteiler; die Unsymmetrie der Intensitätsaufteilung resultiert aus einer Fehljustierung des Δ-Spiegels gegenüber dem Wellenleiter um ca. 500 nm

6.2.4 Interferometerstrukturen

Viele Anwendungen der Integrierten Optik basieren auf der interferometrischen Erfassung von extern bedingten Weglängen- oder Brechungsindexänderungen. Zur Messung steht dabei in der Regel ein gegenüber den äußeren Einflüssen maskiertes Signal als Referenz zur Überlagerung mit dem phasenverschobenen Meßsignal zur Verfügung.

Diese Grundvoraussetzung für interferometrische Messungen lassen sich auch auf die Integrierte Optik auf Silizium übertragen, wobei die Intensitätsänderungen infolge konstruktiver oder destruktiver Interferenzen in der Systemintegration durch Fotodioden auf dem gleichen Chip direkt abgetastet werden können.

6.2.4.1 Mach-Zehnder Interferometer

Mit den o. a. Strahlteilern aus Y-Verzweigungen sind Mach-Zehnder-Interferometer integriert und bei 633 nm Wellenlänge getestet worden. Das über Linsenkopplung in den Wellenleiter eingespeiste Licht spaltet an der Y-Verzweigung auf, wobei eine symmetrische Intensitätsaufteilung in Referenz- und Meßarm erreicht werden kann. Beide Arme werden am Ausgang des Bauelementes wieder zusammengeführt, so daß sich die beiden geführten Teilintensitäten überlagern. In Bild 74 ist eine Streulichtaufnahme eines auf Silizium integrierten Mach-Zehnder-Interferometers dargestellt, wobei noch kein Sensor im Meßarm eingebaut wurde.

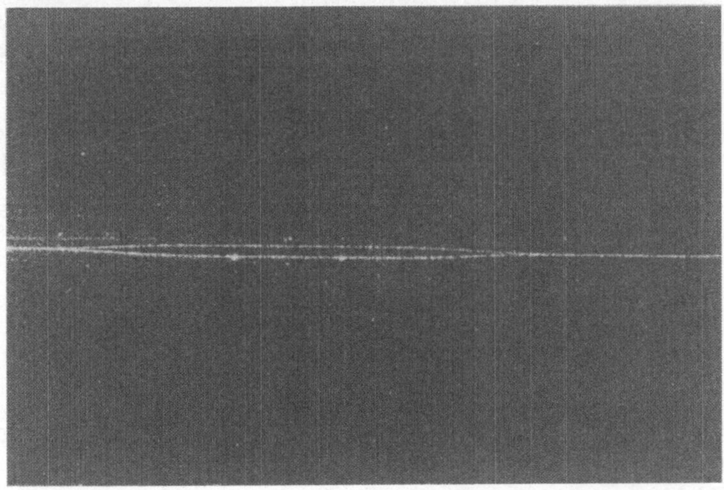

Bild 74: Streulichtaufnahme des auf Silizium integrierten Mach-Zehnder-Interferometers, aufgenommen bei 633 nm Wellenlänge (50-fache Vergrößerung)

Neben den Y-Verzweigungen ist auch die Anwendung der integrierten Spiegel zur Strahlteilung im Interferometer möglich. Ein nur aus geradlinigen Wellenleitern und Spiegeln aufgebautes integriertes Mach-Zehnder-Interferometer ist im Bild 75 dargestellt. Trotz der auftretenden Intensitätsverluste an den einzelnen Spiegeln ist die grundlegende Funktion des Bauelementes gegeben.

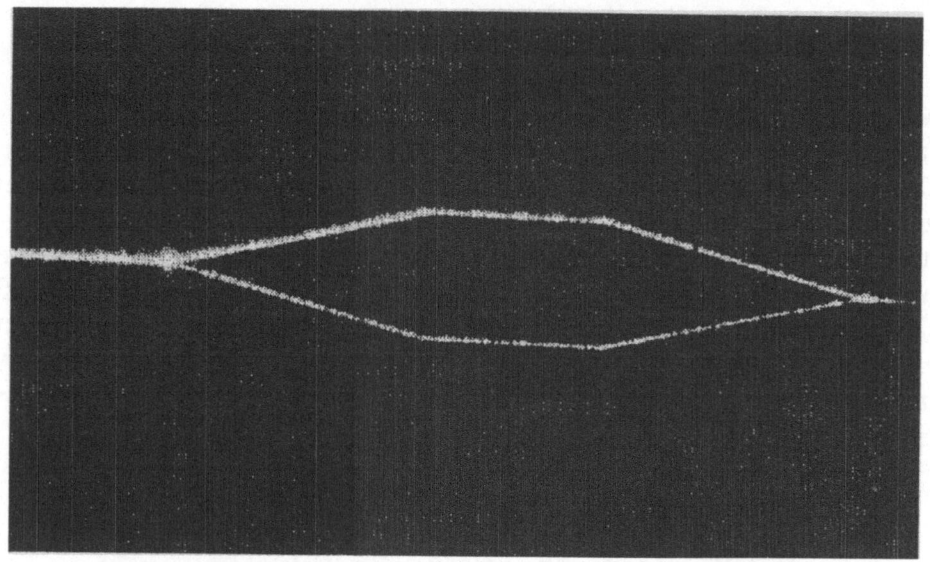

Bild 75: Streulichtaufnahme eines Mach-Zehnder-Interferometer, aufgebaut aus SiON-Lichtwellenleiter und Spiegel als Strahlteiler und zur Strahlumlenkung (50-fache Vergrößerung)

6.2.4.2 Michelson-Interferometer

Integrierte Michelson-Interferometer zur Weglängenerfassung werden bereits industriell in Form von Nitrid-Wellenleitern auf Silizium gefertigt /118/. Die verwendete Struktur, dargestellt in Bild 76, ist ohne Einschränkungen auf SiON-Wellenleiter zu übertragen. Jedoch nutzt diese Bauform die speziellen Vorteile der schwach führenden optischen Schichten nicht aus. Die Strahlteilung erfolgt bei der gewählten Interferometerausführung über halbdurchlässige Spiegel anstelle von

3 dB-Kopplern, so daß die Signaldämpfung infolge von Streu- und Absorptionsverlusten relativ hoch ist.

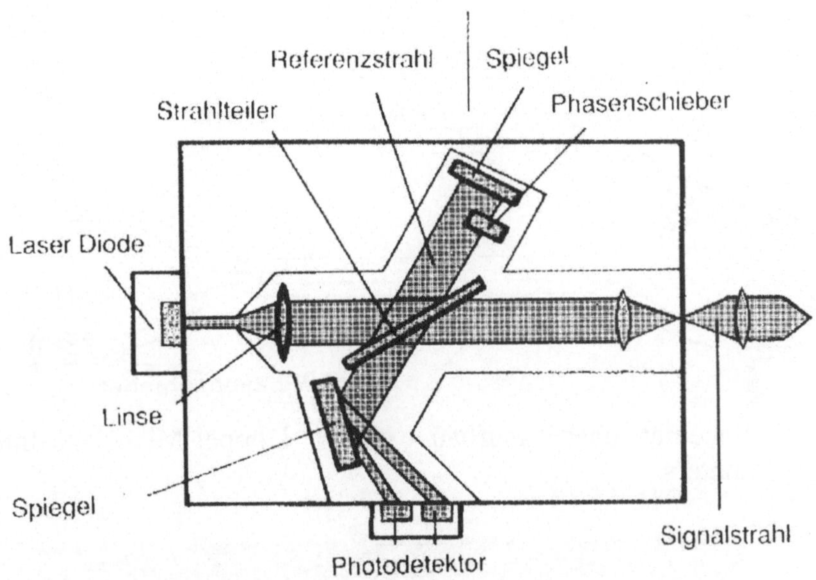

Bild 76: Schematischer Aufbau des bereits industriell genutzten integrierten Michelson-Interferometers zur Abstandsmessung mit extern eingekoppelter Laserdiode und hybrid angebrachten Fotodioden /119/

Ein hochwertiges integriert-optisches Michelson-Interferometer mit Vorwärts-/Rückwärtserkennung, in /120/ auf Glas-Basis gefertigt, kann ohne Einschränkungen auch mit SiON-Wellenleitern auf Silizium hergestellt werden. Der schematische Aufbau ist in Bild 77 dargestellt. Das Licht einer externen Laserdiode als Eingangssignal verteilt sich bei dieser Bauform über eine Y-Verzweigung auf zwei 3 dB-Koppler, welche die elektromagnetische Welle jeweils zur Hälfte in die beiden Referenzarme übertragen. Jeder Referenzarm führt damit etwa 25 % der eingespeisten Intensität, während 50 % des Lichtes das Chip verläßt und auf den Reflektor des Meßobjektes trifft.

Das reflektierte Signal dringt teilweise wieder in den Wellenleiter ein und interferiert mit den in den Referenzarmen geführten elektromagnetischen

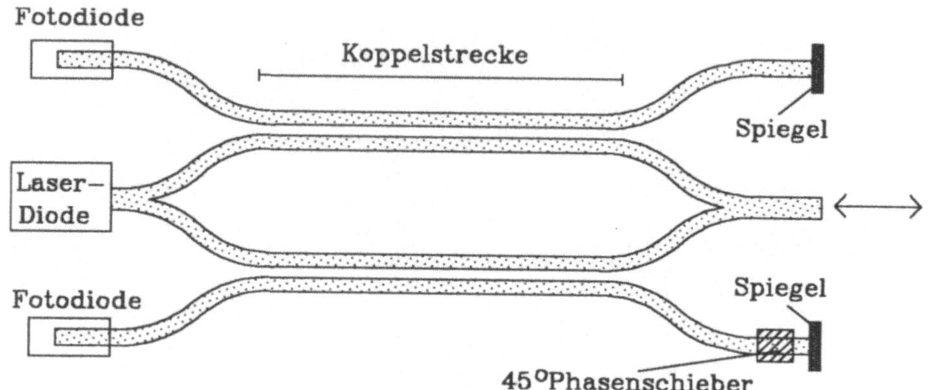

Bild 77: Schematischer   Aufbau   eines   Doppel-Michelson-Interfero-
meters

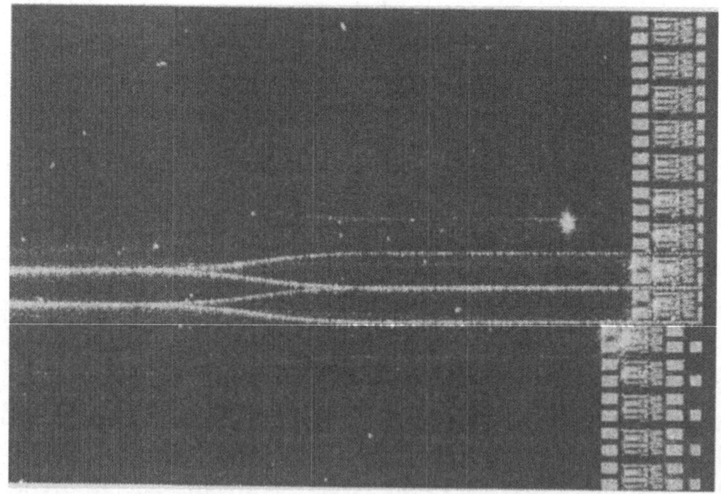

Bild 78: Streulichtaufnahme   eines   Doppel-Michelson-Interfero-
meters zur Entfernungsmessung mit Richtungserkennung, realisiert aus SiON-Wellenleitern auf Siliziumsubstrat

Wellen. Dies bewirkt Intensitätsänderungen an den Fotodetektoren, die am Ende der Referenzarme angebracht sind. Da das Referenzsignal eines

Armes über einen Phasenschieber um 90° gegenüber dem im anderen Arm geführten Signal versetzt ist, läßt sich durch Vergleich der Intensitätsänderungen, bzw. der Fotostromänderungen an den Fotodetektoren, die Bewegungsrichtung des Objektes erkennen.

Die Streulichtaufnahmen der gefertigten Strukturen bestätigen die Eignung der Silizium-Technologie zur Integration dieser hochwertiger optischer Komponenten im Chip-Format (Bild 78). Sie zeigen einerseits die geringen Dämpfungsverluste der SiON-Wellenleiter, andererseits die Funktion der verschiedenen Grundkomponenten der Integrierten Optik auf Silizium.

6.3 Mikromechanik

Die aus den Oxidschichten der mikroelektronischen Schaltungsintegration gefertigten mikromechanischen Bauelemente sind alle mit Hilfe der Plasma-Ätztechnik von der Vorderseite der Siliziumscheiben her gefertigt worden. Des weiteren wurden nur Materialien und Gase zur Realisierung verwendet, die in der CMOS-Technologie gebräuchlich sind. Aus diesem Grund sind Rückwirkungen auf die empfindlichen MOS-Transistoren als Folge von Verunreinigungen ausgeschlossen, da kein Kontakt der Siliziumscheiben mit Fremdstoffen stattfindet.

Die Strukturierung des kristallinen Siliziums mit HF-Lösungen wurde wegen der fehlenden Selektivität zu Oxidschichten für den optoelektronischen Gesamtprozeß nicht berücksichtigt. Als Technologie der mikromechanischen/mikroelektronischen Systemintegration bietet sie sich aber als aussichtsreiche Technik weiterhin an /121/.

6.3.1 Zungen und Brücken

Thermische Oxidschichten auf einkristallinem Silizium stehen bei Raumtemperatur im allgemeinen unter Druckspannung /122/. Diese ist in der Differenz der thermischen Expansionskoeffizienten von SiO_2 und Silizium begründet. Die aus den Oxidfilmen durch Unterätzung im Plasma gefertigten eingespannten Brücken unterliegen folglich einer

Druckspannung, welche sich nach dem Entfernen des Silizium-
trägermaterials als Wölbung oder Durchbiegung widerspiegelt. Zwar ist
ein Ausgleich der Spannungen durch Implantation von Bor- oder
Kohlenstoff-Ionen möglich /123/, jedoch können sie direkt nach einer
Temperung wieder auftreten. Somit lassen sich Oxidbrücken im
Einzelprozeß mit Hilfe der Ionenimplantation spannungsfrei herstellen,
wobei die Übertragbarkeit dieser Technik auf den monolithischen
Gesamtprozeß wegen der dort auftretenden thermischen Belastungen aber
nicht gegeben ist.

Freitragende Zungen mit einem Querschnitt von ca. $1{,}0\,\mu m^2$ sind
dagegen über mehr als $100\,\mu m$ Länge spannungsarm herzustellen (vgl.
Bild 79). Bei einer Oxiddicke von ca. $500\,nm$ sind diese Zungen
im Trockenätzverfahren mit CHF_3/Ar zur Oxidstrukturierung und SF_6
zum isotropen Siliziumätzen gefertigt worden. Verformungen sind bei
diesen einseitig aufgehängten Elementen aus reinem thermischen Oxid
nicht aufgetreten; bei mehrschichtigem Aufbau aus thermischem und
abgeschiedenem PECVD-Oxid wölben sich die Stege zum Träger-
material hin. Nachfolgende Temperaturschritte führen zu keiner Veränderung der Strukturen unabhängig vom Aufbau.

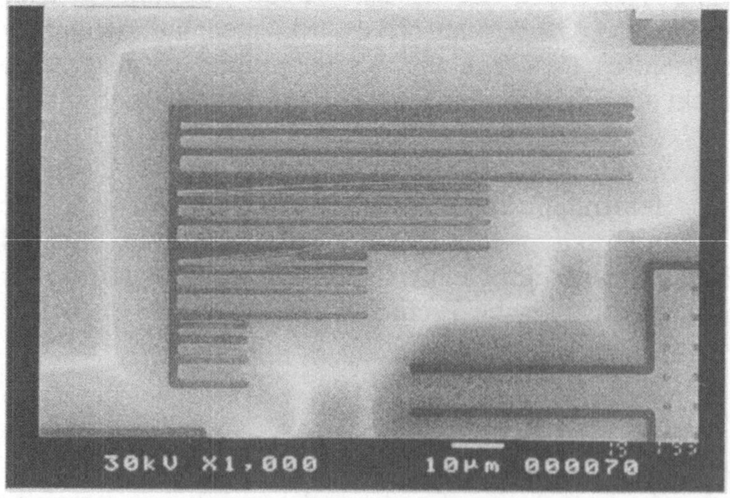

Bild 79: Freitragende Oxidzungen in einer Länge von 50, 100, 150
und $200\,\mu m$ bei den Breiten $1/2/3/4\,\mu m$, gefertigt durch
selektives lokales Entfernen des Silizium-Trägermaterials. Der
$1\,\mu m$ breite Steg ist infolge lateraler Unterätzung abgeknickt

6.3.2 Membranen und Drucksensoren

Um großflächige freitragende Oxidflächen zu erzeugen, muß durch geeignete Prozeßführung für einen Ausgleich der Spannungen in den Filmen gesorgt werden. Bei Nitridmembranen bewirkt die Implantation von Stickstoff im Dosisbereich um 10^{15} cm^{-2} eine Entspannung der Schicht /124/, indem die Zugspannung kompensiert wird. Da die thermischen Oxidschichten bereits unter Druckspannungen vorliegen, kann diese Methode nicht zur Kompensation verwendet werden. Geeigneter scheint ein geschickter Entwurf zum Ausgleich der Spannungen mit Hilfe der zum Entfernen des vergrabenen Siliziums notwendigen Öffnungen.

Bild 80: Verspannungen in einer durch Unterätzung freigelegten Oxidmembran vor dem Verschließen der Ätzöffnungen

Die Lackschicht zur Strukturierung der Ätzöffnungen verbleibt während des hochselektiven RIE-Ätzschrittes mit SF$_6$ als Maske zum Schutz der Scheibenoberfläche auf dem Wafer. In diesem weitgehend isotropen Ätzvorgang wird durch die Öffnungen das vergrabene Silizium entfernt, so daß die Membranen freitragend zurückbleiben.

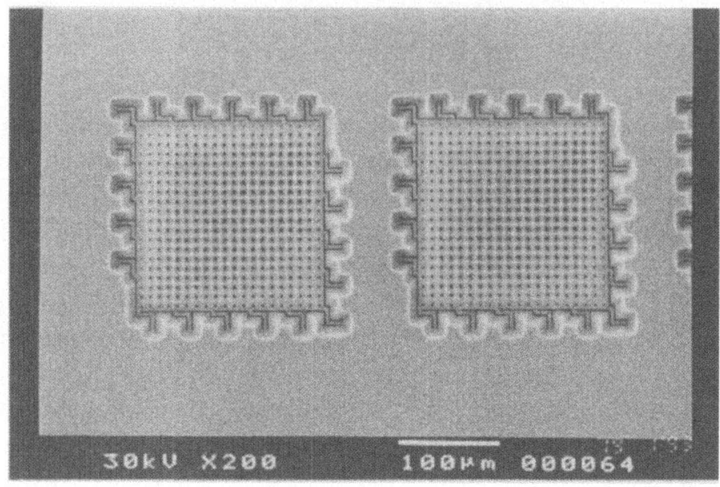

Bild 81: Gestaltung der Ätzöffnungen im Oxid zur Aufnahme der prozeßbedingten Spannungen

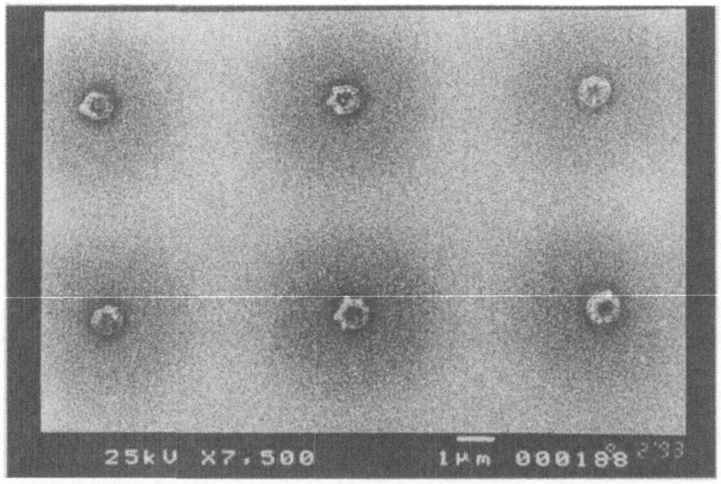

Bild 82: Ausschnitt aus einer durch Unterätzung im RIE-Verfahren und Verschließen mit LPCVD-TEOS-Oxid erzeugten Oxidmembran

Längliche Ätzöffnungen eignen sich dabei zur Aufnahme der Druckspannungen des Oxides, folglich treten keine Wölbungen an der Oberfläche auf (Bild 82). Damit ist nachfolgend ein problemloses
Verschließen der Membran im LPCVD- oder PECVD-Verfahren
möglich, z. B. mit thermisch abgeschiedenem TEOS-Oxid.

6.3.3 Beschleunigungssensoren

Die Technik des Freiätzens von Oxidstegen in Verbindung mit der
Membranherstellung ermöglicht die Integration schmaler Oxidstege zum
Einspannen großflächiger Massen. Infolge der Trägheit der Masse tritt
bei einer Beschleunigung in den Befestigungsarmen eine Verspannung
auf, die piezoresistiv, kapazitiv oder optisch über ein Mach-Zehnder-
Interferometer ausgewertet werden kann. Ein realisiertes Muster des
Beschleunigungsdetektors ist im Bild 83 gezeigt, wobei die zum
Auslesen notwendigen Strukturen noch nicht aufgebracht sind.

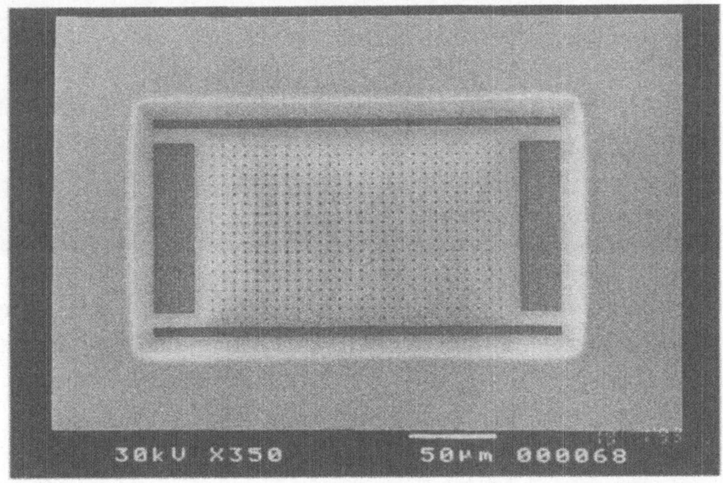

Bild 83: Großflächige Masse, befestigt über Oxidbrücken, als
Beschleunigungssensor für die monolithische Systemintegration

Damit konnte die generelle Eignung der Oxidschichten des CMOS-Prozesses zur Fertigung aktiver Elemente für mikromechanische Anwendungen verdeutlicht werden. Unter Berücksichtigung der speziellen Filmeigenschaften, insbesondere der mechanischen Spannungen, sind diese Schichten auch für den monolithischen Gesamtprozeß geeignet. Dazu müssen aber bereits im Entwurf der großflächigen Oxidstrukturen Öffnungen zum Abbau der Druckspannungen vorgesehen werden. Zu berücksichtigen bleibt die Problematik der Langzeitstabilität der Oxidstrukturen, da diese durch Aufnahme von Wasserstoff zur Sprödigkeit neigen und leicht zerbrechen. Abhilfe läßt sich aber durch eine konforme Nitrid- oder Oxinitriddeposition als Versiegelung des Oxides gegen Umwelteinflüsse schaffen.

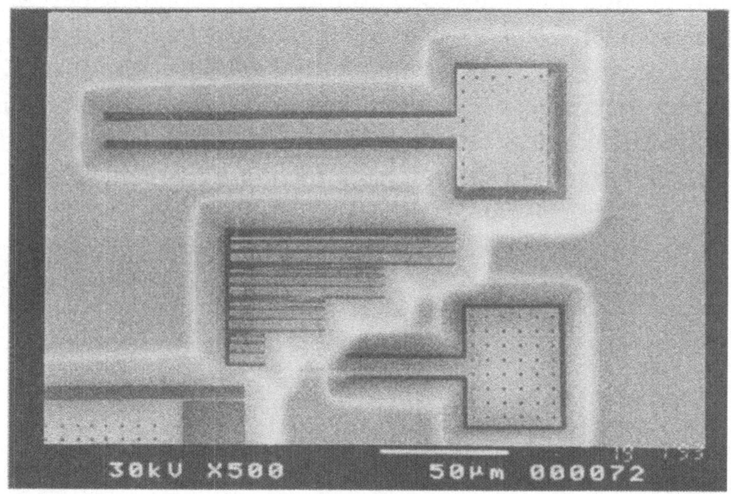

Bild 84: Oxidsteg mit großflächiger Masse zur Detektion einer senkrecht zur Scheibenoberfläche wirkenden Beschleunigung

7 Meßergebnisse an Gesamtsystemen

Eine Beurteilung der monolithischen Systemintegration erfolgt an opto-elektronischen Komponenten, gefertigt in modularer oder vollintegrierter Technik in der Technologielinie des Lehrstuhls Bauelemente der Elektrotechnik der Universität Dortmund. Als wellenleitende Materialien sind PECVD- und LPCVD-SiON, sowie LPCVD-Nitrid verwendet worden. Zur Demonstration der Erweiterungsmöglichkeiten der optoelektronischen Integrationstechniken erfolgt die zusätzlich Realisierung von mikromechanischen Strukturen auf den gleichen Chips unter Anwendung der vorgestellten Trockenätzverfahren.

Die Systemkonzepte der SOI-Technik sind wegen der - aufgrund der Gitterfehler des rekristallisierten Siliziums zu erwartenden - ungünstigen analogen Schaltungseigenschaften nicht verwirklicht worden, zumal auch die Schaltzeitmessungen an den Fotodetektoren keine grundlegenden Vorteile gegenüber der Substrat-CMOS-Integrationstechnik mit verbesserten Fotodetektoren erkennen ließen.

7.1 Eigenschaften der CMOS-Bauelemente

Besonders empfindlich reagieren die Parameter der MOS-Transistoren und BiCMOS-Schaltungen auf die notwendigen Änderungen im Technologieablauf gegenüber dem in Kap. 2 erläuterten, stabilen CMOS-Standardprozeß. Die wichtigsten Modifikationen sind die Anwendung der SWAMI-LOCOS-Technik, der Austausch des Phosphorglases gegen eine SiON-Schicht, sowie die geänderten Temperaturbelastungen im Verlauf des Integrationsprozesses während oder nach der Deposition der temperaturempfindlichen Wellenleiter. Hinzu kommen noch die ergänzenden Fotolithografie- und Ätzprozesse der Integrierten Optik und Mikromechanik, gegenüber denen die MOS-Schaltungen maskiert sind. Ein Einfluß auf die Transistorparameter läßt sich trotzdem nicht von vorn herein ausschließen, da bewegliche oder ortsfeste Oberflächenladungen in den zusätzlichen bzw. veränderten dielektrischen Schichten vorhanden sein können.

7.1.1 Schaltungskomponenten

Die Anwendung der SWAMI-LOCOS-Technik erlaubt unter Beibehaltung einer planaren Scheibenoberfläche eine sehr genaue Maskenübertragung der Aktivgebiete in das Silizium; sie ermöglicht aber auch parasitäre Strompfade an den senkrechten Flanken der Siliziuminseln, die sich speziell beim n-Kanal-Transistor in Form eines nicht steuerbaren Leckstromes vom Drain zum Source auswirken können. Als Gegenmaßnahme dient eine zusätzliche Bor-Dotierung der n-MOS-Bereiche, die gemeinsam mit der Feldschwellenspannungs-Implantation vor der Feldoxidation durchgeführt wird. Der Dotierstoff diffundiert infolge der thermischen Belastung während der Oxidation relativ tief in das Silizium ein. Damit wächst die Schwellenspannung an den senkrechten Aktivgebietflanken bei einer Oxiddicke von 700 nm auf einen ausreichend hohen Wert an, die Transistoren sperren mit Leckströmen unterhalb von 1 fA/µm Kanalweite. Als Nebeneffekt sinkt aufgrund der erhöhten Dotierstoffkonzentration im Substrat die "punch-through"-Empfindlichkeit der n-MOS-Transistoren kurzer Kanallänge.

Im vollintegrierten Prozeß mit 2 µm Oxiddicke läßt sich der parasitäre Strompfad nicht mehr mit der Bor-Dotierung vor der thermischen Oxidation unterdrücken. Der zeitintensive Hochtemperaturschritt führt aufgrund der Segregation zu einer Dotierstoffverarmung an den Inselflanken. Das Resultat läßt sich in Bild 85 erkennen: während die n-MOS-Transistoren mit $W/L = 2\,\mu m / 100\,\mu m$ in Standard- und in SWAMI-LOCOS-Technik mit 700 nm Feldoxiddicke vollständig sperren, weist der gleiche Transistor im vollintegrierten Prozeß einen nicht steuerbaren Leckstrom von 800 nA auf. Dieser Strom ist von der Kanalweite unabhängig, er fließt folglich entlang der Aktivgebietflanken vom Source zum Drain. Als Gegenmaßnahme kann nur - wie bereits in Kap. 5 erläutert - der Austausch des zur Anhebung der Feldschwellenspannung verwendeten Dotierstoffes Bor gegen den Akzeptor Aluminium oder Indium vorgenommen werden, so daß bei der thermischen Oxidation eine Dotierstoffanreicherung an den Grenzflächen des Siliziums zum Oxid auftritt. Der negative Einfluß der Dotierstoffumstellung auf die Transistorschwellenspannung ist bislang nicht untersucht worden, er muß aber bei einer industriellen Fertigung genau analysiert werden, um Ausbeuteeinbrüche zu vermeiden.

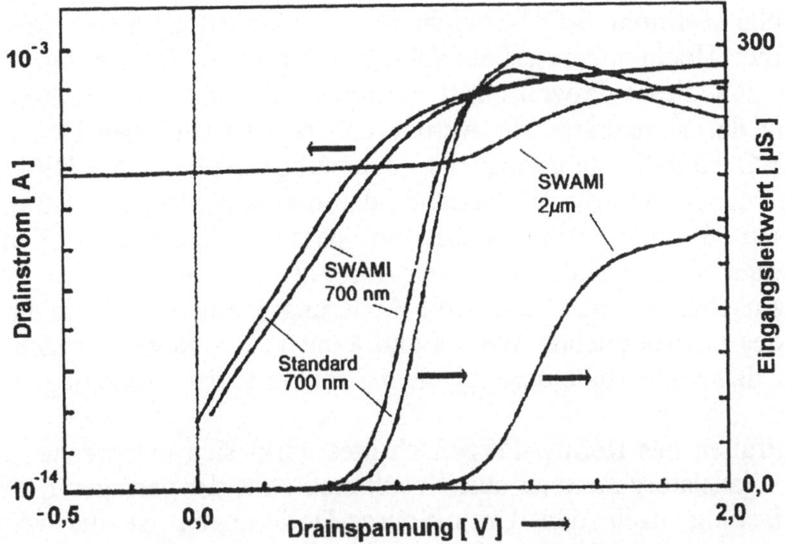

Bild 85: Leckstrom und Eingangsleitwert der W=100 µm / L=2 µm n-Kanal-Transistoren für den Standard-CMOS-Prozeß, den SWAMI-LOCOS-Prozeß mit 0,7 µm und mit 2 µm Feldoxiddicke

In vollintegrierter Technik wirkt sich die hohe Feldoxiddicke von 2 µm zusätzlich auf die Feldschwellenspannung in den MOS-Schaltungen aus. Sie nimmt trotz der erhöhten Feldoxiddicke nicht zu, sondern sinkt infolge des Segregationseffektes des Dotierstoffes Bor während der thermischen Oxidation ab. An der Siliziumoberfläche entsteht wegen der erhöhten Löslichkeit der implantierten B+-Ionen im Oxid während des Temperaturschrittes eine Verarmung an Akzeptoren im Silizium. Die bisher angewandte Technik zur Einstellung der Feldschwellenspannung mit einer Implantation durch das Oxid hindurch ist hier wegen der hohen Oxiddicke nicht möglich. Es muß eine ausreichend hohe Bestrahlungsdosis vor der Feldoxidation gewählt werden, um die Feldschwellenspannung auf einen für den Betrieb der integrierten CMOS-Strukturen irrelevanten Wert anzuheben.

Die maximale Temperaturbelastung nach der Implantation der Drain-/ Source-Gebiete und Diffusionswiderstände wurde bisher vom Phosphor-

glas-Reflow bei 975°C zur Abrundung von Kanten an der Scheibenoberfläche bestimmt. SiON-Schichten verfließen jedoch nicht, sie weisen
nach einer Hochtemperaturbehandlung nur größere Dämpfungsverluste
auf, so daß dieser Prozeßschritt entfallen muß. Daraus resultiert eine
Senkung der Temperatur zur Aktivierung der implantierten Dotierstoffe
auf 900°C, so daß eine geringere Ladungsträgerdichte in den Diffusions-
bahnen vorliegt und die Widerstände damit eine niedrigere Leitfähigkeit
aufweisen. Folglich sind selbst an passiven Schaltungsteilen wie
integrierten Widerständen die Auswirkungen der angepassten Prozeßführung nachzuweisen. Die relative Änderung beträgt allerdings nur etwa
2-3 % des ursprünglichen Wertes und kann in der Regel vernachlässigt
werden, da sie innerhalb der typischen Streubreite der Größe liegt.

Das Entfallen des Reflow-Prozeßschrittes wirkt sich entsprechend stark
auf die Transistorparameter aus. Resultierend aus der geringeren Temperaturbelastung nach den Drain/Source-Dotierungen ist die effektive
Kanallänge der MOS-Transistoren bei gleicher Linienbreite ange-
wachsen, denn eine laterale Diffusion der Dotierstoffe unter die Gate-
elektrode findet nur noch in geringem Maße statt. Dies bedeutet einerseits
eine Verbesserung des Ausgangsleitwertes, der für die analoge Schaltungstechnik besonders wichtig ist, und wegen der verringerten parasitären Drain/Gate- und Source/Gate-Kapazitäten eine höhere mögliche
Schaltgeschwindigkeit der Transistoren. Da die Unterdiffusion abnimmt,
wächst die effektive Kanallänge der MOS-Transistoren bei gleicher
Elektrodenweite. Aus diesem Grund muß eine erneute Anpassung der
Simulationsparameter und Designmaße sowie der Maskenvorgaben - z.
B. als Prozeßvorgabe für die Gateelektrode - an die entsprechenden Tech-
nologiegrößen vorgenommen werden, um eine optimale Schaltungsentwicklung zu gewährleisten.

Integrierte Kapazitäten erfordern ein elektrisch stabiles Oxid, das bisher
bei 900°C in feuchter Atmosphäre thermisch aufgewachsen wurde.
Wegen der Sensibilität der Wellenleiter gegenüber starken Temperaturbelastungen scheidet bei den Prozeßvarianten mit der SiON-Deposition
vor der Metallisierung die thermische Oxidation zur Herstellung des
60 nm dicken Kondensatordielektrikums aus. An seiner Stelle wird ein
TEOS-Oxid von 80 nm Dicke im LPCVD-Verfahren bei 750°C aufgebracht, so daß der Kapazitätsbelag gegenüber der bisherigen Technik
um 33 % sinkt. Dies muß bereits beim Entwurf der Schaltungen berücksichtigt werden.

Eine gravierende Änderung außerhalb der reinen CMOS-Prozeßführung ist zur Fertigung der Basis der kompatiblen Fotobipolartransistoren erforderlich. Die bisher vor der Feldoxidation durchgeführte Basis-implantation ist im vollintegrierten Prozeß wegen der langen Oxidationszeit bei hoher Prozeßtemperatur ausgeschlossen und muß durch einen direkt an die Feldoxidation anschließenden Dotierschritt ersetzt werden. Damit ist eine erneute Anpassung von Basis-Implantationsdosis bzw. -energie und Verstärkung der Bipolartransistoren erforderlich.

7.1.2 Verstärkerschaltungen

Grundsätzlich sind die linearen und nichtlinearen Verstärker sowohl in vollintegrierter als auch in modularer Fertigungstechnik funktionsfähig, wobei die in letzterer Technik gefertigten Komponenten eine wesentlich höhere Ausbeute aufweisen (>95 %). Die starke Parameterstreuung in Verbindung mit der geringen Feldschwellenspannung von zum Teil nur 5 V führen in der vollintegrierten Technik zu einer geringen Zahl der Simulation entsprechend arbeitenden Schaltungen. Anhand der gefertigten funktionsfähigen Muster läßt sich die Qualität der Technologievarianten analysieren und beurteilen.

Ein Vergleich vom Entwurf her identischer, in den beiden Technologievarianten gefertigter Fotostromverstärker mit linearer Übertragungscharakteristik zeigt eine bessere Linearität in Verbindung mit einem höheren Aussteuerbereich für die in modularer Integrationstechnik realisierten Schaltungen. Die Konstanz der Parameter entspricht hier dem reinen CMOS-Prozeß, so daß die Simulationsdaten den Werten der realisierten Schaltungselemente entsprechen, wobei auch die Streubreite unverändert geblieben ist.

Demgegenüber streuen die Parameter der Schaltungselemente in vollintegrierter Technik sehr viel stärker. Insbesondere Unsymmetrien in den Transistorschwellenspannungen und parasitäre Strompfade im Feldbereich bzw. in den n-MOS-Transistoren verschieben die Arbeitspunkte der analogen Schaltungen oder führen zum Ausfall des Bauelementes. Als Beispiel sind die Übertragungscharakteristiken der mit identischen Fotomasken in modularer und in vollintegrierter Technik gefertigten linear arbeitenden Transimpedanzverstärker in Bild 86 vergleichend gegenübergestellt.

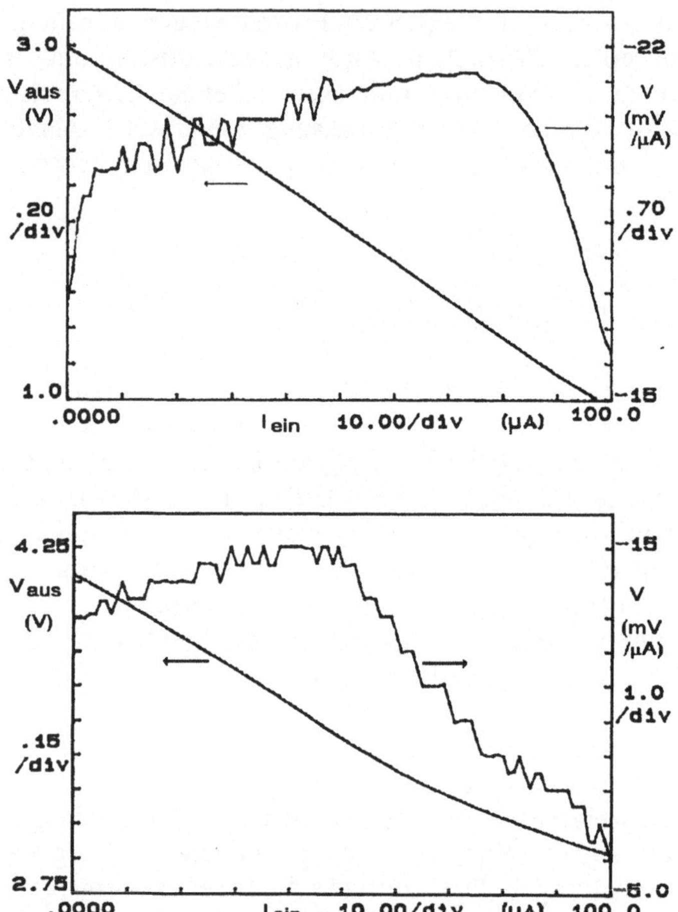

Bild 86: Übertragungsverhalten und Linearität der gefertigten Fotostromverstärker für hohe Schaltgeschwindigkeiten, oben gefertigt in modularer, unten in vollintegrierter Technik

Ein Vergleich der Schaltgeschwindigkeiten hat eine größere Verzögerungszeit für die in vollintegrierter Technik hergestellten Verstärker ergeben. Gegenüber der Standardfertigung wirken sich die o. a. Parameteränderungen zwar nur schwach auf die Linearität der Bauelemente aus, sie spiegeln sich aber deutlich in der maximalen Arbeitsfrequenz wieder. So sinkt die Schaltzeit des linearen Transimpedanzverstärkers für hohe Schaltgeschwindigkeiten von 8 MHz bei einer Lastkapazität von etwa 50 pF, gemessen an Verstärkern aus der modularen Fertigungstechnik, unter identischen Bedingungen auf ca. 2 MHz für die vollintegrierte Bauform. Aufgrund der veränderten Arbeitspunkte und zusätzlicher Strompfade sind die einzelnen Komponenten der Schaltung nicht mehr ausreichend aufeinander abgestimmt, so daß zwar die statische Funktion vollständig gegeben ist, der Dynamikbereich jedoch eingeschränkt wird.

In Bild 87 ist das Schaltverhalten der Fotostromverstärker für schwache Signalpegel dargestellt. Dieser Verstärker, bestehend aus ca. 100 MOS-Transistoren mit minimalen Kanallängen von 2 μm, wurde mit vergleichbarer Ausbeute sowohl im einfachen CMOS-Prozeß als auch in modularer Fertigungstechnik hergestellt. Aus der Bestimmung der Schaltungsparameter ergaben sich keine signifikanten Unterschiede im elektrischen Verhalten.

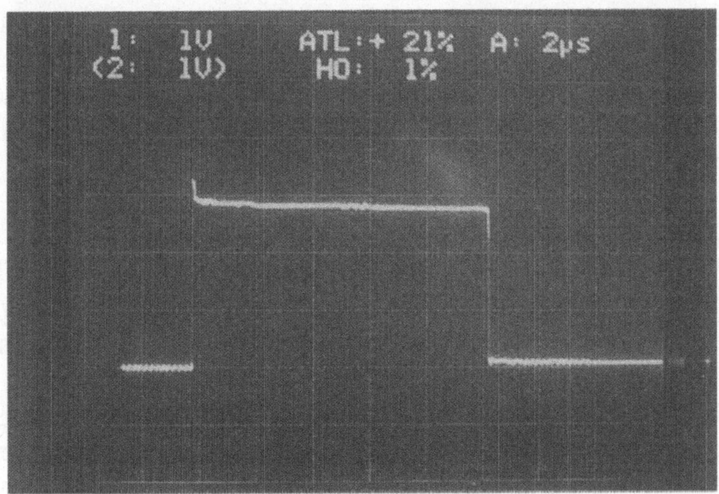

Bild 87: Schaltverhalten der Fotostromverstärker für geringen Signalstrom bei Ansteuerung über eine modulierte Laserdiode mit 3 mW Ausgangsleistung

7.2 Das optische Teilsystem

Die getesteten Bauelemente des optoelektronischen Teilsystems - bestehend aus Wellenleiter, Fotodetektor und CMOS-Transimpedanzverstärker - bestätigen die grundsätzliche Funktion der einzelnen Fertigungskonzepte. Darüber hinaus sind die Auswirkungen der verschiedenen Wellenleitermaterialien und der verwendeten Kopplungsmechanismen auf die Eigenschaften der in den einzelnen Prozeßvarianten realisierten Systeme zu analysieren.

7.2.1 Wellenleitermaterialien im monolithischen Integrationsprozeß

Grundsätzlich stehen Nitrid- und SiON-Filme als LPCVD- oder PECVD-Schichten für die Wellenleiterfertigung zur Verfügung, wobei die Depositionstemperatur besonders kritisch für die Dämpfungseigenschaften des Wellenleiters, aber auch für die Funktion der CMOS-Schaltungen ist. Im sequentiellen Integrationsprozeß mit der Wellenleiter-Abscheidung nach der Metallisierung sind wegen der hohen Temperaturempfindlichkeit der Verdrahtungsebene nur PECVD-Schichten zulässig. Dagegen bieten sich bei der vollintegrierten Technik auch LPCVD-Filme als Materialien für die wellenführenden Schichten an.

Ein Vergleich der Dämpfungseigenschaften der verschiedenen Materialien zeigt eine verlustarme Signalausbreitung bei 633 nm Wellenlänge für alle Filmtypen unabhängig vom Abscheideverfahren. Lediglich die PECVD-TEOS-SiON-Schichten weisen eine stärkere Absorption auf, die auf den erhöhten Kohlenstoffgehalt der lichtführenden Schicht zurückgeführt werden kann. Aufgrund des Auger-Elektronenenergiespektrums läßt sich die Kohlenstoffkonzentration in der wellenleitenden Schicht als vergleichbar zur Dichte der Siliziumatome abschätzen. Die gemessene atomare Zusammensetzung des TEOS-SiON-Films ergibt sich bei einem Brechungsindex von 1,52 nach der Auswertung mehrerer Messungen an verschiedenen Proben zu $Si_{0,17}O_{0,62}N_{0,06}C_{0,15}$. Etwa die Hälfte der Siliziumatome im Oxinitridfilm ist von Kohlenstoffatomen verdrängt worden. Demgegenüber ist das Verhältnis zwischen O- und N-Konzentration typisch für den angegebenen Brechungsindex.

Die LPCVD-Abscheidung der SiON-Filme mit optischer Qualität findet durch Pyrolyse von $SiCl_2H_2$-N_2O-NH_3 bei 930°C statt. Wegen der geringen Abscheiderate von etwa 5 nm/min beträgt die Dauer der Temperaturbelastung zur Abscheidung einer 500 nm dicken Oxinitridschicht inklusive Pump- und Spülzyklen mehr als zwei Stunden. Während dieser Zeit findet eine nicht zu vernachlässigende Diffusion der bereits eingebrachten Drain/Source-Dotierungen unter die Gateelektrode statt, wodurch die effektive Kanallänge der MOS-Transistoren sinkt.

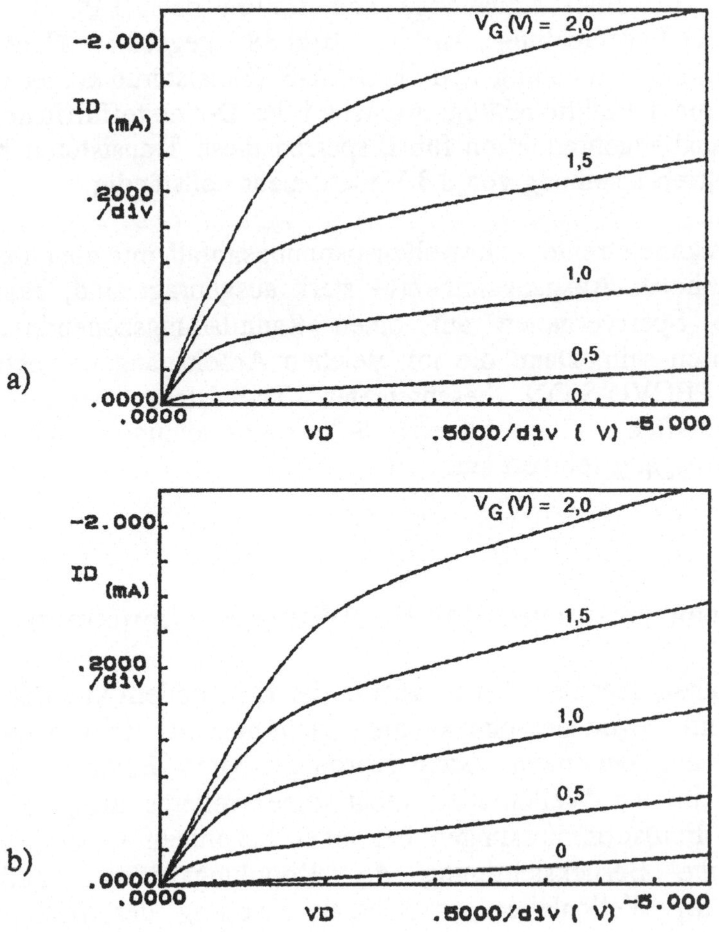

Bild 88: Vergleich der Ausgangskennlinienfelder von p-MOS-Transistoren identischer Geometrie nach a) PECVD- und b) LPCVD-SiON-Beschichtung (W/L = 100 μm / 1,5 μm)

Submikrometer-Transistoren sind in Verbindung mit diesen Wellenleitern nicht mehr funktionsfähig. Diese Auswirkungen auf die MOS-Transistoren treten bei LPCVD-Nitrid-Schichten (800°C) und den PECVD-SiON-Wellenleitern (350 - 380°C) wegen der geringeren Temperaturbelastung während der Deposition nicht auf, da die Diffusion der Dotierstoffe während des Temperaturschrittes im Vergleich zur Kanallänge der Transistoren gering ist.

Ein Vergleich der in vollintegrierter Technik gefertigten p-Kanal MOS-Transistoren mit einer Kanallänge von 1,5 μm nach LPCVD- bzw. PECVD-SiON-Beschichtung ist in Bild 88 gegeben. Nach der Hochtemperaturbeschichtung sind die p-MOS-Transistoren kurzer Kanallänge nicht mehr funktionsfähig. Aufgrund der Dotierstoffdiffusion, die zu einer Kanallängenreduktion führt, sperren diese Transistoren bereits bei einer Betriebsspannung von 0,3 V nicht mehr vollständig.

Da die Kurzkanaleffekte - Schwellenspannungsabfall mit abnehmender Kanallänge, hoher Ausgangsleitwert - stark ausgeprägt sind, kann das mangelhafte Sperrverhalten auf einen Raumladungszonendurchgriff zurückzuführen sein. Denn die im gleichen Arbeitsgang hergestellten, aber mit PECVD-SiON beschichteten Transistoren weisen gute Sperreigenschaften, eine höhere Schwellenspannung und einen geringeren Ausgangsleitwert auf.

7.2.2 Charakterisierung der Kopplungsmechanismen

Exakte Angaben über den Wirkungsgrad der Leckwellen- und der Stoßkopplung sind wegen der unbekannten Lichtintensität im Wellenleiter, resultierend aus der nicht exakt reproduzierbaren Einkopplung des Laserlichtes in den Wellenleiter, nicht ohne weiteres möglich. Zwar können die Fotostrommessungen bei einer bekannten Laserausgangsleistung ohne Berücksichtigung der Kopplungsverluste und der Dämpfung im Wellenleiter zur Charakterisierung der Ankopplung zwischen Fotodetektor und integriertem Wellenleiter verglichen werden, jedoch sind diese Angaben zu ungenau und erlauben lediglich eine tendenzielle Qualifizierung.

Bild 89: Streulichtaufnahme der Teststrecke mit drei identischen
äquidistanten Fotodioden an einem Wellenleiter, oben 3 µm,
unten 25 µm Koppellänge/Diode

Zur sicheren Beurteilung der Koppeleffizienz sind verschiedene Dioden-
strecken, bestehend aus drei identischen äquidistanten Fotodioden
integriert worden, wobei sich die einzelnen Strecken nur in der jeweiligen
Diodenlänge unterscheiden (Bild 89). Liegen an jeder Diode
gleiche Reflexions- und Koppelbedingungen vor, so läßt sich aus dem
Fotostrom der ersten Diode auf die im Wellenleiter geführte Intensität
schließen, während ein Vergleich der gemessenen Fotostromwerte in
Abhängigkeit von der Diodenlänge eine Bestimmung der Koppeleffizienz
ermöglicht.

Mit Hilfe dieser Struktur ist prinzipiell auch die Dämpfung eines
Wellenleiters meßbar, jedoch ist die Meßwertstreuung infolge von
Prozeßinhomogenitäten während der Fertigung - speziell an der
Koppelstelle - so groß, daß die geringen Verluste im Wellenleiter nicht
detektierbar sind.

7.2.2.1 Ergebnisse der direkten Stoßkopplung

Die Stoßkopplung Wellenleiter/Fotodetektor ist durch einen intensiven
Streulichtreflex am Übergang vom Isolationsoxid zur aktiven Silizium-
fläche gekennzeichnet (Bild 90). Ein großer Anteil der auf die
Diode treffenden Intensität wird aus dem Wellenleiter gestreut und von
der Oberfläche weg ungerichtet abgestrahlt, so daß das optische Signal
nur unvollständig in einen elektrischen Strom umgesetzt wird. Typische
Werte für den erzielten maximalen Fotostrom bei 5 mW Laserausgangsleistung (633 nm Wellenlänge) betragen - ohne Berücksichtigung der
Einkoppelverluste - etwa 40 - 60 µA bei statischen Messungen.

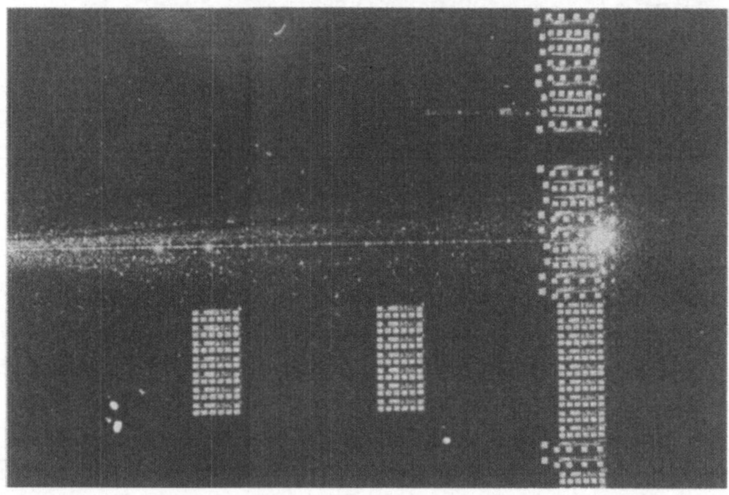

Bild 90: Typischer Reflex am Übergang des Wellenleiters zur akti-
         ven Diodenfläche bei der Stoßkopplung zwischen Wellenleiter
         und Fotodetektor (10-fache Vergrößerung)

Eine gezielte Optimierung der Ankopplung durch spezielle Antireflexionsschichten an der Stoßfläche ist im Rahmen dieser Arbeit nicht
durchgeführt worden /125/. Jedoch zeigen die in unterschiedlicher Dicke
für die SWAMI-LOCOS Technik aufgebrachten Nitridschichten zur
Passivierung der Aktivgebietflanken, die gleichzeitig zur Anpassung des
Brechungsindexes beitragen, im Rahmen der Meßgenauigkeit keine

Beeinflussung der Koppelcharakteristik. Im Verlauf des Fertigungsprozesses wird diese Vergütung der Grenzfläche durch die verschiedenen Oxidations- und Ätzprozesse vermutlich stark angegriffen bzw. vollständig abgetragen, so daß die zu erwartende verbesserte Einkopplung nicht stattfindet.

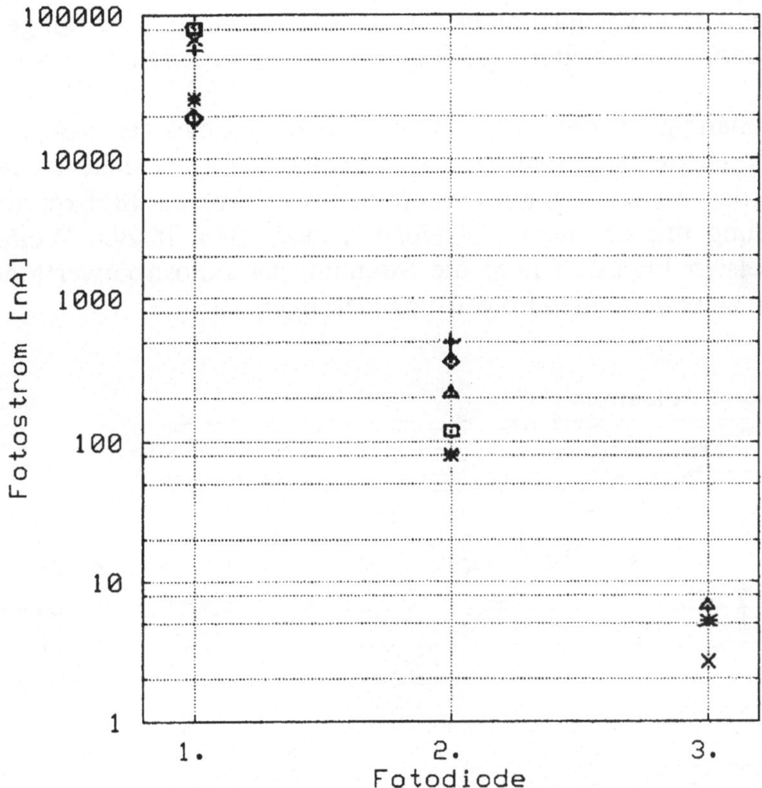

Bild 91: Mehrfache Signalabtastung eines Wellenleiters für die Stoßkopplung an hintereinander integrierten Dioden identischer Länge (Absorptionslänge 25 µm)

Die Messungen zeigen, daß auch bei der Stoßkopplung eine mehrfache Signalabtastung an einem Wellenleiter möglich ist, sobald die Diodenlänge unterhalb von 30 µm liegt. Da der Absorptionskoeffizient k von Silizium bei der Wellenlänge von 633 nm nur 0,018 beträgt, transmittiert ein nicht zu vernachlässigender Anteil des einfallenden Lichtes das aktive Silizium und koppelt erneut in den Wellenleiter ein.

Fotostrommessungen an mehreren hintereinander integrierten Fotodioden ergeben einen Signalverlust von ca. 92 - 99 % je Diode bei einer absorbierenden Siliziumlänge von 25 μm/Diode (Bild 91). Infolge der Dämpfung im Wellenleiter und der Reflexionsverluste an der Stoßstelle kann daraus jedoch nicht auf die Absorption im Silizium geschlossen werden, es läßt sich lediglich ein Verlustfaktor je Diode angeben.

Eine Abhängigkeit des Fotostromes von der Länge der Koppelstrecke bzw. der Diodenlänge läßt sich an einzelnen Dioden nicht nachweisen. Wegen der hohen Signalreflexion bei der direkten Stoßkopplung in Verbindung mit der nicht ausreichend bekannten, in den Wellenleiter eingespeisten Intensität liegt die Streuung der Fotostromwerte deutlich über den zu erwartenden Fotostromänderungen.

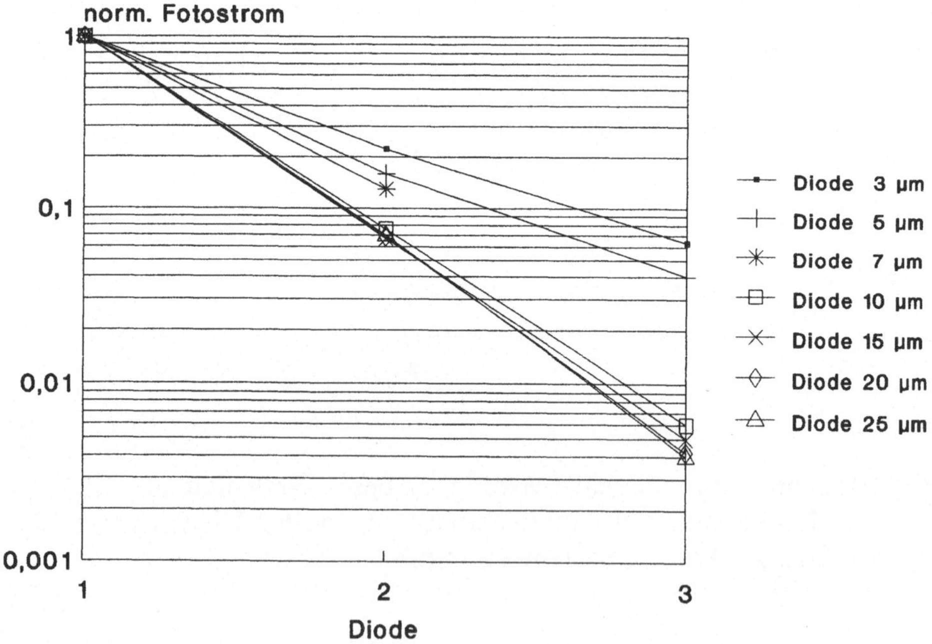

Bild 92: Relativer Fotostrom der zweiten und dritten Fotodiode in Abhängigkeit von der Diodenlänge (633 nm) verschiedener Ketten bestehend aus jeweils drei identischen Fotodioden

Durch die Reihenschaltung identischer Dioden bieten sich genauere Messungen der Längenabhängigkeit des Koppelgrades an. Normiert auf den Fotostrom der ersten Fotodiode fällt der relative Fotostrom der folgenden Dioden mit zunehmender Detektorlänge, d. h. die Absorption der elektromagnetischen Welle in der ersten Fotodiode wächst mit der im Silizium zurückgelegten Weglänge. Entsprechend nimmt die hinter dem Detektor erneut in den Wellenleiter eingekoppelte Intensität ab.

Aus den in Bild 92 dargestellten Meßwerten lassen sich die Verluste durch die Signalreflexion aus dem Wellenleiter bei der Einkopplung zu etwa 65 % und die zur Ladungsträgergeneration beitragende absorbierte Intensität zu ca. 4 %/μm abschätzen. Diese Werte zeigen den recht geringen Wirkungsgrad der direkten Stoßkopplung, der insbesondere aus Streuverlusten am Übergang des Wellenleiters zum Detektor resultiert.

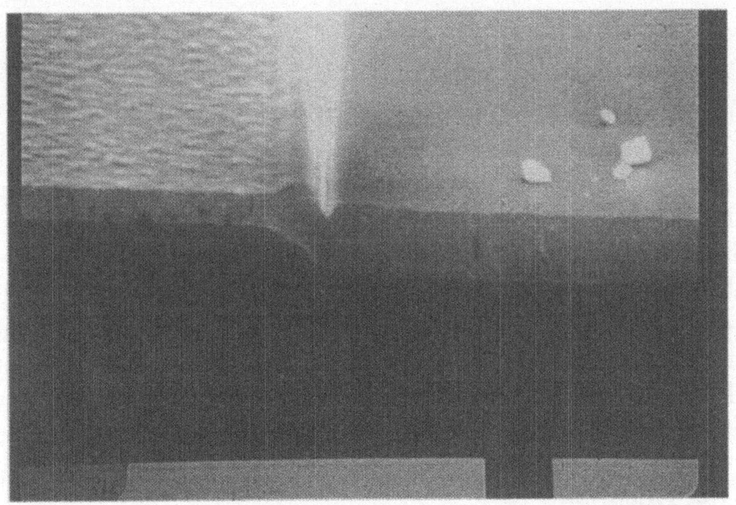

Bild 93: Ursache des Streulichtreflexes bei der direkten Stoßkopplung: Die oxidierte Aktivgebietkante reflektiert das im Wellenleiter geführte Licht aus der Siliziumscheibe hinaus (Maßstab = 1 μm)

Dieses Ergebnis steht im Widerspruch zu den maximal erwarteten Reflexionsverlusten von ca. 20 % für die direkte Stoßkopplung ohne Grenzflächenvergütung. Eine REM-Aufnahme am senkrechten Schliff durch eine angekoppelte Diode, aufgenommen nach der Feldoxidation auf 2 µm Oxiddicke, erklärt die hohen Reflexionsverluste sofort (Bild 93).

Die bereits bemängelten Maskierungseigenschaften des Siliziumnitrides in der Naht Flankennitrid zum Oberflächennitrid ermöglicht eine Oxidation der Aktivgebietkanten. Aufgrund der Geometrie der Strukturen bildet das entstehende Oxid mit dem aktiven Silizium eine geneigte Grenzfläche; sie wirkt wie ein Reflektor, der in einem Winkel von ca. 45° zur Scheibenoberfläche steht. Da die im Wellenleiter geführte Welle direkt auf diesen Reflektor trifft, wird ein großer Teil des Lichtes zur Scheibenoberfläche hin abgestrahlt und ist folglich als Signal verloren. Damit ist eine Verbesserung des Wirkungsgrades der direkten Stoßkopplung mit der Optimierung der Nitridmaske für die Feldoxidation in SWAMI-LOCOS-Technik verbunden.

7.2.2.2 Stoßkopplung über integrierte Spiegel

Da die Mesastruktur der Fotodioden bei der direkten Stoßkopplung zu Unebenheiten in der Scheibenoberfläche führt, ist ihre Anwendung in dieser Bauform nur eingeschränkt zur monolithischen Integration mit CMOS-Schaltungen geeignet. Die begrenzte Auflösung der Fototechnik infolge der Lackdickenschwankungen in den Stufen und die möglichen parasitären Strompfade an den Flanken der Aktivgebiete ermöglichen - speziell in den MOS-Transistoren kurzer Kanallängen - Fehlfunktionen. Aus diesem Grund ist die Stoßkopplung über einen integrierten Spiegel für die Fertigungstechnik trotz des erhöhten Herstellungsaufwandes günstiger einzustufen.

Die Strukturierung des Spiegels erfolgt im reaktiven Ionen-Ätzverfahren mit CHF_3/O_2, wobei der O_2-Anteil des Reaktionsgases den Böschungswinkel der Spiegeloberfläche festlegt. Je höher der Sauerstoffanteil des Plasmas ist, desto stärker ist der Lackabtrag während des Ätzvorganges. Entsprechend sinkt der Böschungswinkel mit wachsender Sauerstoffkonzentration (vgl. Bild 94).

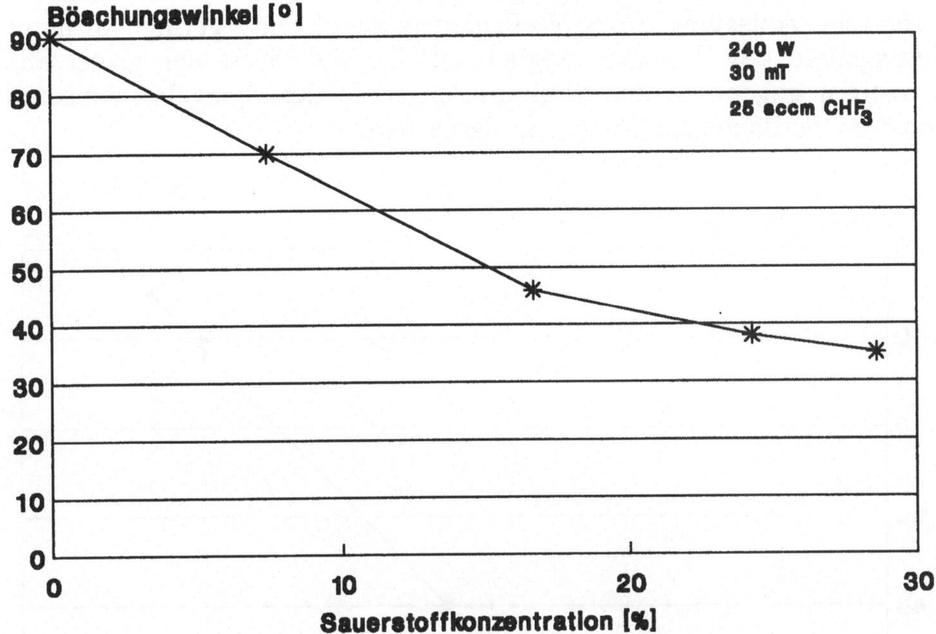

Bild 94: Böschungswinkel des Spiegels in Abhängigkeit von der O$_2$-Konzentration im Reaktionsgas für die RIE-Ätzung der SiON- und SiO$_2$-Schichten

Grundsätzlich sollte an der Spiegeloberfläche infolge des Brechungsindexsprunges vom SiON zur umgebenden Luft Totalreflexion auftreten, d. h. es existiert kein transmittierender Strahl, da sämtliche Intensität reflektiert wird. Dazu muß aber ein äußerst flacher Einfallswinkel von maximal ca. 48° über die Neigung der Spiegeloberfläche eingestellt werden, die nur durch einen hohen Lackabtrag während der Strukturierung zu erreichen ist. Läßt sich die Oberflächenneigung prozeßbedingt nicht genügend flach einstellen, so bewirkt eine Aluminiumbeschichtung der Spiegeloberfläche eine vergleichbar effiziente Strahlreflexion in den Detektor.

Wesentlichen Einfluß auf die Koppeleffizienz hat die Strukturierungstiefe des Spiegels. Je tiefer die Spiegelöffnung in die lichtführenden Schichten hineinreicht, um so mehr Licht wird aus dem Wellenleiter in Richtung des Fotodetektors abgelenkt. Somit kann die Stärke der Ankopplung durch die Tiefe des Ätzvorganges gesteuert werden, wobei auch die mehrfache Abtastung eines Wellenleiters durch eine geringe Strukturierungstiefe des Spiegels möglich ist. In Bild 95 ist der gemessene Fotostrom gegenüber der Strukturierungstiefe des Spiegels, gemessen von der Oberfläche der Oxidrippe, dargestellt.

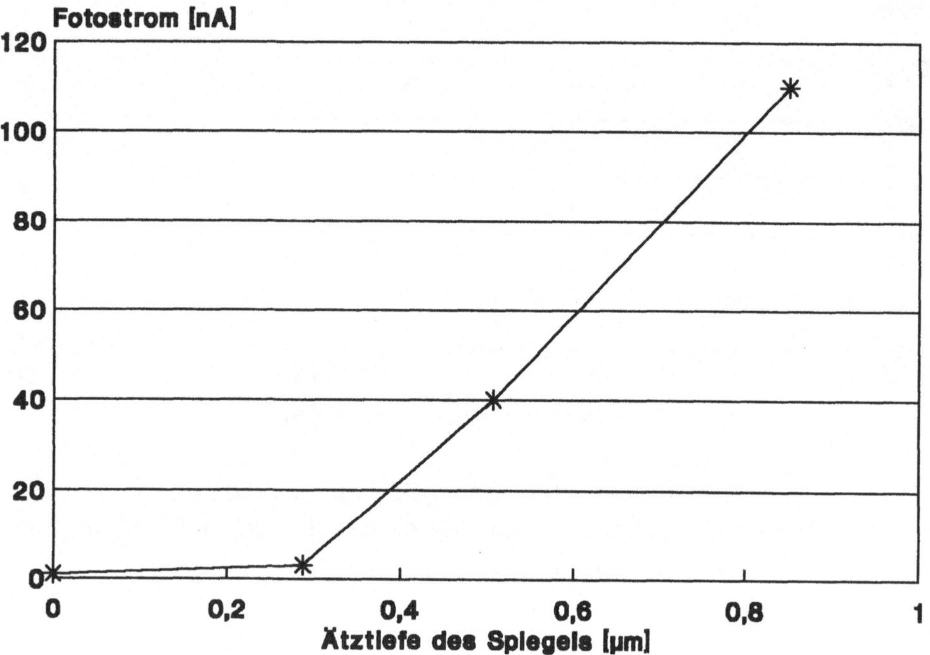

Bild 95: Abhängigkeit des Fotostromes integrierter Fotodetektoren von der Strukturierungstiefe des Spiegels zur Einkopplung des Lichtes, gemessen mit integriertem niederohmigen Parallelwiderstand

Wird nur die Rippe des Wellenleiters angeätzt, so findet eine geringe Signaleinkopplung statt. Selbst bei einer tiefen Strukturierung des Spiegels durch die SiON-Schicht hindurch existiert noch ein schwacher transmittierender, den Spiegel überbrückender Anteil, der im Wellenleiter weitergeführt wird. Dieser Teil der elektromagnetischen Welle breitet sich als Leckwelle im Isolationsoxid unter dem Spiegel aus. Typische Werte für den Fotostrom bei 5 mW Laserleistung und 633 nm Wellenlänge betragen - ohne Berücksichtigung der Einkoppelverluste - ca. 100 - 150 µA.

Wegen der in der CMOS-Technik unerwünschten Mesaform der Aktivgebiete und der aufwendigen Maskierungstechnik zu ihrer Herstellung im SWAMI-LOCOS-Prozeß mit 2 µm Feldoxid bietet sich bei einer Stoßkopplung über Spiegel auch die einfacher zu beherrschende Integrationstechnik als Mischung des sequentiellen und des vollintegrierten Prozesses an. Bis zu einer Feldoxiddicke von 1 µm ist die SWAMI-LOCOS-Technik mit Standard-Nitridmaske zu beherrschen. Für die optische Isolation der nachfolgend aufgebrachten SiON-Wellenleiter ist eine Oxiddeposition von 1 µm notwendig, die gleichzeitig die während der Feldoxidation am Aktivgebietrand entstehende umlaufende Einschnürung auffüllt und planarisiert.

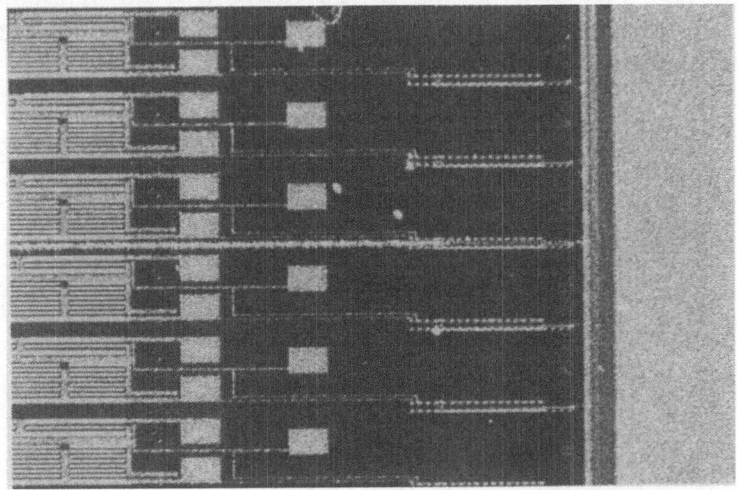

Bild 96: Streulichtaufnahme der Wellenleiterkopplung über einen integrierten Spiegel mit einer Neigung von 38°;dieser lenkt das Licht ohne Streuverluste durch Totalreflexion aus dem Wellenleiter in den Detektor

Folglich gelangt das Licht ohne Streuverluste auf die Detektoroberfläche, wo über die Spiegel eine gezielte Signalauskopplung in den Detektor eingestellt werden kann. Diese Prozeßführung vereinfacht einerseits die SWAMI-LOCOS-Technik zur Herstellung der optischen Isolation, andererseits die Kontaktierung über die bei stärkerer Oxiddeposition äußerst dicke Zwischenoxid-/SiON-Schichtfolge. Dagegen spricht aber auch hier die geänderte Fertigung des Feldoxides einschließlich der Problematik der Dotierung zur Einstellung der Feldschwellenspannung.

7.2.2.3 Leckwellenkopplung

Während bei der direkten Stoßkopplung bewußt eine Stufe zwischen Isolationsoxid und aktivem Silizium erzeugt wird, deren Höhe in dem weiten Bereich von 200 nm bis 500 nm nur einen untergeordneten Einfluß auf die Effizienz der Kopplung hat, ist für die optimale Leckwellenkopplung die erreichte Oberflächenplanarität eine kritische Größe. Selbst bei völlig planarem Übergang tritt im Wellenleiter ein Sprung im effektiven Brechungsindex auf, so daß eine reflektierte elektromagnetische Welle erzeugt wird.

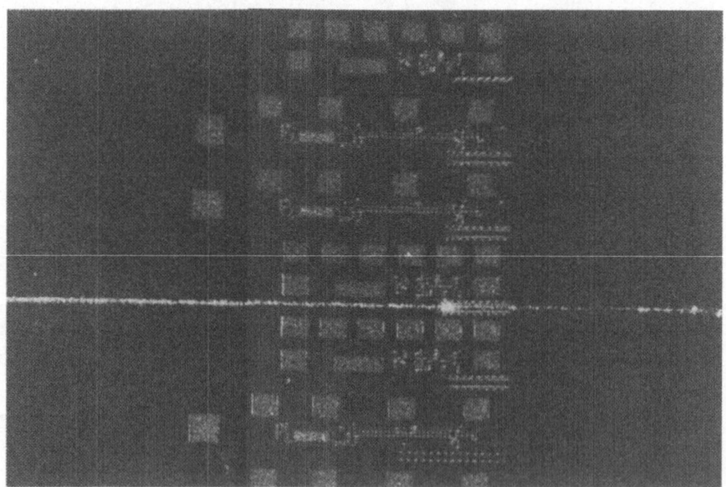

Bild 97: Typischer Streulichtreflex an einer Fotodiode, realisiert im vollintegrierten Prozeß mit 2 µm Feldoxid, für die Leckwellenkopplung bei einer restlichen Stufenhöhe von ca. 20 nm (50-fache Vergrößerung)

Des weiteren entsteht noch bei der geringen Stufenhöhe von 20 nm zwischen Oxid- und Siliziumoberfläche ein Streulichtreflex, der von der Intensität her zwar nicht mit dem der Stoßkopplung verglichen werden kann, trotzdem aber zu einer Signalabschwächung führt (Bild 97). Der Reflex ist kennzeichnend für eine Mischkopplung, d. h. die Leckwellenkopplung wird von einer Stoßkopplung, deren Einfluß von der Stufenhöhe abhängt, überlagert.

Die im folgenden genannten Daten basieren auf den in der Technologie-linie gefertigten Strukturen mit einer Feldoxiddicke von 2 μm und der im Prozeß integrierten Wellenleiterdeposition als Zwischenoxidersatz. Typische Werte für den bei der Mischkopplung eines SiON-Wellenleiters an eine pn-Diode erzielten Fotostrom betragen etwa 60 μA (633 nm, 5 mW HeNe-Laser, abzgl. Einkoppelverluste), wobei ein zur reinen Stoß-kopplung vergleichbarer Wirkungsgrad erreicht wird. Die erwünschte Koppellängenabhängigkeit des Fotostroms konnte bei einer Oxiddicke von 40 nm zwischen dem SiON-Film und der Siliziumoberfläche nicht festgestellt werden, weil der Fehler bei der Einkopplung des Lichtes in den Wellenleiter größer ist als der Leckwellenanteil bei der Misch-kopplung.

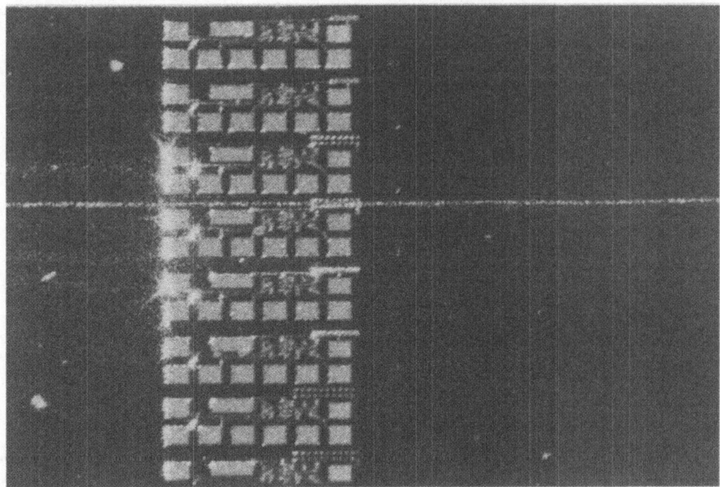

Bild 98: Streulichtaufnahme der Leckwellenkopplung Wellenleiter/ Fotodiode im modularen Integrationsprozeß bei 600 nm Zwischenoxiddicke

Alternativ sind Wellenleiter im modularen Fertigungsprozeß mit Standard-Feldoxid hergestellt worden, wobei verschiedene Zwischen-oxiddicken getestet wurden. Ein wesentliches Ergebnis ist die Abnahme der Intensität des Streureflexes mit wachsender Zwischenoxiddicke. Sie resultiert aus einer weiteren Verbesserung der Oberflächenplanarität durch Auffüllen der restlichen Stufe der SWAMI-LOCOS Technik, unterstützt von der geringeren Änderung des effektiven Brechungs-indexes im Wellenleiter am Übergang zur Diode. Folglich führt der Wellenleiter die elektromagnetische Welle ohne wesentliche Verluste vom Isolationsoxid auf die Oberfläche des Fotodetektors (vgl. Bild 98).

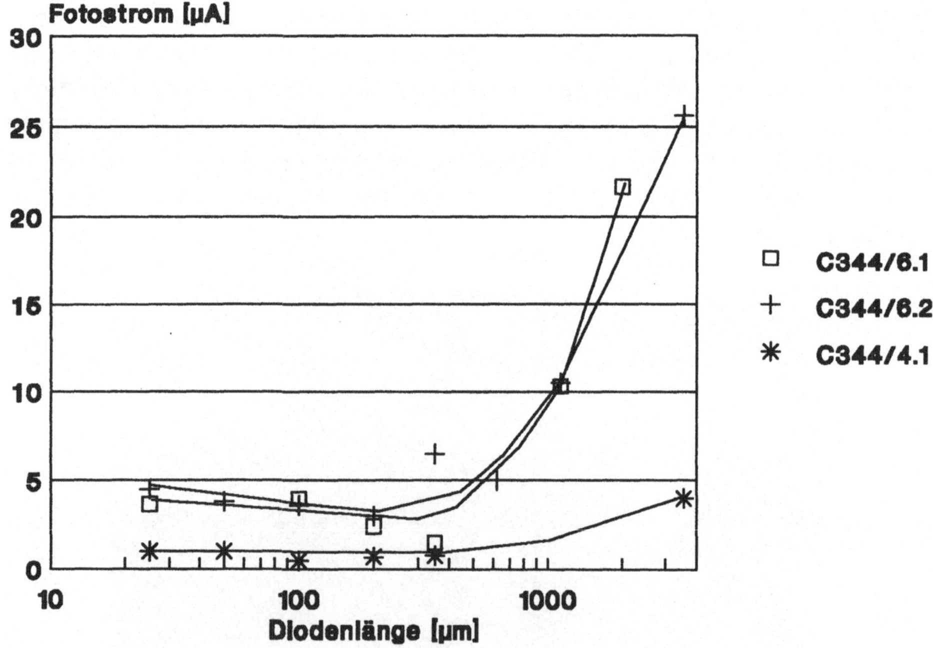

Bild 99: Längenabhängigkeit des gemessenen absoluten Foto-stroms für den sequentiellen Integrationsprozeß mit Standard-Feldoxid und verstärktem Zwischenoxid von 600 nm Dicke bei der Leckwellenkopplung; aufgenommen an drei verschiedenen Meßstrukturen

Dies geschieht jedoch zu ungunsten des Koppel-Wirkungsgrades. Bei einer Zwischenoxiddicke von 600 nm sinkt der Fotostrom in der Fotodiode bereits drastisch ab, zeigt aber eine deutliche Korrelation mit der Detektorlänge. Mit zunehmender Koppellänge wächst der Fotostrom im Detektor, so daß in Abhängigkeit von der Zwischenoxiddicke ein längenabhängiger Koppelfaktor festgelegt werden kann. Dieser gilt jedoch nur für fest vorgegebene Brechungsindizes des Wellenleiters und des Isolationsoxides.

In Bild 99 ist der gemessene Fotostrom in Abhängigkeit von der Detektorlänge dargestellt. Insbesondere bei den Dioden mit geringer Koppellänge wirkt sich die nicht reproduzierbare Einkopplung des Laserlichts in den Wellenleiter als starke Streuung des Fotostromsignals aus; erst bei einer Diodenlänge über 500 µm läßt sich die zunehmende Ankopplung trotz der starken Signalschwankungen erkennen. Aus diesen Daten kann jedoch kein Koppelfaktor angegeben werden, da erneut die jeweilige im Wellenleiter geführte Intensität unbekannt ist.

7.2.3 Dynamisches Verhalten der Verstärker im Gesamtsystem

Zum dynamischen Test des Gesamtsystems Wellenleiter, Fotodiode und Verstärker wird das modulierte Lichtsignal einer Laserdiode (5 mW, 679 nm Wellenlänge) bzw. eines Nd-YAG-Lasers (Pulsweite < 200 ns, Pulsleistung ca. 100 W, Wiederholungsrate 1 kHz, Wellenlänge 532 nm) über eine Linse oder via Glasfaser in den Wellenleiter eingekoppelt und das Ausgangssignal der Fotodiode sowie des Transimpedanzverstärkers aufgezeichnet.

Als Testsysteme standen in vollintegrierter Technik beide vorgestellten linearen Verstärker mit Fotodioden als Detektor zur Verfügung. In modularer Integrationstechnik wurden der lineare Verstärker für hohe Schaltfrequenzen mit Fotodioden- und Fotobipolareingang analysiert, wobei als Schnittstelle der Wellenleiter zu den Fotodetektoren ergänzend zur Stoß- und Leckwellenkopplung auch die Spiegelkopplung bewertet werden konnte.

In Bild 100 ist das Schaltverhalten des linearen Verstärkers für
schwache Signalpegel, gefertigt in vollintegrierter Technik mit Stoßkopplung zwischen Wellenleiter und Diode, gegenüber dem Lichtsignal
im Wellenleiter, gemessen mit einer in der Laserdiode integrierten
schnellen Fotodiode, dargestellt.

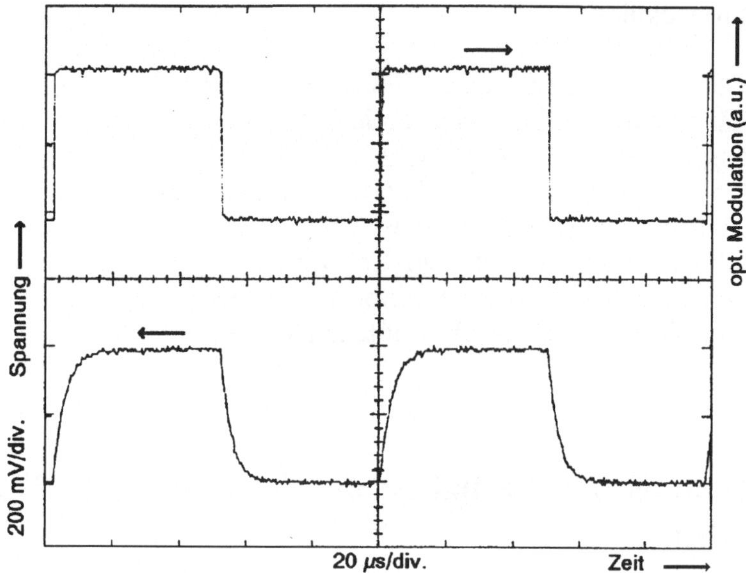

Bild 100: Schaltverhalten am Ausgang des Transimpedanzverstärkers für schwache Eingangssignale: oben das optische
Eingangssignal, gemessen über den Fotostrom einer in der
Laserdiode integrierten schnellen Fotodiode, unten das Ausgangssignal des Verstärkers

Nach einer Änderung des Eingangssignals um ca. 3 mW erreicht der
Verstärker erst nach ca. 5 µs ein konstantes Ausgangssignal; daraus
resultiert eine Periodendauer von ca. 10 µs oder eine Schaltfrequenz von
100 kHz. Diese ist weder von der Diodenbauform noch von der Art der
Ankopplung abhängig, denn die separat getesteten Fotodioden mit Stoß-
bzw. Leckwellenkopplung weisen geringere Schaltzeiten auf. Folglich
bestimmt der Entwurf des Verstärkers die maximale Arbeitsfrequenz des

optoelektronischen Systems in vollintegrierter Technik unabhängig von der Art der Wellenleiterankopplung.

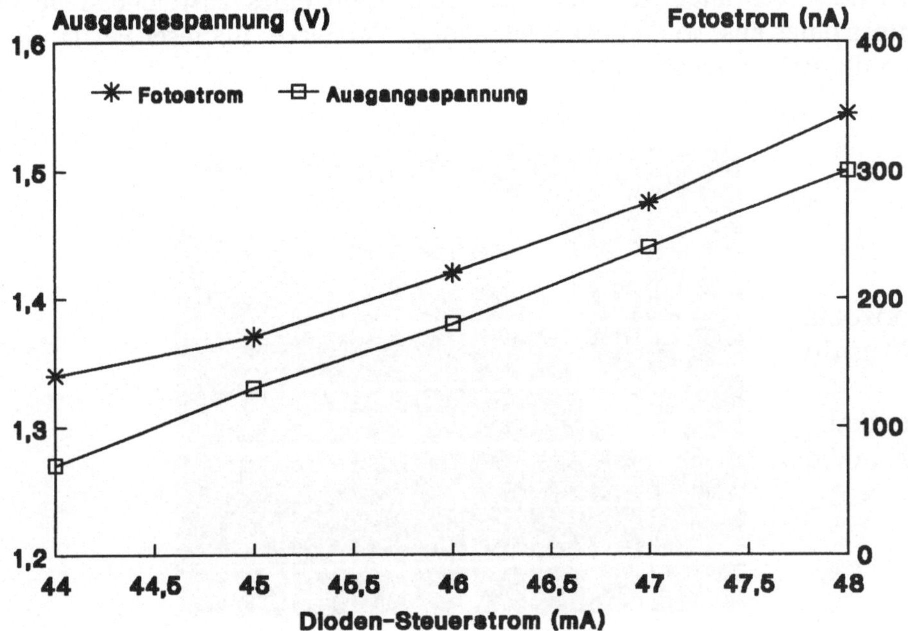

Bild 101: Linearität der Ausgangsspannung des Verstärkers und des generierten Fotostromes in der Fotodiode, gemessen über den zur optischen Ausgangsleistung linearen Steuerstrom der Laserdiode

Eine Überprüfung der Linearität der Verstärker ist durch Variation der Ausgangsleistung der Laserdiode möglich. Laut Datenblatt der verwendeten AlGaInP-Laserdiode HL6712G (Hitachi) verhalten sich Diodenstrom und emittierte Lichtintensität proportional zueinander, so daß ein linearer Anstieg der Ausgangsspannung des Verstärkers mit wachsendem Diodenstrom auftritt (Bild 101).

Die Verstärker für hohe Schaltfrequenzen benötigt wegen ihrer Transimpedanz von ca. 20 mV/µA einen Fotostrom von zumindest 500 nA, um ausreichend genaue Meßergebnisse des Schaltverhaltens zu gewährleisten. Für die direkte Stoßkopplung und die Leckwellenkopplung in

vollintegrierter Technik, sowie die Signaleinkopplung über Spiegel ist
diese Voraussetzung gegeben, nicht jedoch für die modulare Integrationstechnik mit Leckwellenkopplung. Hier reicht die zur Verfügung
stehende Lichtintensität nicht zur Generation eines ausreichend hohen
Fotostromes aus, so daß der breitbandige Verstärker in dieser Fertigungstechnik nicht einzusetzen ist.

Horizontal:
500 ns/div.

Vertikal:
200 mV/div.

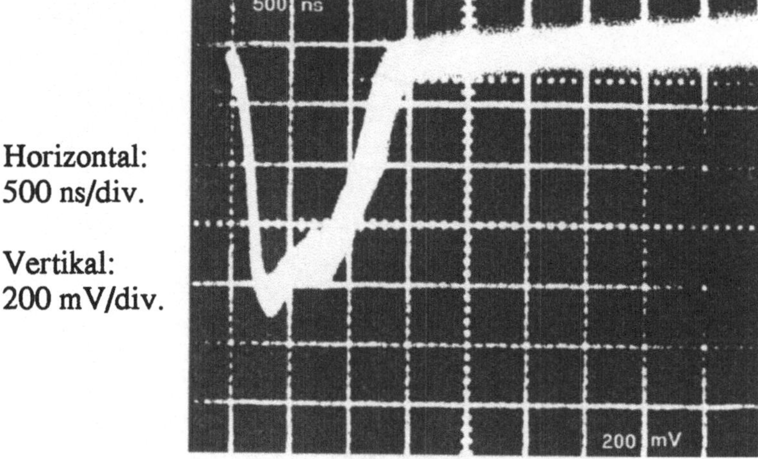

Bild 102: Pulsantwort des breitbandigen Verstärkers mit Fotodio-
deneingang nach einem Laserimpuls von 200 ns Dauer bei
einem Referenzstrom von 1 mA (Betriebsspannung 5 V, Ausgangslast > 20 pF)

Die getesteten Verstärker mit einer Fotodiode als Empfänger zeigen
unabhängig von der Technologieführung eine geringe Schaltgeschwindigkeit von ca. 700 kHz, wobei eine starke Referenzstromabhängigkeit
besteht. Geringe Signalpegel bedingen einen niedrigen Referenzstrom des
Verstärkers, ein geringer Referenzstrom bewirkt aber lange Schaltzeiten.
Weitgehend unabhängig vom Referenzstrom ist die Anstiegszeit des
Ausgangssignals, sie beträgt ca. 250 ns und ist damit vergleichbar mit der
Pulsweite des Lasers. Bild 102 zeigt das Schaltverhalten des breitbandigen Verstärkers bei einem Referenzstrom von 1 mA, aufgenommen
am Spitzenmeßplatz mit einer Ausgangslast von über 20 pF.

In Bild 103 ist die Abhängigkeit des Ausgangssignals und der Schaltgeschwindigkeit des Transimpedanzverstärkers vom eingespeisten Referenzstrom bei einer Betriebsspannung von 5 V dargestellt.

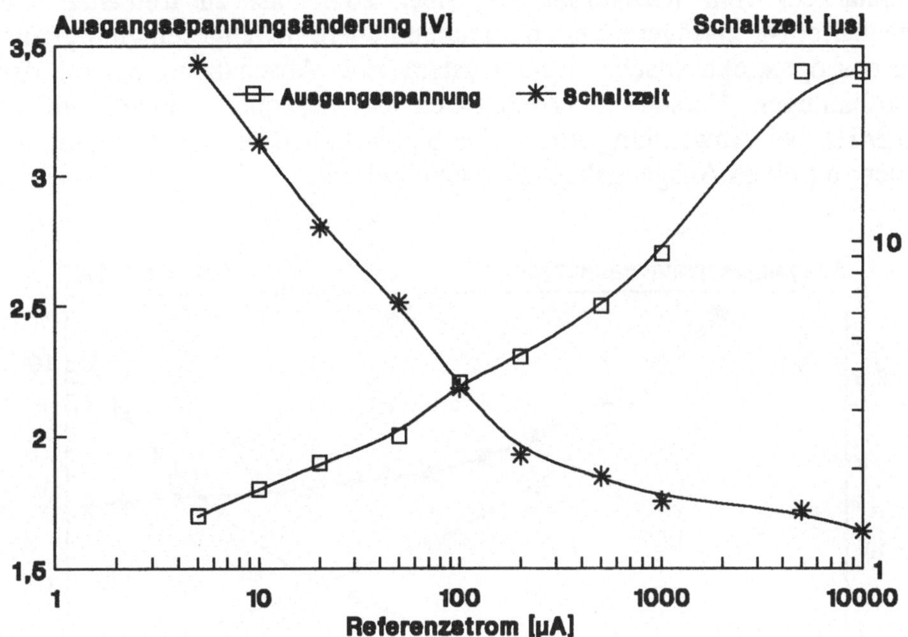

Bild 103: Abhängigkeit der Schaltgeschwindigkeit und der Ausgangsspannungsänderung des Verstärkers vom Referenzstrom bei konstanter Lichtintensität und Impulsform (Pulsweite 200 ns, 5 V Betriebsspannung)

Alternativ sind Messungen an Systemen der modularen Integrationstechnik mit CMOS-kompatiblen Fotobipolartransistoren als Empfänger für die breitbandigen Fotostromverstärker durchgeführt worden. Die Signaleinkopplung erfolgt als Stoßkopplung über Spiegel, wobei die p-leitende Basis des Fotobipolartransistors potentialfrei oder mit Masse kontaktiert ist. Das Schaltverhalten dieser Strukturen unterscheidet sich sowohl vom Spannungshub als auch von den Zeitkonstanten am Verstärkerausgang; die Anstiegszeit beträgt bei 5 mA Referenzstrom ca. 100 ns, die abfallende Flanke benötigt bei geerdeter Basis ca. 150 ns, so daß eine Schaltfrequenz von zumindest 4 MHz erreicht werden kann.

Dieses Signal liegt bereits in der Größenordnung der Pulsweite des Laserlichtes.

Zu diesen Meßergebnissen ist anzumerken, daß der Ausgang des Verstärkers vom Meßaufbau mit über 20 pF als zu treibende Last beschaltet ist; geringere Lasten erlauben höhere Schaltgeschwindigkeiten für das optoelektronische Gesamtsystem. Eine Abschätzung der mit dem breitbandigen Verstärker erreichbaren Grenzfrequenz deutet auf ca. 15 MHz bei Anwendung eines Fotobipolartransistors als Detektor und einer zu treiben Ausgangskapazität von 5 pF hin.

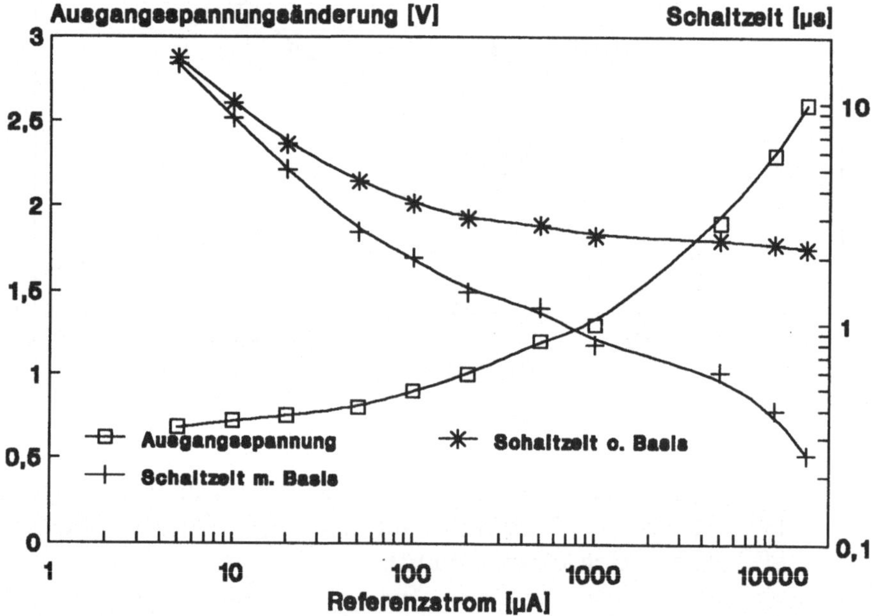

Bild 104: Schaltzeit in Abhängigkeit vom Referenzstrom für den mit über 20 pF belasteten Ausgang des breitbandigen Verstärkers mit Fotobipolartransistoren als Empfänger bei potentialfreier und geerdeter Basis

Die vorgestellten Meßergebnisse bestätigen die Funktion der monolithischen Integration von optischen Wellenleitern und mikroelektronischen Schaltungen auf einem Siliziumchip. Sowohl die vollintegrierte als auch die modulare Fertigungstechnik ermöglichen unabhängig vom gewählten Kopplungsmechanismus die Herstellung von funktionsfähigen Mustern, die maximale Arbeitsfrequenzen beträgt bisher ca. 15 MHz. Eine weitere deutliche Steigerung der Schaltgeschwindigkeit der integrierten optoelektronischen Systeme ist nur durch den Übergang zu einer BiCMOS- oder Submikrometer-CMOS-Technologie zu erreichen. Die dazu notwendigen Änderungen und Ergänzungen in der Prozeßführung werden im Kapitel 8 diskutiert.

7.3 Monolithisch integrierte mechanische Systemkomponenten

7.3.1 Verfahren zur Integration eines Gesamtsystems

Mikromechanische Komponenten sind direkt nach Abschluß der optoelektronischen Systemintegration durch Strukturierung des Oxides bis zum Siliziumsubstrat und anschließendes lokales Entfernen des Siliziums im isotropen Trockenätzverfahren erzeugt worden. Bild 105 zeigt ein Beispiel für freigeätzte Beschleunigungssensoren, die über ein Mach-Zehnder-Interferometer ausgelesen werden.

Bild 105: Freigeätzter Beschleunigungssensor mit Wellenleiter zur Detektion der Auslenkung

Parallel zur Strukturierung dieses Sensortyps sind auch die an einem Steg befestigten trägen Massen zur Beschleunigungsdetektion freigeätzt worden. Sie werden über einen einzelnen Wellenleiter ausgelesen, der in Abhängigkeit von der einwirkenden Beschleunigung eine veränderte Einkopplung am Übergang des Wellenleiters über den Ätzspalt aufweist.

Die Integration dieser mikromechanischen Elemente zum Abschluß des monolithischen Gesamtprozesses führt bei den SiON-Rippenwellenleitern zu keiner Beeinflussung der Führungseigenschaften. Müssen jedoch Ätzöffnungen verschlossen werden - z. B. die Membran im Fall des Drucksensors - so wird eingekoppeltes Laserlicht im Film geführt; es läßt sich nicht mehr durch die strukturierten Rippen bündeln. Während des Auffüllens der Ätzöffnungen ändern sich die Eigenschaften der optischen Schicht durch die starke Oxidabdeckung, so daß sich die elektromagnetische Welle nicht nur unter der Oxidrippe ausbreiten kann, sondern der gesamte SiON-Film Licht führt. Für diese Anwendungen sind andere Bauformen wie z. B. Nitrid-Streifenwellenleiter notwendig, um günstigere Führungseigenschaften zu erzielen.

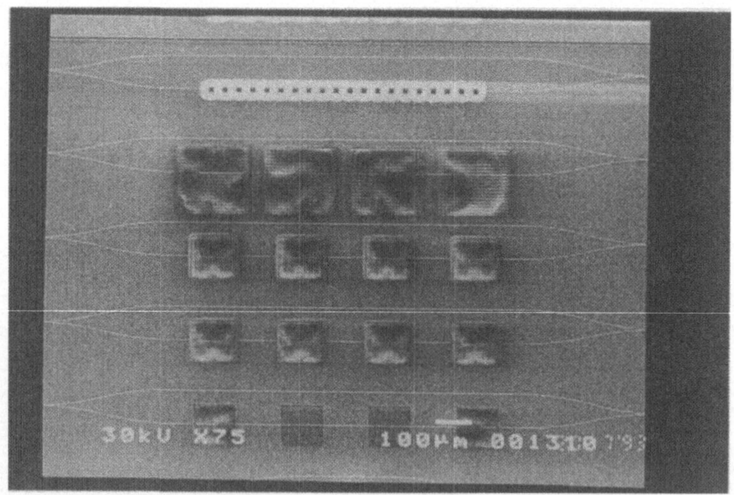

Bild 106: Membranen mit Mach-Zehnder-Interferometern zur Auslesung einer Druckbelastung

Alternativ sind Siliziumscheiben mit CMOS-Schaltungen, gefertigt in SWAMI-LOCOS-Technik mit 700 nm Feldoxid und 600 nm TEOS-

Zwischenoxid mit einer Lochmaske zur mikromechanischen Strukturierung versehen worden. Im Trockenätzvorgang läßt sich diese Fototechnik durch die Oxidschichten bis zum Silizium durchätzen; anschließend folgt das selektive Entfernen des Siliziums.

Da TEOS-Oxid mit $n = 1,435$ bei 633 nm Wellenlänge einen geringeren Brechungsindex als thermisch gewachsenes Oxid aufweist, muß eine 1,3 µm starke optische Isolation über eine PECVD-Abscheidung aufgebracht werden, um eine Leckwelle zum Substrat zu vermeiden. Die folgenden SiON/-SiO$_2$-Depositionen führen zum sicheren Verschluß der Ätzöffnungen. In Bild 106 ist die Ansicht einiger Membranen mit Mach-Zehnder-Interferometern aus einmodigen SiON-Lichtwellenleitern zur Abtastung der Auslenkung gezeigt; Bild 107 veranschaulicht den Prozeß des Verschließens der Öffnungen.

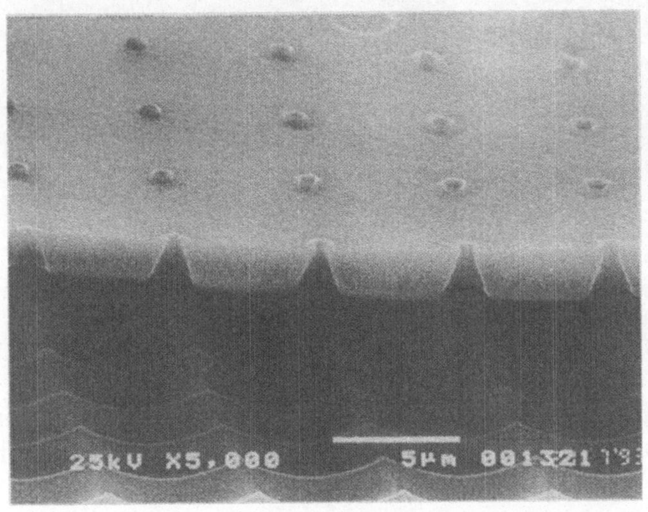

Bild 107: Verschließen der Ätzöffnungen durch den Depositionsprozeß

Eine wichtige Voraussetzung für die Funktion der mikromechanischen Komponenten ist die Spannungsfreiheit der abgeschiedenen Schichten zum thermischen Feldoxid, um großflächige Wölbungen der freitragenden Strukturen zu vermeiden (vgl. Bild 108). Durch Anpassung von Druck, Hochfrequenzleistung und Depositionstemperatur während der SiON- und SiO_2-Abscheidungen läßt sich ein geeignetes Fenster für eine entsprechende Schichtherstellung einstellen.

Bei dieser Prozeßführung wirken sich die unverschlossenen tiefen Ätzöffnungen, z. B. im Bereich des Ritzrahmens und der Justiermarken, negativ auf die folgenden Lackmasken zur Wellenleiter- und Koppelspiegelstrukturierung aus. Der Lack fließt in die geätzten Öffnungen, so daß erhebliche Schichtdickenschwankungen auftreten. Dadurch ist die Reproduzierbarkeit der Wellenleiterherstellung stark eingeschränkt.

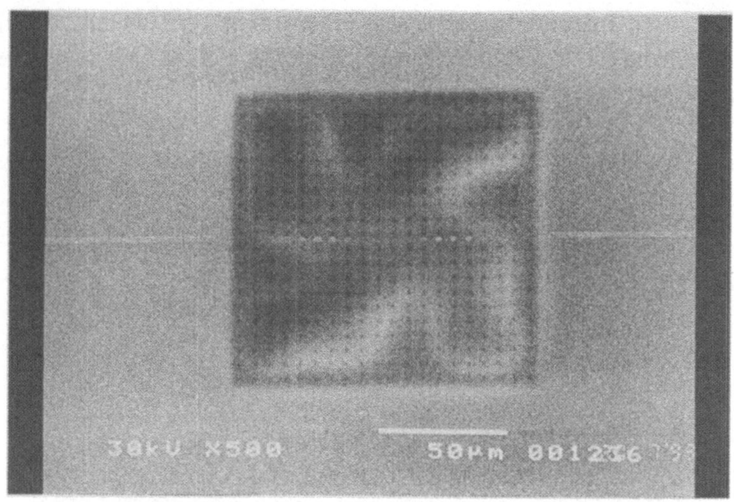

Bild 108: Spannungsbedingte Wölbung einer dielektrischen SiON/ SiO_2-Membran nach dem Freiätzen vom Siliziumsubstrat und der Wellenleiterdeposition

7.3.2 Mikromechanischer Drucksensor mit optischer Auslesung

Das als Foto in Bild 109 gezeigte Testchip enthält unverschlossene Membranen und Stege als mikromechanische Strukturen, Mach-Zehnder Interferometer zur optischen Abtastung ihrer Auslenkung, Fotobipolartransistoren zur Signalwandlung und CMOS-Transimpedanzverstärker zur Signalaufbereitung. Die Signalarme der integrierten Mach-Zehnder-

Interferometer führen über die Membranen. Bei einer Druckänderung tritt eine Auslenkung der Membran auf, die zu Materialverspannungen führt.

Bild 109: Ansicht eines integrierten Systems mit Membranen, Mach-Zehnder-Interferometern, Fotobipolartransistoren und CMOS-Verstärkern, gefertigt in sequentieller Integrationstechnik mit nachfolgender Membranätzung auf einem Siliziumchip

Diese Spannungen bewirken im Wellenleiter eine Brechungsindexänderung. Es resultiert eine Phasenverschiebung des im Signalarm des Interferometers geführten Lichtes gegenüber dem Referenzstrahl, die proportional zur Auslenkung der Membran bzw. dem Umgebungsdruck ist. Als Folge ergibt sich eine druckabhängige Intensitätsänderung am Ausgang des Interferometers, die bei geeigneter Wahl der Polarisationsrichtung über mehrere Interferenzen verlaufen kann /126/.

Die gefertigten Drucksensoren bestätigen die grundlegende Funktion eines solchen Systems, wobei als Lichtquelle bisher noch ein externer HeNe-Laser verwendet wird. In einem kompletten Sensor kann eine Laserdiode mit Hilfe der Flip-Chip-Montagetechnik direkt auf dem Siliziumchip an den Wellenleiter angekoppelt werden.

Zur Bestimmung der Empfindlichkeit des Drucksensors wird das HeNe-Laserlicht über eine Glasfaser in den Wellenleiter bzw. das Mach-

Zehnder-Interferometer eingekoppelt. Dessen Signalarm verläuft über eine bzw. vier hintereinander angeordnete Membranen, bevor die elektromagnetische Welle mit dem im Referenzzweig geführten Signal interferiert. Dieses Signal gelangt zum Fotodetektor und wird über den Verstärker als Ausgangsspannungshub ausgegeben. Bild 110 zeigt ein Interferometer mit vier Membranen bei eingekoppeltem Laserlicht.

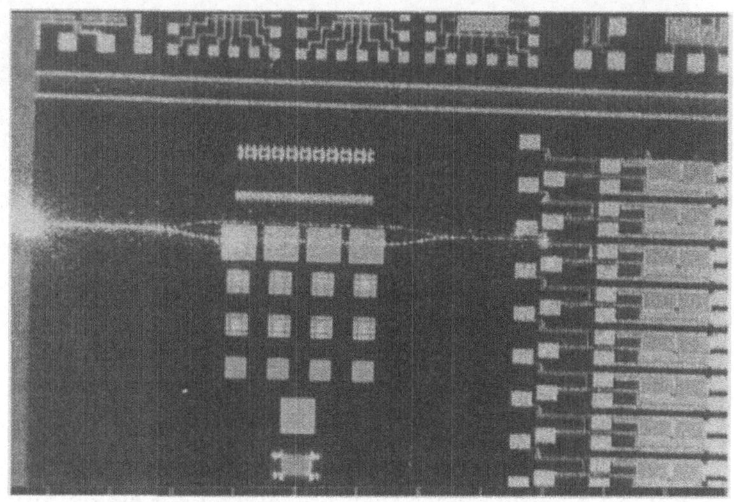

Bild 110: Integrierter Drucksensor mit vier quadratischen Membranen der Kantenlänge 200 μm bei eingekoppeltem Laserlicht (633 nm, 5 mW Laserleistung)

Zum Test des Gesamtsystems erfolgt eine Membranauslenkung über einen gepulsten Luftstrom. Da die Öffnungen in den Membranen nicht vollständig geschlossen sind, erhöht sich während Auslenkung der Referenzdruck in der Kavität, so daß eine Verfälschung des Meßergebnisses auftritt. Diese Referenzdruckänderung läßt sich, wie ein Vergleich der Fläche der Öffnungen zur abgedeckten Fläche zeigt, vernachlässigen.

Bild 111 zeigt den zeitlichen Verlauf des Fotostromsignals, abgegriffen als Spannungsänderung an einem Widerstand von 1 MOhm parallel zum Fotodetektor, gegenüber der Steuerspannung des Druckluftventils bei einer Druckbelastung der Membranen von 250 mbar. Der zeitliche Versatz zwischen Steuerspannung und Meßsignal resultiert aus dem Meßaufbau.

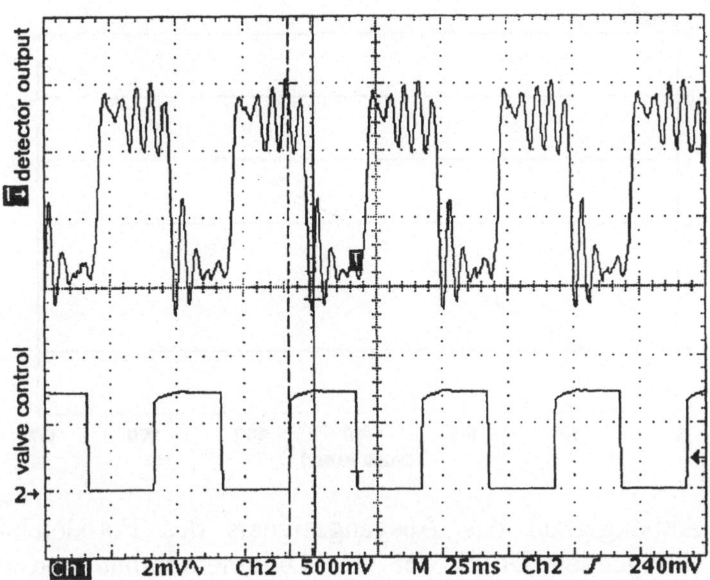

Bild 111: Ausgangssignal des Fotoempfängers gegenüber der Ansteuerspannung des Druckluftventils bei einer Frequenz von 20 Hz und einer Druckbelastung von 250 mbar, aufgenommen am System mit vier Membranen der Kantenlänge 200 µm

Als Referenz zur Bestimmung des auf die Membranen wirkenden Drucks dient ein kommerzieller Drucksensor. In Bild 112 ist die Spannungsänderung am Ausgang gegenüber dem angelegten Druck dargestellt. Danach weist das System mit vier Membranen der Größe 200 µm x 200 µm eine Empfindlichkeit von ca. 13 µV/mbar über den gesamten Meßbereich auf.

Die Meßfrequenz beträgt maximal 40 Hz, höhere Frequenzen führen zur Anregung einer Resonanzfrequenz, die direkt von der Membrangröße abhängt. Sie liegt im Bereich um 190 Hz. Aufgrund der geringen Resonanzfrequenz ist das Meßsignal unabhängig von der Meßfrequenz von der Grundschwingung der Membran überlagert. Die auf dem gleichen Maskensatz vorhandenen kleineren Membranen mit 120 µm Kantenlänge weisen bei geringerer Empfindlichkeit eine Resonanzfrequenz von 260 Hz auf.

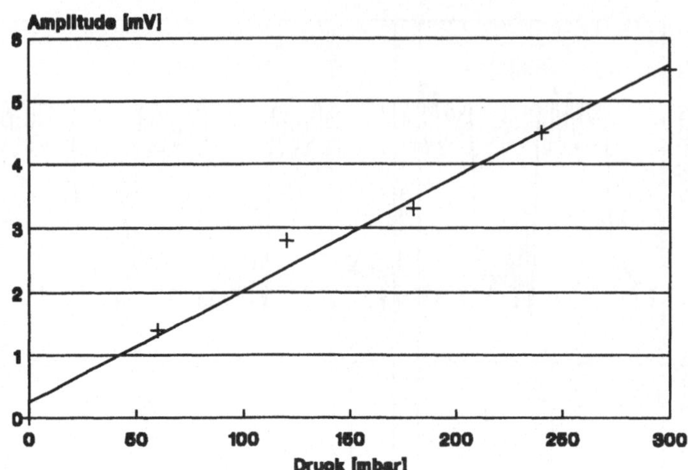

Bild 112: Abhängigkeit des Ausgangssignals des Fotodetektors vom anliegenden Druck bei vier Oxidmembranen von 0,04 mm² Größe

In der folgenden Aufstellung sind die Daten der getesteten Systeme mit unterschiedlichen Membranflächen zusammengefaßt:

Systembauform	Membranfläche	Empfindlichkeit	Resonanzfrequenz
eine große Membran	0.04 mm^2	4 μV/mbar	180 Hz
vier große Membranen	0.16 mm^2	13 μV/mbar	180 Hz
vier kleine Membranen	0.0576 mm^2	6 μV/mbar	260 Hz

Tabelle 2: Vergleich der getesteten optoelektronischen Drucksensoren mit Oxid/SiON-Membranen unterschiedlicher Zahl und Größe

Nach /127/ läßt sich die Resonanzfrequenz f_{11} einer homogenen Platte im Vakuum nach

$$f_{11} = \frac{18}{\pi a^2} \sqrt{\frac{N}{\rho d}}$$

mit der Biegesteifigkeit N

$$N = \frac{E\, d^3}{12\,(1 - \sigma^2)}$$

berechnen. Dabei ist a die Kantenlänge, d die Dicke, ρ die Dichte, E das Elastizitätsmodul und σ die Querkontraktionszahl der Membran. Mit den entsprechenden Konstanten für die Oxidmembran ergibt sich eine Resonanzfrequenz von ca. 220 kHz für die große Membran sowie von ca. 600 kHz für die kleine Membran. Diese stimmen mit den gemessenen Werten in keinster Weise überein.

Begründen lassen sich die großen Abweichungen zwischen den berechneten und den gemessenen Werten durch die idealisierten Annahmen bei der theoretischen Betrachtung der Platte. Im System treten jedoch folgende nicht-ideale Effekte auf:

- die Membranen sind weder homogen noch spannungsfrei

- sie bestehen aus mehreren Materialkomponenten

- sie befinden sich nicht im Vakuum

- es treten Luftströmungen in den Ätzöffnungen auf, da die Membranen nicht vollständig verschlossen sind

- die Luftsäulen in den Hohlräumen unterhalb der Membranen können nicht vernachlässigt werden

Trotz der unerwartet hohen Abweichung von den Berechnungen deuten die gemessenen Eigenschwingungen auf eine Resonanz hin, die jedoch nicht der Membran, sondern dem System "poröse Membran über einem Hohlraum" zugeordnet werden muß.

Der Flächenbedarf des integrierten Drucksensors mit optischer Auslesetechnik und Fotodetektor beträgt ca. 0,3 mm x 4 mm bei einer Empfindlichkeit von ca. 13 µV/mbar am Detektorausgang. Eine weitere Steigerung der Empfindlichkeit ist nach Berechnungen von /128/ durch eine Verschiebung des Wellenleiters in das Zentrum der Membran möglich. Zusätzlich läßt sich das Detektorsignal über den integrierten Verstärker weiterverarbeiten.

7.4 Beurteilung der verschiedenen Integrationstechniken

Die Diskussion der unterschiedlichen Konzepte zur technologischen Realisierung der monolithischen Integration von Silizium-CMOS-Schaltungen und integriert optischen Wellenleitern auf einem Chip weist zwar auf einige Nachteile der jeweiligen Techniken hin, eine konkrete Aussage ist aber erst durch die Vielzahl von Messungen an den gefertigten Systemen möglich geworden.

Der vollintegrierte Prozeß bietet eine hohe Kopplungseffizienz, jedoch läßt sich die angestrebte Leckwellenkopplung in dieser Technik nur bei einer sehr aufwendigen Prozeßkontrolle reproduzierbar einstellen. Auch bei intensiver Überwachung der einzelnen Fertigungsschritte läßt sich eine partielle Stoßkopplung nicht vermeiden, denn die Anforderungen an die Oberflächenplanarität im Bereich des Überganges von der optischen Isolation zum Detektor sind extrem. Die Ausbeute an funktionsfähigen CMOS-Komponenten ist bisher zwar deutlich geringer als in der Standard-Integrationstechnik, sie läßt sich aber durch konsequente Optimierung der einzelnen Prozeßschritte voraussichtlich auf die erforderliche, für die industrielle Serienfertigung notwendige Größe steigern.

Die Stoßkopplung in vollintegrierter Technik weist dagegen erhebliche Probleme im CMOS-Teil des Systems auf. Die Transistoren zeigen zum Teil einen erheblichen Leckstrom an den vertikalen Flanken der Aktivgebiete, so daß die Zahl der einwandfreien, der Simulation entsprechend arbeitenden Schaltungen gering ist. Zusätzliche Probleme treten während der Prozeßführung infolge der stufenbehafteten Scheibenoberfläche auf: die Fototechnik zur Definition der Transistorgates löst keine Submikrometerstrukturen mehr auf, des weiteren ist das Ätzen der Polysiliziumebene im RIE-Verfahren wegen der erhöhten Schichtdicke in Kanten schwierig.

Im modularen optoelektronischen Prozeß mit üblicher Feldoxidstärke und der Wellenleiterdeposition nach der Verdrahtung und dem Test der mikroelektronischen Komponenten ist die Ausbeute an funktionsfähigen CMOS-Verstärkern unverändert gegenüber der Standard-Fertigungstechnik. Die Technologie zur Integration der Systeme baut auf den relativ einfachen CMOS-Prozeß in SWAMI-LOCOS-Technik auf, weist jedoch den Nachteil der leicht erhöhten Ausbreitungsverluste in den Wellenleitern auf. Ursache ist die Oberflächenrauhigkeit nach der Strukturierung der Aluminium-Verdrahtungsebene. Der Koppelgrad ist infolge der Oxidschicht zwischen Wellenleiter und Fotoempfänger wie erwartet gering; folglich sind hohe Schaltfrequenzen wegen des begrenzten Signal-Rauschabstandes nicht möglich.

Die günstigsten Voraussetzungen für die optoelektronische Systemintegration auf Silizium bietet danach der um eine Spiegelmaske erweiterte modulare Prozeß in SWAMI-LOCOS-Technik mit der Wellenleiterdeposition direkt vor der Verdrahtung der CMOS-Komponenten, bei dem die Lichteinkopplung durch Signalreflexion erfolgt. Diese Technik verbindet eine hohe Ausbeute an funktionsfähigen CMOS-Schaltungen mit einer effektiven Kopplung, wobei zusätzlich noch die mehrfache Signalabtastung an Wellenleitern möglich ist. Die Änderungen gegenüber dem Standardprozeß sind gering, lediglich die zur Öffnung der Kontakte zu strukturierende Oxidschichtdicke ist erheblich vergrößert. Die Ätztechnik ist an dieser Stelle aber gut beherrschbar, so daß keine Beeinflussung der Systemfunktion auftritt. Durch die Wellenleiterdeposition vor der Metallisierung ist auch die Signaldämpfung auf den in der Integrierten Optik auf Silizium typischen Wert von 0,5 dB/cm gesunken.

Ein weiterer wesentlicher Vorteil gegenüber der vollintegrierten Technik ist in der problemlosen Übernahme bereits bestehender Schaltungen und der digitalen Zellenbibliotheken zu sehen. Wegen der ungeänderten Transistorparameter sind keine neuen Simulationen und Entwürfe zur Anpassung vorhandener Schaltungsdesigns notwendig; sämtliche für den Standardprozeß entworfenen Strukturen sind weiterhin funktionsfähig und lassen sich somit für die monolithische Systemintegration verwenden.

Der Einbau mikromechanischer Komponenten ist zwar in allen Fertigungsprozessen möglich, das Verschließen von Ätzöffnungen läßt sich aber ohne zusätzliche Depositionen nur in der modularen Integrationstechnik erreichen. Neben den wellenführenden Schichten kann hier die zusätzliche Oxiddeposition zur Verstärkung der optischen Isolation vom Silizium zum Auffüllen der Löcher eingesetzt werden.

Die modulare Fertigungstechnik vereinigt damit die für eine industrielle Produktion notwendigen Anforderungen der mikroelektronischen und der optischen Integrationstechnik wie:

- weitestgehend ungeänderte Prozeßführung zur Integration der mikro-elektronischen Schaltungen mit hoher Ausbeute

- Integration hochwertiger Wellenleiter auf SiON-Basis bei geringer Prozeßtemperatur

- hohe Koppeleffizienz zwischen den optischen Komponenten und den Fotodetektoren mit der Möglichkeit zur mehrfachen Signalabtastung eines Wellenleiters bei Signaleinkopplung über Spiegel

- geringe Aufweitung des bisherigen Fertigungsablaufes mit der zusätz-lichen Möglichkeit zur Integration mikromechanischer Komponenten

8 Verbesserung der Schaltungseigenschaften

Die maximale Schaltgeschwindigkeit der realisierten integrierten opto-elektronischen Systeme ist bei Verwendung von Fotobipolartransistoren als Empfänger der optischen Signale durch die Grenzfrequenz des CMOS-Verstärkers festgelegt. In herkömmlicher Schaltungstechnik ist dabei nur noch eine unwesentliche Erhöhung der Schaltgeschwindigkeit bzw. der Empfindlichkeit möglich, da die speziell für die Fotoempfänger entwickelten Schaltungsentwürfe weitestgehend ausgereizt sind.

Aus technologischer Sicht bietet sich aber eine weitere Verringerung der Transistor-Kanallänge zur Verbesserung der Steilheit bzw. der Treiber-eigenschaften der n- und p-Kanal-Transistoren an. Resultierend aus der höheren Kanalleitfähigkeit wächst auch die Schaltgeschwindigkeit der Systeme, wobei als Nebeneffekte noch die parasitären Kapazitäten und die benötigte Schaltungsfläche abnehmen.

Alternativ ist der Übergang zur BiCMOS-Technik eine Möglichkeit zur Fertigung schneller Verstärkerschaltungen. Unter Berücksichtigung der gesteigerten Prozeßkomplexität in den industriellen Prozessen /128/ sind jedoch erhebliche Ausbeuteeinbußen zu erwarten. Interessant ist deshalb eine BiCMOS-Variante unter Ausnutzung der Hochenergie-Ionenimplan-tation, die mit verhältnismäßig geringem technologischen Mehraufwand zu vergleichbar positiven Ergebnissen führt.

Wesentliche Verbesserungen der Schaltungseigenschaften lassen sich auch durch Vermeidung von Offset-Spannungen in den Verstärker-schaltungen erreichen. Um einen externen Abgleich der Verstärker zu umgehen, lassen sich Referenzstromquellen oder Trimm-Widerstände durch Analogwertspeicher steuern, wobei speziell der Floating-Gate Transistor als Speicherelement geeignet erscheint.

Die im folgenden beschriebenen, den Standardprozeß nach Kap. 2 erweiternden Integrationstechniken erlauben den Einbau dieser Strukturen in den optoelektronischen Gesamtprozeß zur Verbesserung der Schaltgeschwindigkeit und der Empfindlichkeit der Systeme. Der erreichte Stand der optoelektronischen Systemintegration wird dabei an keiner Stelle negativ beeinflußt, da keine die Oberflächenqualität beeinträchtigenden oder den Brechungsindex der Schichten ändernden Prozeßschritte angewandt werden.

8.1 Kurzkanaltransistoren

Die Forderung nach niedrigen Schaltzeiten in Verbindung mit hohen Treiberleistungen bedingt den Einsatz von MOS-Transistoren mit kurzen Kanallängen in der Schaltungstechnik. Nur durch Verringerung der Transistor-Kanallänge lassen sich höhere Schaltgeschwindigkeiten erreichen, da die Gatekapazität sinkt und gleichzeitig die Transistorsteilheit wächst. Eine Betrachtung des MOS-Transistors als Zweitor zur Berechnung der Transitfrequenz erfolgt entsprechend dem Ersatzschaltbild (Bild 113).

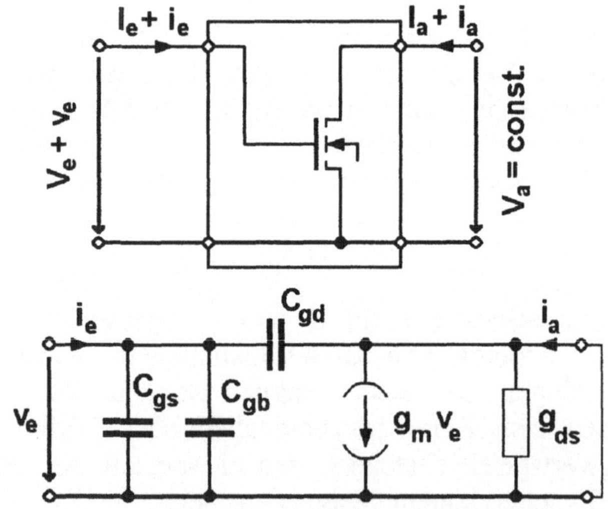

Bild 113: Zweitorbeschaltung und einfaches Kleinsignal-Ersatzschaltbild eines MOS-Transistors zur Bestimmung der Transitfrequenz-

Für den kurzgeschlossenen Ausgang gilt bei der Transitfrequenz f_T:

$$|h_{21}| = \left|\frac{i_a}{i_e}\right|_{Z_{out}=0} = 1$$

Aus dem Ersatzschaltbild Bild 113 folgt für das Sättigungsgebiet mit $C_{gd} = 0$:

$$f_T = \frac{g_m}{2\pi(C_{gs} + C_{gb})}$$

Dies ergibt mit dem Eingangsleitwert g_m

$$g_m = \frac{\vartheta I_{ds}}{\vartheta V_{gs}} = \mu\, C_{ox}\, \frac{W}{L_{eff}}\, V_{geff}$$

und

$$C_{gs} + C_{gb} \cong C_{ox} W\, L_{eff}$$

für die Transitfrequenz f_T

$$f_T = \frac{\mu\, V_{geff}}{2\pi\, L_{eff}^2}$$

d. h. die Grenzfrequenz eines MOS-Transistors wird direkt von der effektiven Kanallänge mitbestimmt. Obwohl die im Bild 114 dargestellten experimentellen Ergebnisse deutlich von den theoretischen, auf sehr einfachen Modellgleichungen beruhenden Werten abweichen, bleibt die quadratische Abhängigkeit zwischen f_T und L_{eff} bestehen.

Zur Anwendung dieser Transistoren mit Kanallängen im Bereich der Wellenlänge des sichtbaren Lichtes ist eine äußerst maßhaltige Strukturdefinition und -übertragung notwendig, denn Abweichungen von nur 100 nm in der Kanallänge bedeuten Fehler von über 10 % in den Geometrien der Submikrometertransistoren. Sie wirken sich entsprechend stark auf die Transistorparameter aus und sind somit nicht tolerierbar.

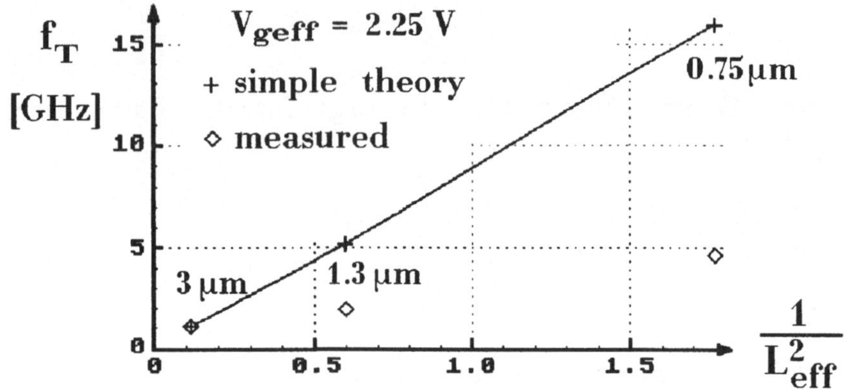

Bild 114: Transitfrequenz der MOS-Transistoren in Abhängigkeit von der effektiven Kanallänge /129/

Die Miniaturisierung der MOS-Transistoren führt im Submikrometerbereich nicht nur zu fotolithografischen Problemen, sie bedingt auch eine zunehmende Alterung der Kurzkanal-Transistoren während des Betriebes infolge des Hot-Electron-Effektes. Des weiteren sinken mit abnehmender Transistor-Kanallänge die Schwellenspannung und die Durchbruchspannung des Schaltungselementes, während der Ausgangsleitwert infolge der in Relation zur Elektrodenlänge zunehmenden Kanallängenmodulation wächst. Diese Effekte wirken sich negativ auf die Eigenschaften integrierter Schaltungen aus, sie lassen sich aber durch zusätzliche Technologieschritte mildern bzw. völlig vermeiden.

8.1.1 LDD n-Kanal MOS-Transistoren

Im Fall des n-Kanal MOS-Transistors werden zur Unterdrückung des Hot-Electron-Effektes und des Avalanche-Durchbruchs üblicherweise "Lightly Doped Drain" (LDD)-Dotierungsprofile mit Hilfe von "Side-

Wall Spacer"-Strukturen eingesetzt, was zu einer erheblichen Reduktion des Feldstärkegradienten im Drain-seitigen Kanalbereich führt. Diese LDD-Dotierungen wirken sich zusätzlich positiv auf den Schwellenspannungsabfall und den Ausgangsleitwert aus. Zur Integration der Strukturen in den Prozeßablauf müssen die Parameter Spacerweite und LDD-Dotierung optimiert werden, so daß die maximale Feldstärke im Transistor reduziert, der Innenwiderstand des Schaltungselementes aber nicht zu groß wird.

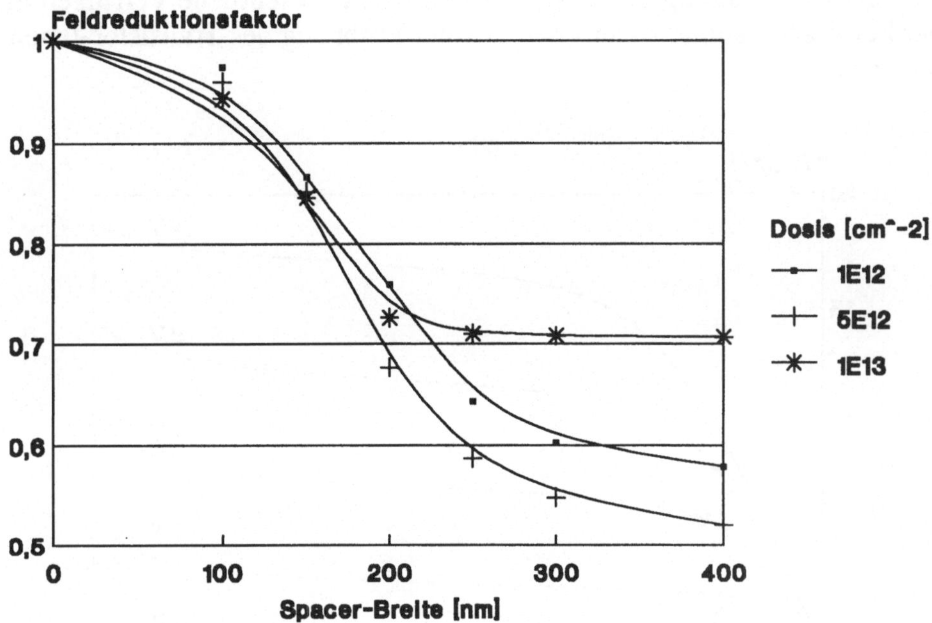

Bild 115: Simulierter Verlauf der maximalen Feldstärke im n-Kanal MOS-Transistor bei verschiedenen Spacerbreiten mit der LDD-Implantation als Parameter

Es stehen mehrere Simulationsprogramme - MINIMOS /130/, PROUDS /131/, SIMUL /132/ - für diese Aufgabe zur Verfügung. Obwohl die verschiedenen Diffusionsmodelle für die laterale Verteilung der Dotierstoffe in den einzelnen Simulationsprogrammen umstritten sind, lassen sich durchaus Anhaltswerte zur Prozeßoptimierung aus den Simulationen gewinnen. Die Transistorfeldstärke ist mit den Programmen ZWIEBEL /133/ zur Technologie- und PROUDS zur Schaltungselement-Simulation berechnet worden, wobei eine Kontrolle des Resultates mit MINIMOS erfolgte.

In Bild 115 ist die simulierte maximale Feldstärke im n-MOS-LDD-Transistor, normiert auf den Wert eines Standard-n-Kanal Schaltungselementes, gegen die Spacer-Breite für verschiedene Implantationsdosen dargestellt. Man erkennt ein Optimum in der Feldreduktion für eine LDD-Dotierung mit der Bestrahlungsdosis $5 \cdot 10^{12}$ P+/cm^2 bei einer Energie von 80 keV und einer Spacer-Breite von ca. 250 nm. Eine weitere Verbreiterung der Spacer bewirkt keine wesentliche Verringerung der Feldstärke, sondern führt nur zu einer Erhöhung des Transistor-Innenwiderstandes.

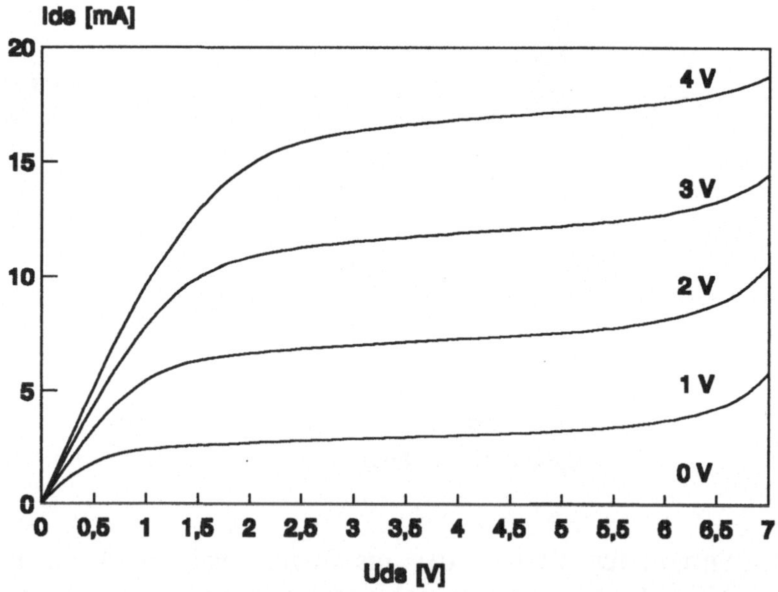

Bild 116: Ausgangskennlinienfeld eines n-Kanal MOS-Transistors mit 250 nm Spacerbreite und einer effektiven Kanallänge von 0,6 µm (W = 80 µm), LDD-Implantation $5 \cdot 10^{12}$ P+/cm^2 bei 80 keV

Bild 116 zeigt das Ausgangskennlinienfeld eines n-Kanal-Transistors (W/L = 80 µm/0,6 µm) mit einer Spacerbreite von 300 nm. Erst bei einer Drainspannung von 7 V setzt der Avalanche-Durchbruch ein, auch ein Durchgreifen der Raumladungszone des Draingebietes konnte verhindert werden.

Die Feldstärke im Transistor läßt sich bestimmen, indem jeweils der maximal auftretende Substratstrom in Relation zum Drainstrom gesetzt wird. In Bild 117 sind die gemessenen relativen Substratstromdaten für die verschiedenen Spacer-Breiten einander gegenübergestellt. Deutlich ist die Abnahme der Feldstärke im Bereich um 200 nm Spacerbreite zu erkennen, wobei ab ca. 250 nm keine wesentliche Verbesserung mehr zu erreichen ist. Diese Ergebnisse stimmen mit den Simulationsergebnissen vollständig überein (vgl. Bild 115).

Damit stehen der Schaltungstechnik n-MOS-Transistoren mit minimalen effektiven Kanallängen bis hinunter zu 500 nm zur Verfügung, die in ihrem Durchbruchverhalten vergleichbar sind mit den 1,5 µm Standard-n-MOS-Transistoren. Sie weisen dabei wesentlich höhere Leitwerte bei abgeschwächten Kurzkanaleffekten auf, so daß die Schaltgeschwindigkeit gemeinsam mit den Schaltungseigenschaften verbessert werden konnte.

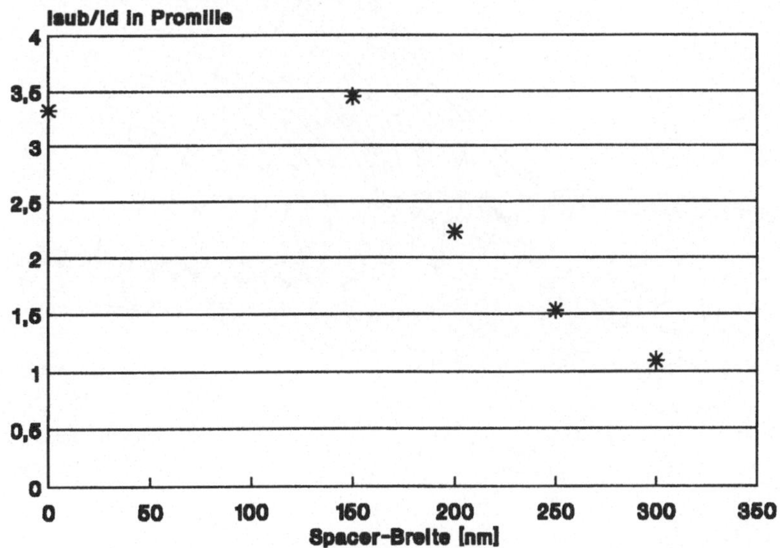

Bild 117: Relativer Substratstrom als Maß für die drainseitige Feldstärke im n-Kanal MOS-Transistor bei einer LDD-Implantation von $5 \cdot 10^{12}$ P$^+$/cm^2 mit 80 keV

8.1.2 p-Kanal Offset-Transistoren

Sowohl die n- als auch die p-Kanal Transistoren werden im verwendeten CMOS-Prozeß mit einer mit Phosphor dotierten Gateelektrode herge-stellt. Folglich bildet sich im p-MOS-Transistor oberhalb der Schwellen-spannung unter dem Gateoxid ein vergrabener Kanal im Silizium aus. Während beim n-MOS-Transistor der Avalanche-Effekt den maximalen Einsatzbereich festlegt, tritt beim p-Kanal MOS-Transistor demzufolge der Raumladungszonendurchgriff ("punch through") als begrenzender Durchbruchmechanismus auf. Simulationen zeigen im Bereich unterhalb des Kanals von der Drainseite ausgehend den einsetzenden Punch Through, während die Feldstärke noch weit unter dem Einsatzpunkt der Avalanche-Ladungsträgermultiplikation liegt.

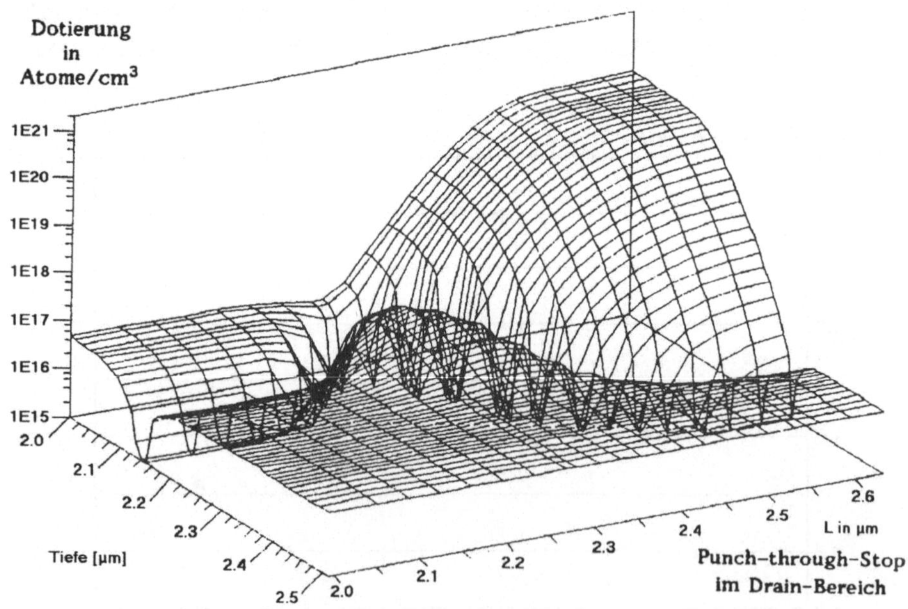

Bild 118: Simulation des Dotierungsprofiles im p-MOS-Kurzkanal Transistor mit zusätzlicher Arsen-Implantation im Bereich der Spacer zur Unterdrückung des Punch Through-Effektes (Aus-schnitt von der Kanalmitte bis zum Drain)

Auch dieser Effekt läßt sich durch eine zusätzliche Dotierung in Verbindung mit der Side-Wall-Spacer-Technik verhindern, indem eine lokale Erhöhung der Wannendotierung unterhalb des Kanals die starke Ausbreitung der drainseitigen Raumladungszone unter die Gate-Elektrode einschränkt. Im Prozeß erfolgt dazu vor der Spacer-Deposition eine selbstjustierende Arsen-Implantation mit einer Dosis von ca. $3 \cdot 10^{12}$ As/cm^2 bei der relativ hohen Bestrahlungsenergie von 320 keV. Sie dringt im Diffusionsbereich in den Kristall ein, wobei das Polysilizium als Maske dient.

Anschließend erfolgen die Spacer-Herstellung und die Drain/Source-Implantation mit Bor. Bei der Bor-Dotierung dienen die Spacer erneut als Abstandshalter zum Gate während der Implantation. Die Arsen-Dotierung befindet sich dann seitlich des Gates unterhalb des Kanalbereiches der p-MOS-Transistoren (Bild 118).

Im Gegensatz zum n-MOS Transistor ist hier jedoch kein LDD-Profil entstanden. Aus der lokalen Dotierungserhöhung in der Wanne resultiert eine Einschränkung der Ausbreitungsmöglichkeit der Raumladungszone im Drainbereich, wodurch der Durchgriff auf den Source verhindert wird. Weitere Maßnahmen zur Verbesserung des Kurzkanalverhaltens sind beim p-Kanal MOS-Transistor nicht erforderlich; die Durchbruchfestigkeit reich für die übliche Betriebsspannung von 5 V aus.

Aufgrund der nachfolgenden Temperaturschritte mit einer maximalen Temperaturbelastung von 900°C für 20 Minuten diffundiert das Bor-Dotierungsprofil seitlich unter die Spacer bis zur Kante der Gateelektrode. Folglich bewirken die Spacer des p-MOS-Transistors eine Verringerung der parasitären Gate/Drain- und Gate/Source-Kapazitäten, wobei die effektive Kanallänge des Transistors sehr genau der strukturierten Gatelänge entspricht. Die zusätzliche Arsen-Implantation verhindert den Punch Through durch lokale Dotierungserhöhung und mildert den Schwellenspannungsabfall mit sinkender Transistor-Kanallänge.

Bild 119 zeigt einen Vergleich des Leckstromverhaltens des oben beschriebenen "Offset-Transistors" mit Arsen-Implantation gegenüber einem vergleichbaren Standard-p-Kanal-Transistor in Abhängigkeit von der effektiven Kanallänge.

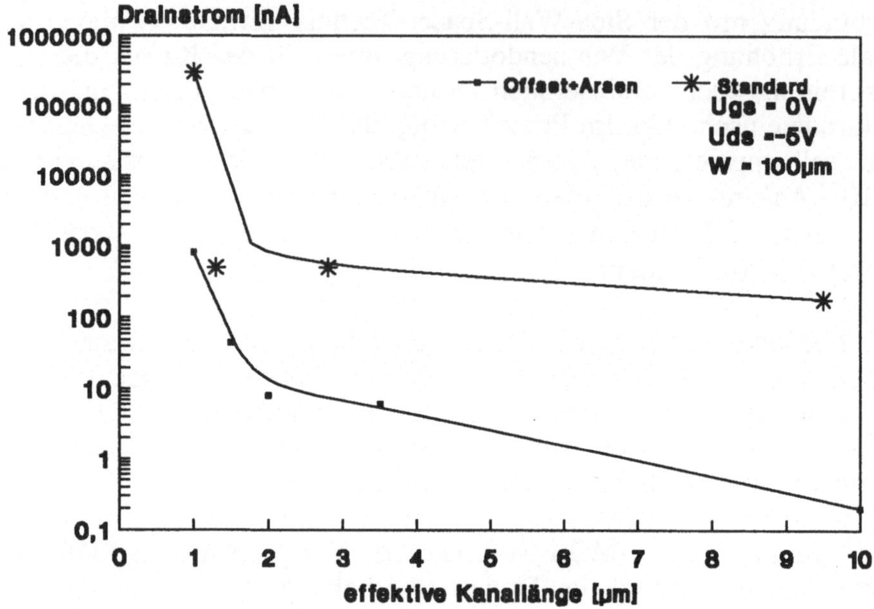

Bild 119: Messung des Leckstroms in Abhängigkeit von der Transi-
storkanallänge für die Standard-Fertigung und die Offset-
Transistoren mit zusätzlicher Arsen-Implantation

Die Spacer-Technik ermöglicht damit die reproduzierbare Fertigung von
p- und n-Kanal MOS-Transistoren mit minimalen Kanallängen von
weniger als 0,6 µm, wobei die Begrenzung einzig durch die vorhandene
Fotolithografietechnik gegeben ist. Erst durch die Anwendung der
SWAMI-LOCOS-Technik war es überhaupt möglich, diese feinen
Strukturen noch mit optischer Lithografie in eine Lackmaske zu
übertragen, denn sie verhindert die Lackdickenschwankungen in den
Unebenheiten der Scheibenoberfläche.

Somit steht der digitalen und analogen Schaltungstechnik eine Technologie zur Integration von CMOS-Komponenten im tiefen Submikrometerbereich zur Verfügung, die wegen der bereits vorhandenen
hochgradig planaren Scheibenoberfläche problemlos zur Einbindung in
den optoelektronischen Gesamtprozeß geeignet ist. Erste Resultate über
gesteigerte Grenzfrequenzen von CMOS-Verstärkern durch Einsatz von
Kurzkanal-Transistoren liegen bereits vor /134/.

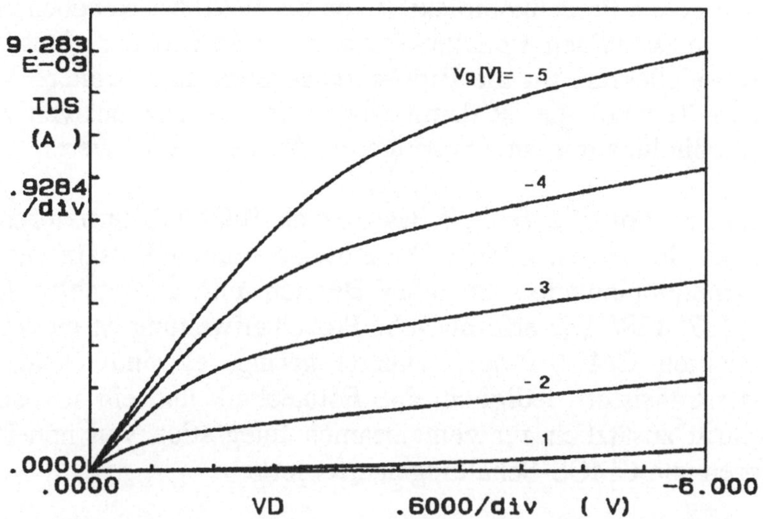

Bild 120: Ausgangskennlinienfeld des p-Kanal Offset-Transistors mit zusätzlicher Arsen-Implantation zur Unterdrückung des Raumladungszonendurchgriffs und Milderung der Kurzkanaleffekte (W/L = 100 µm/0,6 µm)

8.2 BiCMOS für höhere Schaltgeschwindigkeiten

Im Kap. 2.1.2 sind bereits Bipolartransistoren als optische Empfänger angesprochen worden. Diese Fotobipolartransistoren wurden in den optoelektronischen Systemen als schnelle Fotoempfänger eingesetzt und ermöglichten damit erhöhte Schaltgeschwindigkeiten.

Auch in der Schaltungstechnik weisen die Bipolartransistoren im Vergleich zu MOS-Strukturen Vorteile auf: ihre guten Hochfrequenzeigenschaften bis weit in den GHz-Bereich hinein sind in Verbindung mit ihrer Treiberfähigkeit in der CMOS-Technik unerreicht. Speziell die BiCMOS-Technik als Verbindung der CMOS- und Bipolar-Technologien zeichnet sich durch eine hohe Packungsdichte, besonders gute Treibereigenschaften und geringe Schaltzeiten aus /135/. Daneben existieren jedoch die schwerwiegenden Nachteile der relativ geringen Ausbeute infolge der hohen Prozeßkomplexität von bis zu 20 Maskenebenen /136/, sowie der aufwendigen Epitaxie-Technik zur Erzeugung eines vergrabenen Sub-Kollektors für die Bipolartransistoren. Eine weitere Verbreitung dieser Technologie ist damit wegen der kostenintensiven Herstellung in Verbindung mit einer verringerten Ausbeute erschwert.

Alternativ zur Epitaxie-Technik lassen sich BiCMOS-Strukturen - ausgehend von der reinen CMOS-Technologie - durch Einsatz der Hochenergie-Ionenimplantation im MeV-Bereich mit akzeptabler Qualität fertigen /137, 138/. Die erforderliche Prozeßaufweitung ist im Vergleich zum gesamten CMOS-Prozeß äußerst gering, es sind - analog zum Fotobipolartransistor - lediglich eine Fototechnik und ein Ionenimplantationsschritt zusätzlich zur gemeinsamen Integration von npn-Bipolartransistoren und CMOS-Schaltungen erforderlich.

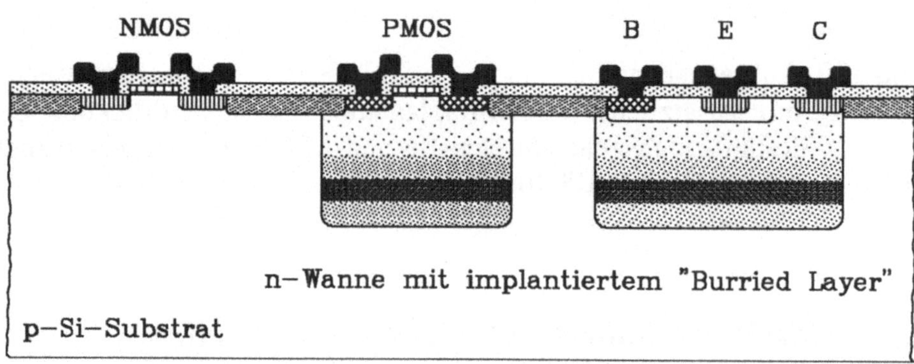

Bild 121: Querschnitt und Dotierung der n-Wanne des hier vorgestellten BiCMOS-Prozesses mit "Retrograde Well"-Dotierungsprofil durch Hochenergie-Ionenimplantation

Die Fertigung der n-leitende Wanne erfolgt im Gegensatz zum Standard-CMOS-Prozeß durch eine Hochenergie-Ionenimplantation mit Phosphor im Energiebereich von 4,5 - 10 MeV, wobei ab Energien von 6,5 MeV zusätzliche eine schwache Phosphorbestrahlung mit 150 keV Teilchenenergie zur Einstellung der Oberflächendotierung eingebracht wird. Zur Ausheilung der Strahlenschäden folgt ein Diffusionsschritt von einer Stunde bei 1170°C. Es entsteht ein Dotierungsprofil mit der für den p-

Kanal MOS-Transistor typischen Oberflächendotierung von ca. $2 \cdot 10^{16}$ P^+/cm^3; die Phosphordotierung wächst jedoch zunächst mit zunehmender Kristalltiefe und bildet dort eine hochleitende Schicht.

Dieses "Retrograde-Well"-Dotierungsprofil läßt sich einerseits als niederohmiger Kollektor der Bipolar-Strukturen nutzen, andererseits unterdrückt es die Latch-up Empfindlichkeit der CMOS-Komponenten. Obwohl die Wannentiefe in Abhängigkeit von der Bestrahlungsenergie ca. 4 - 8 µm beträgt, ist ihre laterale Ausdehnung infolge der geringen Diffusionszeit gering; es treten damit keinerlei störende Auswirkungen für die CMOS-Schaltungen auf.

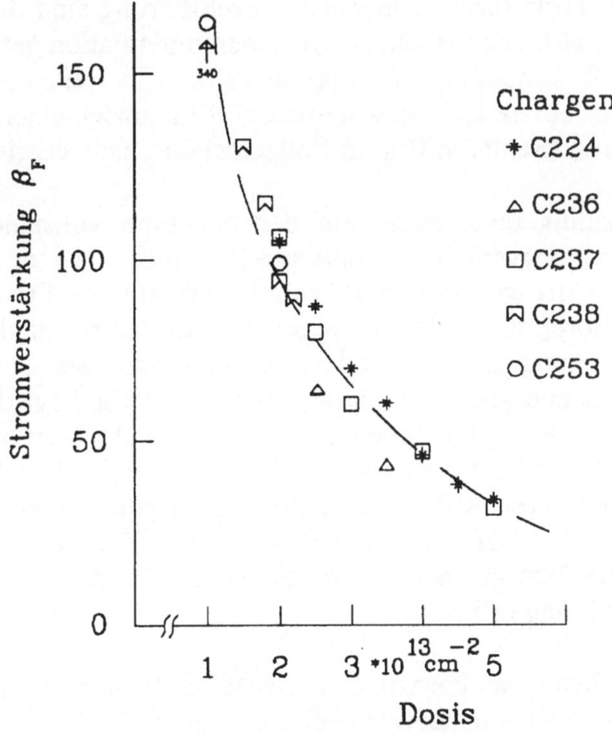

Bild 122: Vorwärtsverstärkung der Bipolartransistoren in Abhängigkeit von der Basisimplantation über mehrere Chargen

Als Ergänzung zum CMOS-Prozeß ist eine Basisimplantation für die Bipolartransistoren notwendig. Sie kann sowohl vor der Feldoxidation als auch nach der Gateoxidation durchgeführt werden. Infolge der relativ hohen Temperaturbelastung während der Feldoxidation diffundieren im ersten Fall die Akzeptoren bis etwa 1 μm tief in das Substrat, wobei sich äußerst reproduzierbare Transistoreigenschaften realisieren lassen (Bild 122). Bei der Dotierung der Basis nach der Gateoxidation sind diese Werte nicht in dem Maße konstant über eine große Anzahl von Chargen einzuhalten.

Sämtliche sich anschließenden Prozeßschritte entsprechen der reinen CMOS-Technik, selbst die Emitterdotierung wird gemeinsam mit der Arsen-Implantation der Drain-Source-Gebiete des n-MOS-Transistors durchgeführt. Trotz dieser einfachen Prozeßführung sind die Charakteristiken der mit Hilfe der Hochenergie-Ionenimplantation gefertigten, zum CMOS-Prozeß kompatiblen Bipolartransistoren in weiten Bereichen mit denen der in epitaktisch gewachsenen Siliziumschichten integrierten SBC-Strukturen (Standard Buried Collector) durchaus vergleichbar.

Da die Siliziumgebiete außerhalb der n-Wanne vollständig von den BiCMOS-Fertigungsschritten entkoppelt sind, lassen sich keine Auswirkungen der geänderten Prozeßführung auf die Parameter der n-MOS-Transistoren feststellen. Dagegen tritt bei den p-Kanal Transistoren eine Beeinflussung der Schwellenspannung und des Substrateffektes durch die Hochenergie-Ionenimplantation auf. Zwar liegt die projizierte Reichweite der Phosphor-Ionen mit 3 - 5 μm sehr weit unterhalb der Kristalloberfläche, es findet aber, infolge der vielfachen Streuung der Ionen während ihrer Abbremsung im Kristallgitter, auch eine geringe Änderung der Oberflächendotierung statt /139/. Folglich bestimmen die Dosis und die Energie der tiefen Wannenimplantation die Transistorschwellenspannung mit.

Die wesentlichen Charakteristiken des p-MOS-Transistors werden jedoch durch die oberflächennahe Wannenimplantation mit 150 keV festgelegt. In Bild 123 ist der Einfluß der Implantationsdosis auf die Transistorschwellenspannung für die jeweiligen Implantationsenergien dargestellt.

Während bei der geringen Energie von 4,5 MeV noch eine starke Auswirkung festzustellen ist, wird die Abhängigkeit der Schwellenspannung von der Implantationsdosis mit zunehmender Bestrahlungsenergie schwächer.

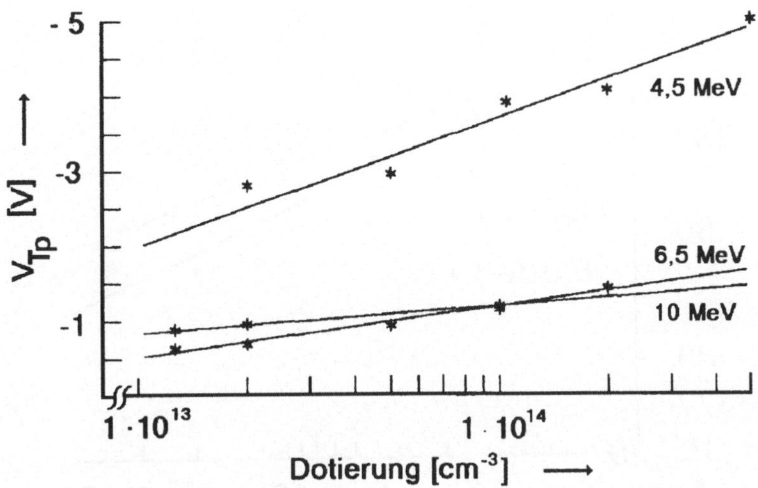

Bild 123: Einfluß der Wannenimplantationsdosis und -energie auf die Schwellenspannung der p-MOS-Transistoren

Eine Beeinflussung der Substrateffektkonstante k_1, gegeben durch

$$k_1 \; = \; \frac{1}{C_{ox}} \; \sqrt{2 \, \varepsilon_{Si} \, q \, N_D}$$

resultiert aus der erhöhten Substratdotierung N_D infolge der MeV-Implantation. Die vergrabene hohe Dotierung führt in der Tiefe zu einer hochleitenden Schicht, d. h. N_D ist im Gegensatz zur Standardwanne um ca. 3 bis 4 Größenordnungen erhöht.

Eine Simulation der n-Wannen-Dotierung mit dem Programm TRIM85 /140/ zeigt zwar eine Abnahme der Oberflächendotierung mit wachsender Energie, jedoch sind die für Phosphorionen berechneten Reichweiten um ca. 30% zu gering, daß heißt die Rückwirkung auf die Transistor-

Schwellenspannung wird zu stark wiedergegeben. Bei einer Energie von 10 MeV sind die MOS-Transistoreigenschaften nahezu vollständig von der Bestrahlungsdosis entkoppelt, so daß für diese Energie keine weiteren Betrachtungen der Parameter erforderlich sind.

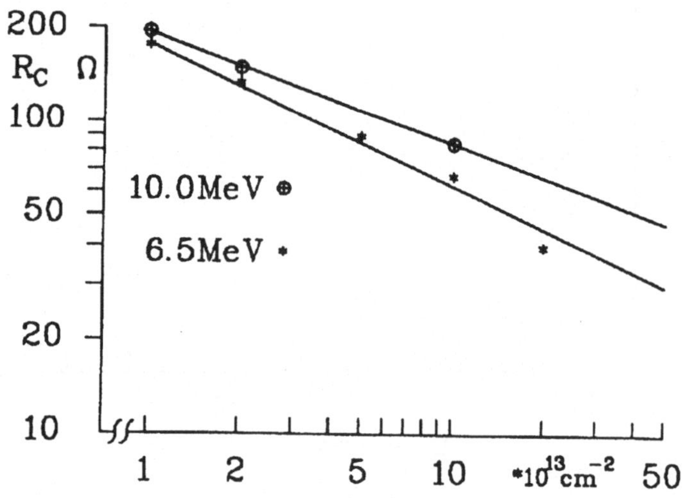

Bild 124: Kollektorbahnwiderstand der mit Hochenergie-Ionenimplantation realisierten npn-Transistoren

Die npn-Bipolartransistoren nutzen das "Retrograde Well"-Profil der n-Wanne des CMOS-Prozesses als Kollektor, wobei die hohe Dotierung in der Kristalltiefe zu einem sehr kleinen Bahnwiderstand führt. Werte von 80 - 40 Ohm sind durch eine 6,5 MeV Implantation mit $2 \cdot 10^{14}$ P+/cm^2 erzielt worden (vgl. Bild 124). Dabei handelt es sich um ein noch nicht optimiertes Design, so daß Widerstände von weniger als 20 Ohm - auch für stark skalierte Bipolartransistoren - erreichbar scheinen.

Die statischen Kennlinien zeigen ein gutes Sperrverhalten der Schaltungselemente in Verbindung mit einer hohen Güte, dem Produkt aus Early-Spannung und der Verstärkung. Werte über 8000, die ansonsten nur von speziellen aufwendigen Prozessen erzielt werden, lassen sich bei einer Kollektorimplantation mit 10 MeV erreichen.

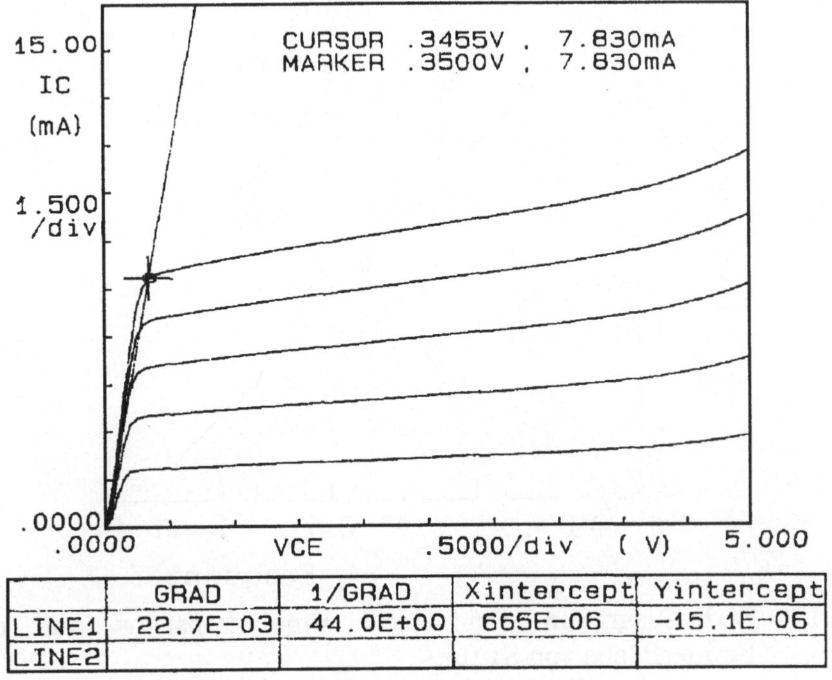

	GRAD	1/GRAD	Xintercept	Yintercept
LINE1	22.7E-03	44.0E+00	665E-06	-15.1E-06
LINE2				

Bild 125: Ausgangskennlinienfeld eines Bipolartransistors mit Retrograde Well-Dotierungsprofil des Kollektors

Zur Bestimmung der Grenzfrequenzen der npn-Transistoren sind S-Parametermessungen an Bipolartransistoren mit einer Emitterfläche von 81 μm^2 durchgeführt worden. Diese weisen eine 0 dB-Grenzfrequenz von 1,1 GHz auf (Bild 126).

Da die Schaltfrequenz direkt mit den Sperrschichtkapazitäten des Transistors gekoppelt ist, sind kleinere Strukturen für noch höhere Arbeitsgeschwindigkeiten geeignet. So ist für eine Emitterfläche von 10 μm^2 unter Berücksichtigung des geometriebedingten vergrößerten Basis-Bahnwiderstandes eine Grenzfrequenz von zumindest 6 GHz zu erwarten. Sie sind für Anwendungen der Integrierten Optik auf Silizium im Bereich der Datenübertragung und auch in der Signalverarbeitung in der Kommunikationstechnik erforderlich, da reine CMOS-Schaltungen für dieses Frequenzspektrum nicht geeignet sind.

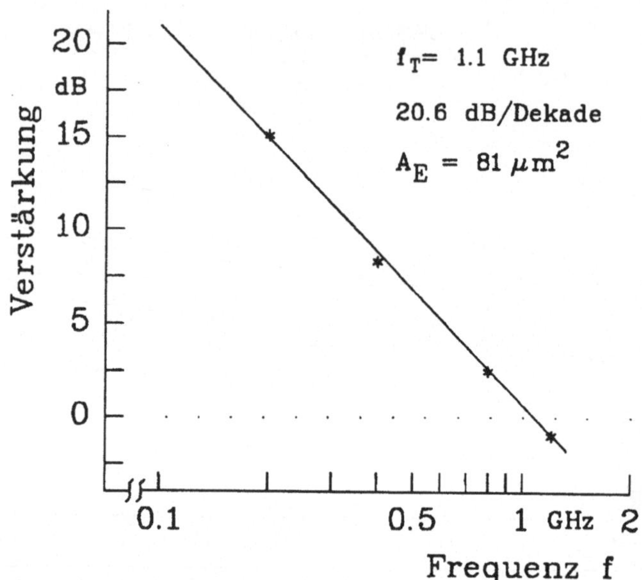

Bild 126: Bode-Diagramm für einen Bipolartransistor mit einer Emitterfläche von 81 μm²

Zwar kann die hier vorgestellte BiCMOS-Technik in keiner Weise mit den modernen selbstjustierenden Bipolarprozessen konkurrieren, jedoch ermöglicht sie - in Relation zur Prozeßkomplexität gesehen - eine Integration von Bipolartransistoren guter Qualität mit wenigen, den CMOS-Fertigungsablauf ergänzenden technologischen Maßnahmen.

8.3 Nichtflüchtige Speichertransistoren zur Offset-Kompensation

Für viele Anwendungen in der Schaltungstechnik ist eine Speicherung von digitalen und analogen Werten notwendig, wobei auch nach dem Abschalten der Versorgungsspannung die Information erhalten bleibt, zusätzlich jedoch jederzeit eine Änderung des Speicherinhaltes möglich ist. Für die optoelektronische Integrationstechnik ist im Speziellen ein Offset-Spannungsabgleich der CMOS-Verstärker erforderlich, um die oftmals sehr geringen Fotoströme entsprechend den Systemanforderungen in mehreren Stufen verstärken zu können. Weitere Einsatzbereiche für nichtflüchtige Analogwertspeicher sind beispielsweise die Nachbildung adaptiver synaptischer Gewichtungskomponenten in Neuronalen Netzen /141/, oder die Selbstkalibrierung von elektrischen Systemen /142/, speziell der analogen Komponenten in den Schaltungen.

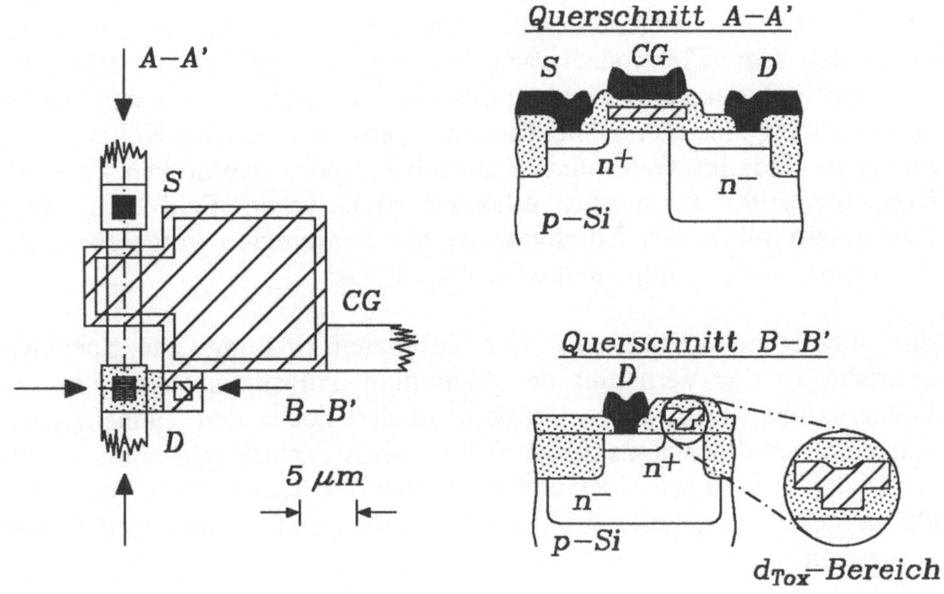

Bild 127: Querschnitt und Aufsicht eines prozeßkompatiblen Floating-Gate Transistors (D=Drain, S=Source, CG=Kontrollgate)

Mit Blick auf eine geringe Ausweitung des zugrundeliegenden LOCOS-CMOS-Prozesses bietet sich insbesondere der Floating-Gate-Transistor als integrationsgerechte Implementierungsform der nichtflüchtigen Analogwertspeicherung an. Der technologisch bedingte Zusatzaufwand beschränkt sich lediglich auf die Fertigung des Tunneloxides im Kanalbereich eines n-MOS-Transistors. Nach der Gateoxidation ist dazu ein naßchemischer Ätzprozeß zum Öffnen eines Tunnelfensters erforderlich. Das Tunneloxid wächst bei 800°C in trockener Sauerstoffatmosphäre auf etwa 4,5 nm Dicke in dieser Öffnung auf, wobei die Gateoxiddicke aufgrund der geringen Sauerstoffdiffusion im bereits gewachsenen Oxid nur vernachlässigbar gering an Stärke zunimmt. Als Kontrollgate zum Auslesen und zum Programmieren bzw. Löschen des Transistors dient eine Aluminiumelektrode, die in Form eines Polysilizium-Aluminium Kondensators über dem Floating-Gate strukturiert wird.

Entscheidend für das Funktionsprinzip dieses Transistortyps ist die kontinuierliche Einstellbarkeit des Oberflächenpotentials im Halbleitermaterial durch die Speicherung unterschiedlicher Ladungsmengen auf der floatenden Gate-Elektrode. Dazu ist, wie in Bild 127 zu erkennen, bei den entwickelten Floating-Gate-Transistoren zur ausreichenden Unterstützung des Tunnelmechanismus' eine zusätzliche Koppelfläche zwischen Floating-Gate und Kontrollelektrode erforderlich, die als Koppelkapazität zu einem erhöhten elektrischen Feld über dem Tunneloxid führt. Als Löschgate ist die Drainregion vorgesehen, die daher durch eine n^--Implantation erweitert wird.

Ein wichtiger Parameter für den optimalen Floating-Gate Speichertransistor ist das Verhältnis der Aluminium-Polysilizium-Kapazität zur Tunneloxidkapazität. Diese Größe beinhaltet neben den Tunnelfenster- und Kapazitätsflächen als Entwurfsdaten auch Technologieparameter wie die Dicke des Tunneloxides und die Stärke des Kapazitätsdielektrikums. Durch diese Parameter ist die Höhe der benötigten Programmierspannung vorbestimmt.

In Bild 128 sind Meßergebnisse der Programmiercharakteristiken dargestellt. Sie unterstreichen die Tauglichkeit dieses Zellentyps als Analogwertspeicher, obwohl die üblichen Degradationserscheinungen zu geringen Veränderungen im Programmierverhalten führen. Neben einer hohen Speicherfestigkeit zeichnet sich dieser Floating-Gate-Transistor insbesondere wegen seiner gering ausfallenden effektiven Programmier- und Löschspannungen aus. Die bei höheren Spannungen zwingend notwendige Aufweitung des Herstellungsprozesses für die zusätzliche Integration von DMOS-Transistoren zum Schalten der Programmierspannung entfällt somit.

Die mit o. a. Technik prozeßkompatibel integrierten EAROM-Zellen zeigen hervorragende Speichereigenschaften, die ihre Eignung zur Analogwertspeicherung bestätigen. Jedoch ist ihr Platzbedarf infolge der vergleichsweise großen externen Koppelfläche erheblich, wodurch ihre

Einsatzmöglichkeiten in der Höchstintegration bzw. in komplexen integrierten Schaltungen erheblich eingeschränkt sind.

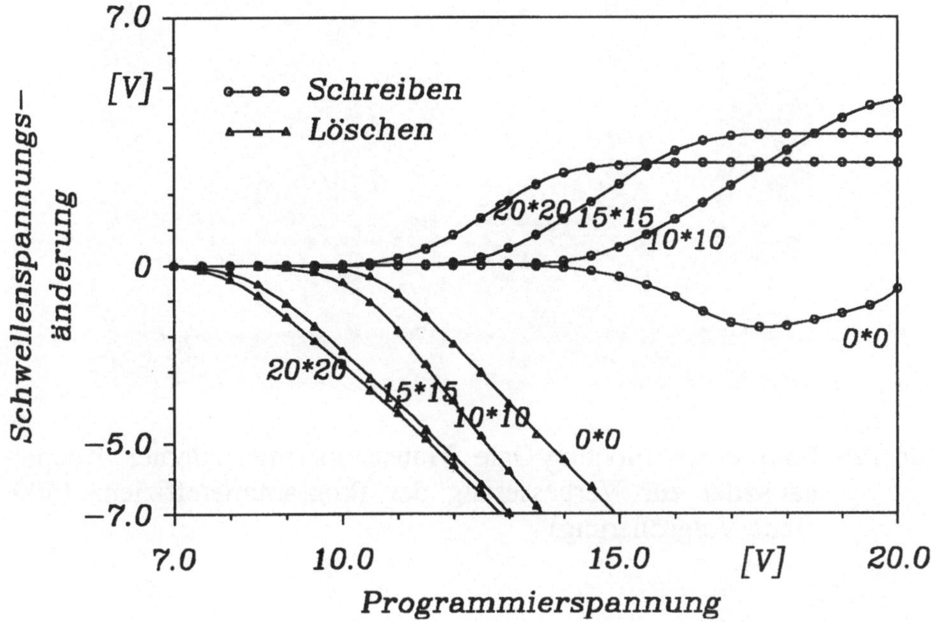

Bild 128: Programmier- und Löschcharakteristik der integrierten MOS-kompatiblen Floating-Gate Speichertransistoren in Abhängigkeit von der Fläche der externen Koppelkapazität

Der zusätzliche Platzbedarf für die externe Koppelfläche zwischen Floating- und Kontroll-Gate kann aber reduziert oder sogar vermieden werden, wenn Schichtdielektrika mit erheblich höheren Dielektrizitätskonstanten als 3,9 im Fall des SiO_2 eingesetzt werden. Eine besondere Bedeutung kommt dabei dem Ferroelektrikum PZT zu /143/. Blei-Zirkonat-Titanat ($Pb[Zr;Ti]O_3$) zeichnet sich nicht nur durch seine hohe Dielektrizitätskonstante von bis zu 800 aus, es ist auch ein sehr hochohmiger Isolator. Entsprechend hergestellte Floating-Gate-Transistoren mit PZT als Schichtdielektrikum zwischen der Aluminium-Steuerelektrode und dem Floating-Gate zeigen, daß die Verwendung von PZT neben einer Steigerung der Programmiereffizienz zu kleineren Zellenabmessungen beiträgt /144/.

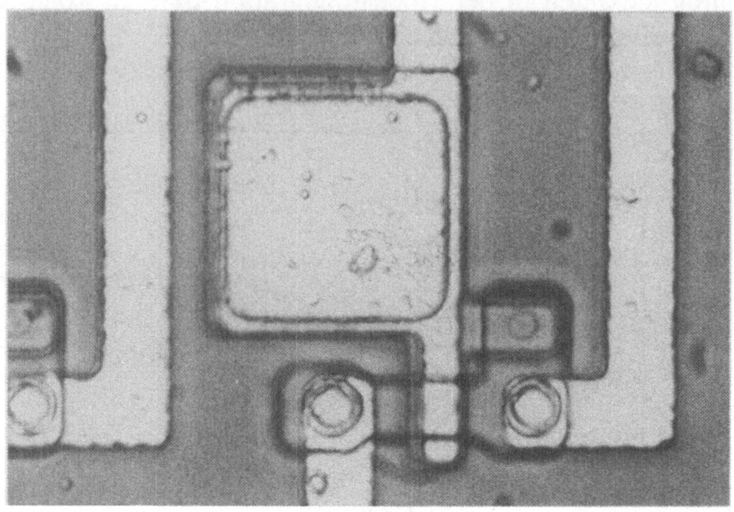

Bild 129: Foto eines Floating-Gate Transistors mit externer Koppelkapazität zur Verbesserung der Programmiereffizienz (500-
fache Vergrößerung)

Neben der hohen Dielektrizitätskonstanten zeichnet sich PZT auch durch
seine unter Feldeinfluß auftretende spontane Polarisation aus, so daß eine
Information durch Festlegen der Polarisation im Material abgelegt
werden kann. Die Untersuchungen, PZT direkt als speicherndes Medium
für die Analogwertspeicherung heranzuziehen, bestätigen die prinzipielle
Eignung des Materials aufgrund seines Hystereseverhaltens in der
Polarisation bei Variation der Feldstärke. Jedoch treten erhebliche
Probleme bei der direkten Beschichtung des Siliziums mit PZT auf.
Einerseits sind die aufgebrachten Schichten auf Siliziumsubstrat von
deutlich geringerer Qualität als z. B. auf Platin, andererseits ist eine
Einbindung der Elemente Blei und Zirkon in den CMOS-Prozeß unerwünscht. In diesem Bereich sind daher noch intensive Forschungsarbeiten notwendig, um eine kompatible Herstellung eines PZT-Transistors zu ermöglichen.

Sowohl für die Modellierung des Programmierverhaltens /145/ als auch
für die Simulation mit BONSAI /146/ oder SPICE /147/ sind die nichtflüchtigen Analogwertspeicher charakterisiert worden, um sie schaltungstechnisch anwenden zu können. Eingesetzt werden die Floating-

Gate-Strukturen bereits als Gewichtungskomponenten in einem Neuronalen Netz /148/. Neben den Floating-Gate-Strukturen beinhaltet die Testschaltung auch die zur Änderung der Gewichtung erforderlichen Ansteuer- und Auswerteeinheiten. Bild 129 vermittelt einen detaillierten Eindruck von einer einzelnen Gewichtungseinheit.

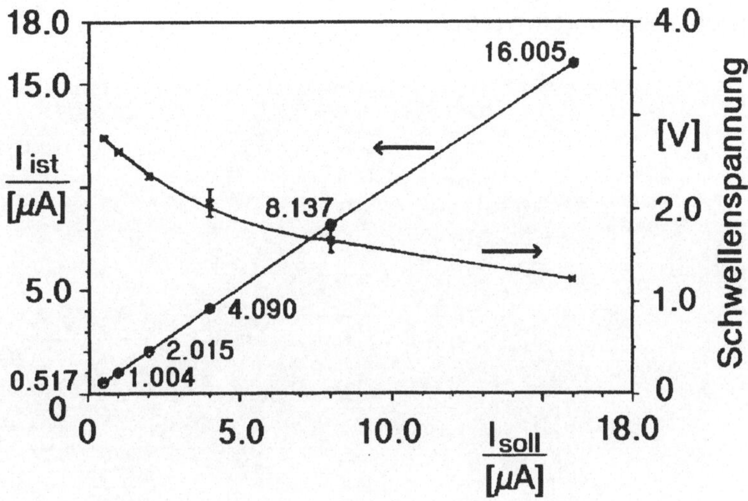

Bild 130: Justiergenauigkeit der Soll- zur Istspannung durch Programmierung einer Floating-Gate-Speicherzelle

Des weiteren sind Schaltungskonzepte simuliert, realisiert und analysiert worden, in denen die Floating-Gate-Strukturen zur nachträglichen Justage von Schaltungskenngrößen herangezogen werden. Zu nennen sind hier der Offsetabgleich von Differenzstufen und Verstärkern mit Floating-Gate-Transistoren und die Umsetzung eines selbstkalibrierenden DA-Konverters, der aufgrund des Einsatzes von Floating-Gate-Strukturen eine höhere Linearität erlaubt /149/.

Bei vielen Anwendungen der optoelektronischen Systeme ist eine hohe Verstärkung des relativ geringen Fotostroms erforderlich, um nutzbare Signalpegel zu erreichen. Wegen Parameterstreuungen an den MOS-Transistoren wirkt sich eine große Verstärkung ungünstig auf den Offset der Schaltungen aus. Zur Unterdrückung des Offsets ist einerseits ein externer Abgleich des Verstärkers möglich, andererseits kann die

Schaltung aber auch intern mit Hilfe eines Floating-Gate Transistors kompensiert werden. Wie die Untersuchungen gezeigt haben, läßt sich nach dem Anlegen der Betriebsspannung der Strom durch den Floating-Gate-Transistor mit Hilfe einzelner Programmierimpulse iterativ bis zum optimalen Abgleich verändern /150/ (Bild 130). Dabei kann über eine Regelschleife sogar ein Selbstabgleich der Schaltungen erfolgen, so daß zeitliche Änderungen im Offset - z. B. durch Temperaturdrift - automatisch abgefangen werden.

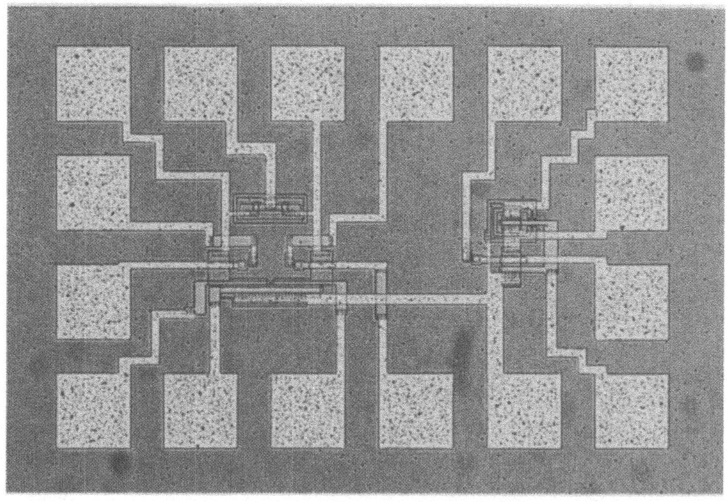

Bild 131: Differenzstufe mit Floating-Gate-Zelle zum Abgleich der Schaltung (100-fache Vergrößerung) /151/

Die vorgestellten zusätzlichen Schaltungselemente LDD- und Offset-Kurzkanal-Transistoren, die Bipolartransistoren und die zur Analog-wertspeicherung geeigneten Floating-Gate-Zellen lassen sich alle ohne wesentliche Aufblähung des SWAMI-LOCOS-Prozesses in den Techno-logieablauf einfügen. Damit wird erst durch diese den CMOS-Prozeß ergänzenden Schaltungselemente ein weitgehend optimiertes optoelek-tronisches Gesamtsystem mit der zusätzlichen Möglichkeit zur Einbin-dung von mikromechanischen Komponenten möglich.

9 Ausblick

Neben den genannten Anwendungen der Integrierten Optik auf Silizium wie interferometrische Entfernungsmessungen oder dem Auslesen von mikromechanischen Sensoren stehen die Einsatzgebiete der Datenübertragung in der Kommunikationstechnik. Obwohl die maximalen Datenraten im Vergleich zur Silizium-Bipolar- oder GaAs-Technologie im Fall der CMOS-Schaltungen relativ gering sind, entsprechen sie doch einer Vielzahl von Anforderungen, z. B. für Anwendungen im Audiobereich oder als Schnittstelle der Glasfaser zu den Endgeräten bei der optischen Datenübertragung.

Die Integration eines Spektrometers einschließlich der Detektorzeile zum Auslesen des Spektrums bietet auf Siliziumsubstrat eine kostengünstige Analysemöglichkeit für Gase oder Flüssigkeiten. In modularer Integrationstechnik läßt sich die Detektorzeile direkt an die CMOS-Verstärker ankoppeln, wobei die Empfindlichkeit der Verstärker - zum Ausgleich der spektralen Intensitätsverteilung der Lichtquelle - über EAROM-Zellen abgeglichen und dauerhaft programmiert werden kann.

Weitere Applikationen sind im Bereich der Silizium-Technologie selbst, z. B. der WSI-Technik, in Entwicklung. Hier bietet es sich an, die zeitkritische Taktversorgung auf der Siliziumscheibe mit Hilfe optischer Wellenleiter zu realisieren. Der von einer modulierten Laserdiode gelieferte Takt wird von den Wellenleitern über Verzweigungen bis zu den einzelnen Schaltungen des Wafers geführt und dort per Fotodetektor und Verstärker in einen elektrischen Takt umgewandelt.

Vergleichbare Anwendungen sind in einzelnen komplexen und besonders zeitkritischen CMOS-Schaltungen ebenso möglich wie in den Multi-Chip-Modulen (MCM's) moderner Großrechenanlagen. Eingehende Untersuchungen haben bereits gezeigt, daß eine optische Signalübertragung schon bei der geringen Entfernung von etwa 2 mm günstiger sein kann als die herkömmliche Leiterbahn aus Aluminium, bzw. seinen Legierungen /152/.

Anstelle eines modulierten Senders ist alternativ ein optischer Schalter möglich, der durch Abscheidung eines als Wellenleiter geeigneten Materials mit optoelektrischem Effekt auf Silizium gefertigt und zur Pulsung einer konstanten Lichtquelle verwendet wird. Diese Schalter ermöglichen eine Signalmodulation auf dem Siliziumchip, so daß für viele verschiedene Datenübertragungen nur ein einziger unmodulierter Sender erforderlich ist.

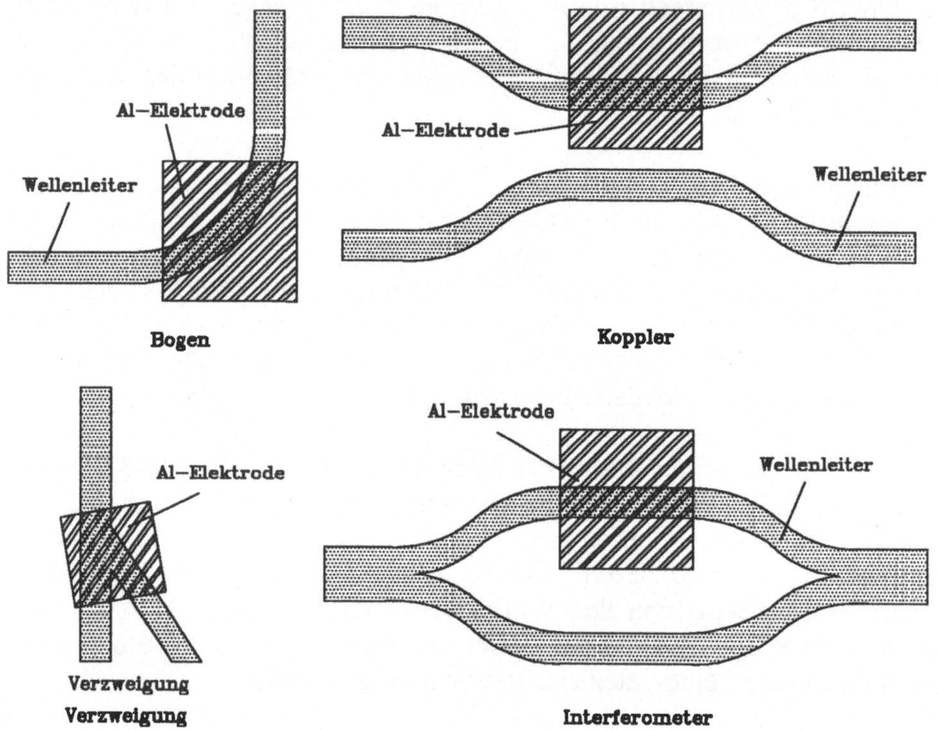

Bild 132: Bauformen der elektrisch gesteuerten optischen Schalter für eine Datenübertragung auf dem Chip

Für den Schalter bieten sich neben den bekannten $LiNbO_3$- und GaAs-Schichten spezielle Stoffe, wie z. B. die bei der nichtflüchtigen Speicherfertigung genannten Ferroelktrika an. Bei relativ geringen Spannungen sind diese Materialien in der Lage, innerhalb von Nanosekunden über ihren Polarisationszustand ihre Dielektrizitätszahl und somit ihren

Brechungsindex zu verändern. Diese spannungsgesteuerte Brechzahl-
änderung läßt sich zur elektrischen Modulation eines Lichtsignals verwenden, wobei die verschiedenen Bauformen in Bild 132 dargestellt
sind. Besonders platzsparend und deshalb für die monolithische Integrationstechnik geeignet ist die Verzweigung, bei der sich das Licht im
unpolarisierten Zustand geradlinig ausbreitet, bei einem anliegenden
elektrischen Signal jedoch zum Lot hin gebrochen wird und dement-
sprechend der Abzweigung folgt.

Zu lösen bleibt das Problem des integrierten Lichtemitters auf Silizium,
denn das Aufbringen und die Justierung einer externen Laserdiode
erschwert den industriellen Einsatz der optoelektronischen Systeme. Erste
Ansätze sind auch hier in Entwicklung. Die bereits genannten porösen
Siliziumschichten werden voraussichtlich in nächster Zukunft weiterentwickelt und mit höherer Quantenausbeute arbeiten. Um eine
Ansteuerung über MOS-Transistoren zu ermöglichen, muß jedoch die
zum Betrieb erforderliche Leistung noch drastisch reduziert werden.
Problematisch ist des weiteren die Einbindung dieses Schaltungselementes in einen Integrationsprozeß sowie die Einkopplung des abge-
strahlten Lichtes in den Lichtwellenleiter.

Neuere Untersuchungen an lichtemittierenden MOS-Transistoren zeigen
bereits Wege zur Einkopplung der elektromagnetischen Strahlung in
wellenführende Schichten auf. Das vom Kurzkanal-Transistor abgestrahlte Licht läßt sich über einen 45°-Spiegel teilweise in einen über dem
Transistor verlaufenden mehrmodigen Wellenleiter einspeisen. Günstig
erscheint dazu eine stark brechende lichtführende Schicht, um einen
möglichst großen Akzeptanzwinkel bei der Signaleinkopplung zu
erreichen. Obwohl die im Wellenleiter geführte Intensität aufgrund der
geringen Strahlungsleistung des MOS-Transistors schwach ist, bietet
diese Technik eine erste Möglichkeit zur Realisierung von Optokopplern
im Silizium.

Für Anwendungen in der niederfrequenten optischen Datenübertragung
reichen die genannten Lichtemitter bereits aus, jedoch sind sie für
interferometrische Zwecke völlig ungeeignet. Das abgestrahlte Licht
weist ein kontinuierliches Spektrum auf und breitet sich divergent aus, so
daß aufgrund der fehlenden Phasenbeziehung keine Interferenzen
entstehen können. Zudem ist die erforderliche Langzeitstabilität der im

Durchbruch betriebenen MOS-Transistoren nicht gegeben, so daß die Zuverlässigkeit der Systeme bei möglichen Anwendungen fehlt.

Die zur Verbesserung der Verstärkereigenschaften vorgestellten Schaltungselemente Kurzkanal- und Bipolartransistoren, sowie die Floating-Gate-Analogwertspeicherzelle werden die weitere Entwicklung der Fotostromverstärker mitbestimmen, denn nur der konsequenten Einsatz von LDD- und Offset-Transistoren mit Dimensionen im Submikrometerbereich, bzw. alternativ der npn-Bipolartransistoren, ermöglicht Schaltgeschwindigkeiten bis weit über 50 MHz. Für die Offsetkompensation und die Arbeitspunkteinstellung der Verstärkerschaltungen mit Kurzkanal-Transistoren sind Floating-Gate-Speicherelemente zwingend erforderlich, denn die Paarungsgenauigkeit nimmt bei dieser Skalierung stetig ab. Empfindliche, schnell arbeitende Systeme lassen sich folglich nur mit diesen kompatibel zum CMOS-Prozeß integrierbaren Komponenten erreichen.

10 Zusammenfassung

Auf den Grundlagen der Mikroelektronik, der Mikromechanik und der Integrierten Optik ist eine Technologie zur monolithischen Integration optoelektronischer Systeme mit mikromechanischen Komponenten auf Siliziumsubstrat vorgestellt worden. Ausgehend von einem einfachen CMOS-Prozeß wurde durch Anwendung einer fortschrittlichen Technik der Lokalen Oxidation zur Erzeugung einer planaren Scheibenoberfläche erstmals die Voraussetzung für die gemeinsame Integration der bisher getrennten Zweige der Siliziumtechnologie geschaffen. Durch eine offene Gestaltung der Prozeßführung in Verbindung mit der gezielten Anpassung der vorhandenen und der erforderlichen zusätzlichen Einzelprozesse an den Ablauf der CMOS-Technologie wurden erste komplexe Systeme entworfen, gefertigt und getestet.

Zur Umsetzung des im Wellenleiter geführten Lichts in ein elektrisches Signal sind Fotodioden unterschiedlicher Bauform getestet worden. Ihre Schaltgeschwindigkeit ist jedoch aufgrund der Dotierungsverhältnisse im Silizium bei einer zum CMOS-Prozeß kompatiblen Fertigung stark eingeschränkt: die Diffusion der generierten Ladungsträger führt in Verbindung mit der gegenüber den direkten Halbleitermaterialien langen Ladungsträgerlebensdauer zu einer maximalen Bandbreite von einigen 100 kHz. Besser geeignet sind die durch eine den CMOS-Prozeß ergänzende Dotierung kompatibel integrierbaren Fotobipolartransistoren. In geeigneten Grundschaltungen erlauben diese Schaltungselemente eine Grenzfrequenz von über 15 MHz.

Als Schnittstelle zwischen der Mikroelektronik und der Integrierten Optik wurden die Stoß- und die Leckwellenkopplung in unterschiedlichen Realisierungsformen betrachtet. Als besonders geeignet hat sich hier die neu entwickelte Stoßkopplung über Spiegel gezeigt. Sie verbindet die bisher ausschließlich der Leckwellenkopplung zugesprochenen Vorteile der mehrfachen Signalabtastung an einem Wellenleiter mit einer hohen Koppeleffizienz. Dagegen führt die direkte Stoßkopplung der Wellenleiter an Fotodetektoren zu Reflexionsverlusten und im CMOS-Bereich zu parasitären Kanälen in den MOS-Transistoren, die als Leckstrom vom Drain zum Source unzureichende Sperreigenschaften bewirken.

Die Leckwellenkopplung erfordert im monolithischen Integrationsprozeß eine stufenlose Scheibenoberfläche. Die durch Anwendung der SWAMI-LOCOS-Technik erzeugte Oberflächenplanarität zeigt eine Misch-kopplung mit einem wesentlichen Anteil direkter Stoßkopplung, so daß die prinzipiellen Vorzüge der im Entwurf zu definierenden Kopplungs-effizienz nicht gegeben sind. Es ist eine zusätzliche Oxidabscheidung zum Auffüllen der die Aktivgebiete umlaufenden Einschnürungen zur Verbesserung der Planarität erforderlich, die jedoch gleichzeitig zur optischen Isolation des Wellenleiters vom aktiven Silizium beiträgt und damit den Wirkungsgrad der Ankopplung herabsetzt. Steigern läßt sich die Effizienz der Kopplung durch eine Strahlablenkung an einem integrierten Spiegel, der die Leckwellenkopplung - je nach Strukturie-rungstiefe des Spiegels - partiell oder vollständig in eine Stoßkopplung umwandelt.

Von den in dieser Arbeit entwickelten Techniken zur monolithischen Systemintegration zeichnet sich die modulare Fertigungstechnik durch eine nahezu ungeänderte Prozeßführung zur Schaltungsintegration aus. Gegenüber dem Standard-Technologieablauf sind nach den Dotierungs-schritten nur eine zusätzliche Deposition zur Verstärkung der optischen Isolation und die Abscheidung der SiON-Wellenleiter, sowie zwei Foto-techniken zur Strukturierung der Rippenwellenleiter und der Koppel-spiegel erforderlich.

Der vollintegrierte optoelektronische Prozeß erfordert demgegenüber wesentliche Eingriffe in den Standardfertigungsablauf. Zur optischen Isolation der Wellenleiter ist eine hohe Feldoxiddicke erforderlich, die mit der bisher aus der Literatur bekannten Maskierung in SWAMI-LOCOS-Technik nicht mehr hergestellt werden kann. Die entwickelte verbesserte Maskierung ermöglicht auch in dieser Technik eine Systemintegration, jedoch sind die notwendigen einzelnen Prozeßschritte nicht in der für die Leckwellenkopplung erforderlichen Präzision reproduzierbar durchzuführen. Aufgrund der erheblichen Eingriffe in den Prozeßablauf ist diese Technik nicht zur Übertragung auf eine industrielle Fertigung geeignet.

SOI-Prozesse für die Systemintegration lassen sich in Form von rekristallisierten Siliziumschichten auf thermischem Oxid nutzen. Sie scheiden aber wegen unzureichender analoger Schaltungseigenschaften und mangelnder Ausbeute für die Fertigung derart komplexer Systeme aus. Ihr einziger Vorteil - die hohe mögliche Schaltgeschwindigkeit für integrierte Fotodioden - wirkt sich infolge der geringen Kristallqualität nicht auf die Grenzfrequenz der integrierten Gesamtsysteme aus.

Zur Integration mikromechanischer Komponenten in den optoelektronischen Gesamtprozeß sind Oxid- bzw. Oxinitridschichten im Trockenätzverfahren strukturiert worden. Die entwickelte Technik der lokalen Unterätzung des Oxids/Oxinitrides ist zur Fertigung von Zungen und Membranen in der Sensorik geeignet. Obwohl die Langzeitstabilität dieser Strukturen noch nicht überprüft worden ist, zeigen die ersten Ergebnisse die prinzipielle Eignung dieser Schichten für die Systemintegration.

Zur Aufbereitung der oft geringen Fotostromsignale sind empfindliche Verstärker nach dem Transimpedanzprinzip unter Berücksichtigung der Paarungsgenauigkeit vorgestellt worden. Anhand gefertigter Muster konnte ein für die CMOS-Technik ungewöhnlich guter Signal/Rausch-Abstand von 32 dB bei einer Bandbreite von 250 kHz und einem Eingangssignal von 10 nA erreicht werden. Alternativ zeigen Linearverstärker für hohe Schaltgeschwindigkeiten eine intensitätsproportionale Fotostromverstärkung bis 15 MHz Schaltfrequenz, oder als sensitive Verstärker Transimpedanzen von 500 mV/µA.

Für eine weitere Steigerung der Schaltgeschwindigkeit und der Systemempfindlichkeit sind die Integrationsprozesse für Transistoren kurzer Kanallänge, Bipolartransistoren und Floating-Gate Speichertransistoren entwickelt und in ersten Schaltungen getestet worden. Sie ermöglichen neben einer Flächenreduzierung für die mikroelektronischen Komponenten eine Offset-Spannungsunterdrückung in den Verstärkern und höhere Grenzfrequenzen der Gesamtsysteme.

Die Umsetzung der verschiedenen Integrationskonzepte in Silizium bestätigt die Funktionsfähigkeit der einzelnen Technologien im optoelektronischen/mikromechanischen Gesamtsystem, sowie deren jeweiligen Schnittstellen untereinander. Ausgehend vom im Wellenleiter geführten Licht ist über die Schnittstelle zur Mikroelektronik im Fotodetektor ein Stromsignal generiert und über einen Verstärker aufbereitet worden. Als eindrucksvolles Beispiel für die Leistungsfähigkeit der Systemintegration auf Silizium ist ein Drucksensor mit optischer Auslesetechnik und elektronischer Signalaufbereitung vorgestellt worden.

Mit den in diesem Buch dargestellten Ergebnissen sind neue Wege für die Siliziumtechnologie aufgezeigt worden, die eine Vielzahl von Anwendungen in der Systemintegration bzw. Mikrosystemtechnik ermöglichen. Dazu trägt neben den für die Mikromechanik wichtigen Materialeigenschaften und dem hohen Entwicklungsstand der Mikroelektronik insbesondere die weit verbreitete Prozeßtechnik bei, die eine schnelle Übertragung in andere Technologielinien und eine breitere Anwendung der entwickelten Komponenten ermöglichen.

Anhang A: Abkürzungsverzeichnis

APCVD	Atmospheric Pressure Chemical Vapor Deposition
BiCMOS	Bipolar Complementary Metal Oxide Semiconductor
CCD	Charge Coupled Device
CMOS	Complementary Metal Oxide Semiconductor
DMOS	Double-diffused Metal Oxide Semiconductor
DRAM	Dynamic Random Access Memory
EAROM	Electrical Alterable Read Only Memory
EDP	Ethylenediaminepyrocatechol
EEPROM	Electrical Erasable Programmable Read Only Memory
HF	Flußsäure
JFET	Junction Field Effect Transistor
LDD	Lightly Doped Drain
LOCOS	Local Oxidation of Silicon
LPCVD	Low Pressure Chemical Vapor Deposition
MCM	Multi-Chip-Modul
MOS	Metal-Oxide-Semiconductor
PECVD	Plasma Enhanced Chemical Vapor Deposition
PZT	Blei-Zirkonat-Titanat
REM	Rasterelektronenmikroskop
RF	Radio-Frequency
RIE	Reactive Ion Etching
SBC	Standard Buried Collector
SILO	Sealed Interface Local Oxidation
SiON	Siliziumoxinitrid
SOI	Silicon On Insulator
SPOT	Self-aligned Planar Oxidation Technology
SWAMI	Side Wall Masked Isolation
TE	Transversal elektrisch
TMP	Trimethylphosphat
TEOS	Tetraethylorthosilikat
TM	Transversal magnetisch
ULSI	Ultra Large Scale Integration
VLSI	Very Large Scale Integration
WSI	Wafer Scale Integration

Anhang B: Prozeßfolge der vollintegrierten Technik

Substrat: <100>-orientiertes Si, Bor-dotiert, 10-25 Ohm cm

SWAMI-LOCOS

Padoxidation	20 nm
Oberflächennitridabscheidung	150 nm
Fototechnik Aktivgebiete	
Nitrid ätzen im Plasma	150 nm
Oxid ätzen im Plasma	20 nm
Silizium ätzen im Plasma: - Leckwellenkopplung	1,05 µm
- Stoßkopplung	1,5 µm
Padoxidation	10 nm
Flankennitridabscheidung	100 nm
Flankennitridätzung im Plasma	100 nm

CMOS-n-Wanne

Fototechnik n-Wannen	
Wannen-Implantation Phosphor	
Fototechnik Feldbereiche	
Feld-Implantation Bor	
Nachdiffusion / Feldoxidation	2,1 µm

Mikromechanik

* Fototechnik Ätzöffnungen	
* Feldoxid ätzen im Plasma	2,1 µm
* Silizium isotrop ätzen im Plasma	>3 µm

CMOS-Prozeß

Nitrid anätzen im Plasma	100 nm
Nitrid ablösen in Phosphorsäure	
Gateoxidation	40 nm

Schwellenspannungs-Implantation Bor
Polysiliziumabscheidung   330 nm
$POCl_3$-Belegung
Fototechnik Gateelektroden
Polysilizium ätzen im Plasma   330 nm
Fototechnik D/S p-MOS
Implantation Bor
Fototechnik D/S n-MOS
Implantation As
Aktivierungstemperung

Mikromechanik

* Fototechnik Ätzöffnungen
* Feldoxid ätzen im Plasma   2,1 µm
* Silizium isotrop ätzen im Plasma   >3 µm

Wellenleiter

SiON-Abscheidung   500 nm
+ SiO_2-Abscheidung   500 nm
+ Fototechnik Wellenleiter
+ SiO_2 ätzen   400 nm

Kapazitäten

Fototechnik Kapazitätsgebiet
SiON/Zwischenoxid ätzen   500 nm/1,1 µm
TEOS-Abscheidung als Dielektrikum   80 nm

Metallisierung

Fototechnik Kontaktöffnungen
SiO_2/SiON ätzen im Plasma   100/500 nm
Ti-Barriere sputtern   100 nm
Ti-Temperung
Al sputtern   1 µm
Fototechnik Metallisierung
Al ätzen im Plasma   1 µm
Ti ätzen im Plasma   100 nm
Legierungstemperung

Mikromechanik

* Fototechnik Ätzöffnungen
* Feldoxid ätzen im Plasma   2,1 µm
* Silizium isotrop ätzen im Plasma   >3 µm

Passivierung

Oberflächenpassivierung   700 nm
Fototechnik Anschlußpads
Oberflächenpassivierung ätzen   700 nm

Die mit "*" gekennzeichneten Prozeßschritte der Mikromechanik lassen sich wahlweise an den entsprechenden Abschnitten des vollintegrierten Fertigungsablaufes einfügen. Der Einbau als letzter Prozeßabschnitt ermöglicht kein Verschließen der Ätzöffnungen.

Die mit "+" gekennzeichnete Rippenstrukturierung des Wellenleiters kann als Oberflächenpassivierung zum Abschluß der Prozeßführung durchgeführt werden.

Anhang C: Prozeßfolge zur modularen Integrationstechnik

Substrat: <100>-orientiertes Si, Bor-dotiert, 10-25 Ohm cm

SWAMI-LOCOS

Padoxidation	20 nm
Oberflächennitridabscheidung	150 nm
Fototechnik Aktivgebiete	
Nitrid ätzen im Plasma	150 nm
Oxid ätzen im Plasma	20 nm
Silizium ätzen im Plasma	ca. 400 nm
Padoxidation	10 nm
Flankennitridabscheidung	100 nm
Flankennitridätzung im Plasma	100 nm

CMOS-n-Wanne

Fototechnik n-Wannen	
Wannen-Implantation Phosphor	
Nachdiffusion	
Feldoxidation	700 nm
Fototechnik Feldbereiche	
Feld-Implantation Bor	

Mikromechanik

* Fototechnik Ätzöffnungen	
* Feldoxid ätzen im Plasma	700 nm
* Silizium isotrop ätzen im Plasma	>3 µm

CMOS-Prozeß

Nitrid anätzen im Plasma	30 nm
Nitrid ablösen Phosphorsäure	
Gateoxidation	40 nm
Schwellenspannungs-Implantation Bor	

Polysiliziumabscheidung   330 nm
$POCl_3$-Belegung
Fototechnik Gateelektroden
Polysilizium ätzen im Plasma   330 nm
Fototechnik D/S p-MOS
Implantation Bor
Fototechnik D/S n-MOS
Implantation As

Mikromechanik

* Fototechnik Ätzöffnungen
* Feldoxid ätzen im Plasma   700 nm
* Silizium isotrop ätzen im Plasma   >3 µm

Kapazitäten

PSG-Abscheidung   600 nm
Fototechnik Kondensatoren
PSG ätzen im Plasma   600 nm
TEOS-Abscheidung   80 nm

Metallisierung

Fototechnik Kontaktöffnungen
PSG ätzen im Plasma   680 nm
Ti-Barriere sputtern   100 nm
Ti-Temperung
Al sputtern   1 µm
Fototechnik Metallisierung
Al ätzen im Plasma   1 µm
Ti ätzen im Plasma   100 nm
Legierungstemperung

Mikromechanik

* Fototechnik Ätzöffnungen
* Feldoxid ätzen im Plasma   700 nm
* Silizium isotrop ätzen im Plasma   >3 µm

Wellenleiter

SiO$_2$-Abscheidung	800 nm
SiON-Abscheidung	500 nm
SiO$_2$-Abscheidung	500 nm
Fototechnik Wellenleiter	
SiO$_2$ ätzen	400 nm

Anschlußflecken öffnen / Spiegelätzung

Fototechnik Kontaktöffnungen / Spiegel	
SiO$_2$/SiON/SiO$_2$ ätzen im Plasma	100/500/800 nm

Die mit "*" gekennzeichneten Prozeßschritte der Mikromechanik lassen sich wahlweise an den entsprechenden Abschnitten des sequentiellen Fertigungsablaufes einfügen

Literaturverzeichnis

/1/ D. G. Hall:"Survey on Silicon-Based Integrated Optics", IEEE
Computer-Soc. Magazine, Nr. 12, 1987, S. 25

/2/ S. Valette, S. Renard, H. Denis, J. P. Jadot, A. Fournier, P. Philippe,
P. Gidou, A. M. Grouillet, E. Desgranges:"Si-Based Integrated Optics
Technologies", Solid State Technology, Vol. 32, Nr. 2, 1989, S. 69 -
74

/3/ R. A. Soref, J. P. Lorenzo:"Silicon Guided-Wave Optics", Solid State
Technology, Vol. 31, Nr. 11, 1988, S. 95 - 98

/4/ A. Schlachetzki:"Optische Verbindungstechnik", ITG-Fachbericht
119, Mikroelektronik für die Informationsverarbeitung, VDE-Verlag,
1992, S. 159 - 175

/5/ K.-J. Ebeling:"Optoelektronische Informationstechnik: Trends und
Perspektiven", Informationstechnik it, Vol. 34, 1992, S. 229 - 240

/6/ G. Henning:"Treiber und Empfängerschaltungen zur Signalübertragung in VLSI-Systemen", Fortschritt-Berichte VDI, Reihe 9, Band
97, VDI-Verlag, Düsseldorf, 1989

/7/ R. Klein:"Integriert-optischer Ammoniaksensor", Universität Dortmund, Lehrstuhl für Hochfrequenztechnik, Jahresbericht 1990/91, S.
75 - 86

/8/ U. Hilleringmann, S. Adams, K. Goser:"Micromechanic Pressure
Sensors with Optical Readout and "on Chip" CMOS-Amplifiers Based
on Silicon Technology", Microsystem Technologies'94, Hrsg. H.
Reichl, A. Heuberger, VDE-Verlag, Berlin, 1994, S. 713 - 722

/9/ H. Iwai:"CMOS Device Architecture and Technology for the 0.25
Micron to 0.025 Micron Generations", ESSDERC'93, Hrsg. J. Borel,
P. Gentil, J. P. Noblanc, A. Nouailhat, M. Verdone, Grenoble, 1993,
S. 513 - 520

/10/ F. S. Becker, H. Föll, K. Schlüter:"Die Mega-Generation", mc, Nr. 12, 1990, S. 60 -70

/11/ G. A. Sai-Halasz, M. R. Wordeman, D. P. Kern, E. Ganin, S. Rishton, D. S. Zicherman, H. Schmid, M. R. Polcari, H. Y. NG, P. J. Restle, T. H. P. Chang, R. H. Dennard.:"Design and Experimental Technology for 0,1-μm Gate-Length Low-Temperature Operation FET's", IEEE Electron Dev. Let., Vol. 8, 1987, S. 463 - 466

/12/ S. M. Sze: VLSI-Technology, McGraw-Hill, New York, 1988, S. 3

/13/ K. Goser: Großintegrationstechnik, Teil 2: Von der Grundschaltung zum Transistor, Hüthig-Verlag, Heidelberg, 1991, S. 300 - 310

/14/ T. Ohmi, T. Shibata:"Microcontamination-Advanced Manufacturing Process Technologies", ESSDERC'90, Hrsg. W. Eccleston, P. J. Rosser, A. Hilger-Verlag, 1990, S. 625 - 632

/15/ T. Giebel: Die Alterung bei n-Kanal MOS-Transistoren unter dem Einfluß hochenergetischer Ladungsträger: Der "Hot Electron"- Effekt, Fortschritt-Berichte VDI, Reihe 9, Nr. 81, VDI-Verlag, Düsseldorf, 1988

/16/ A. W. Wieder:"Systems on Chip - Die Herausforderung der nächsten 20 Jahre", Informationstechnik it, Vol. 34, 1992, S. 202 - 208

/17/ U. Rückert: Integrationsgerechte Umsetzung von assoziativen Netzwerken mit verteilter Speicherung, Fortschritt-Berichte VDI, Reihe 10, Band 130, VDI-Verlag, Düsseldorf, 1990

/18/ H. Klar, U. Ramacher, Hrsg.: Microelectronics for Artificial Neural Nets, Fortschritt-Berichte VDI, Reihe 21, Band 42, VDI-Verlag, Düsseldorf, 1989

/19/ G. Zimmer: CMOS-Technologie, Oldenbourg Verlag, München, 1982

/20/ U. Hilleringmann, T. Harms, S. Adams, I. Schönstein, K. Goser:"6 GHz 0,6 μm BiCMOS-Technologie mit MeV-Ionenimplantation", GME-Fachbericht 8: Mikroelektronik, VDE-Verlag, 1991, S. 363 - 368

/21/ T. Harms, K. Goser, U. Hilleringmann, W. R. Fahrner, K. Oppermann:"Semiconductor Device Fabrication with High Energy Ion Implantation", ESSDERC'89, Springer-Verlag, Berlin 1989, S. 33 - 36

/22/ I. Schönstein, U. Hilleringmann, K. Goser:"Simulation und Messung von modifizierten Submikrometer PMOS-Offset-Transistoren mit vergrößerter innerer Verstärkung", ITG-Fachbericht 119: Mikroelektronik für die Informationstechnik, VDE-Verlag, 1992, S. 235 - 240

/23/ A. Soennecken, U. Hilleringmann, K. Goser:"PZT und sein Einsatz in nichtflüchtigen Analogwertspeichern", ITG-Fachbericht 119: Mikroelektronik für die Informationsverarbeitung, 1992, S. 253 - 258

/24/ K. Goser: Großintegrationstechnik, Teil 1: Vom Transistor zur Grundschaltung, Hüthig (Eltex), 1990, S. 280 - 301

/25/ K. Knospe, B. Bröer, C. Heite, U. Hilleringmann, K. Goser:"Integrated CMOS Receiver Devices and Waveguides in Silicon-LOCOS-Technique", Tagungsband zur Opto 7, Nürnberg, 1990, S. 68 - 72

/26/ R. H. Havemann, R. H. Eklund:"Process Integration Issues for Submicron BiCMOS Technology," Solid State Technology, Vol. 35, Nr. 6, 1992, S. 71 - 76

/27/ B. Höfflinger, Hrsg.: Großintegration, Oldenbourg-Verlag, 1978

/28/ M. L. Polignano, N. Circelli:"Contact-Related Effects on Junction Behaviour", ESSDERC'90, Hrsg. W. Eccleston, P. J. Rosser, A. Hilger-Verlag, 1990, S. 81 - 84

/29/ A. C. Adams, C. D. Capio:"The Deposition of Silicon Dioxide Films at Reduced Pressure", Solid-State Science and Technology, Vol. 126, 1979, S. 1042 - 1046

/30/ E. Cullmann, K. Cooper, C. Reyerse:"Optimized Contact/ Proximity Lithography", Suss Report, Vol. 5, Nr. 3, 1991

/31/ K. Knospe: Integration von Optoelektronischen Bauelementen mit CMOS-Schaltungen in Silizium, Fortschritt-Berichte VDI, Reihe 9, Nr. 128, VDI-Verlag, Düsseldorf, 1992

/32/ G. N. Nasserbakht, J. W. Adkisson, B. A. Wooley, J. S. Harris, T. I. Kamins:"A Monolithic GaAs-on-Si Receiver Front End for Optical Interconnect Systems", IEEE Journ. of Solid-State Circuits, Vol. 28, 1993, S. 622 - 630

/33/ W. Karthe:"Stand der Technik der Integrierten Optik in LiNbO$_3$", Proceedings Sensor 91, Band VI, 1991, S. 5 - 14

/34/ D. Jestel, A. Baus, E. Voges:"High Resolution Interferometric Displacement Sensor Using Integrated Optics in Glass", Micro System Technologies 90, Hrsg. H. Reichl, Springer Verlag, Berlin, 1990, S. 733 - 738

/35/ J. Heibei: Ionenimplantierte optische Wellenleiter in Quarzglas und Lithiumniobat, Dissertation, Universität Dortmund, 1978

/36/ T. Nishimura, H. Aritome:"Optical Waveguides Fabricated by B Ion Implanted into Fused Quarz", Jap. Journ. of Appl. Phys., Vol. 13, Nr. 8, 1974, S. 1317 - 1318

/37/ M. K. Smit, G. A. Acket, C. J. Van der Laan:"Al$_2$O$_3$ Films for Integrated Optics", Thin Solid Films, Vol. 138, 1986, S. 171 - 181

/38/ T. Tamir: Guided-Wave Optoelectronics, Springer Series in Electronics and Photonics 26, Springer-Verlag, 1988, S. 326

/39/ H. Bezzaoui, A. Baus, E. Voges:"Integrierte Optik und Mikromechanik auf Silizium, Technologie und Komponenten", Abschlußbericht des Verbundprojektes:"Entwicklung eines CMOS-kompatiblen Gesamtprozesses zur Herstellung integriert-optoelektronischer Schaltungen auf Silizium", VDI/VDE Technologiezentrum Informationstechnik, Berlin, 1992, S. 21 - 49

/40/ D. Peters, K. Fischer, J. Müller:"Integrated Optics Based on Silicon Oxynitride Thin Film Deposited on Silicon Substrates for Sensor Applications", Sensors and Actuators, 1991, S. 425 - 431

/41/ H. Bezzaoui, A. Baus, E. Voges:"Integrated Optics on Silicon with PECVD-Fabricated Waveguides", Micro System Technology 90, Hrsg. H. Reichl, Berlin, 1990, S. 283 - 288

/42/ U. Beerschwinger, D. Mathieson, R. L. Reuben, S. J. Yang, D. S. Dhariwal, H. Ziad:"Tribological Measurements for MEMS Applications", Micro System Technologies'94, Hrsg. H. Reichl, A. Heuberger, VDE-Verlag, 1994, S. 115 - 124

/43/ H. Fujita:"Recent Progress of Microactuators and Micromotors", Micro System Technologies'94, Hrsg. H. Reichl, A. Heuberger, VDE-Verlag, 1994, S. 57 - 64

/44/ H. L. Hartnagel:"Möglichkeiten der neuen Mikromechanik", Fortschritt-Berichte VDI, Reihe 12, Nr. 179, VDI-Verlag, Düsseldorf, 1993, S. 210 - 218

/45/ M. Glesner, H.-J. Herpel, P. Windirsch:"Anwendungsspezifische Mikroelektronik für den Einsatz in der Mechatronik", Fortschritt-Berichte VDI, Reihe 12, Nr. 179, VDI-Verlag, Düsseldorf, 1993, S. 190 - 209

/46/ C.- J. Kim, A. P. Pisano, R. S. Muller:"Silicon-Processed Overhanging Microgripper", J. of Microelectromechanical Systems, Vol. 1, 1992, S. 31 - 36

/47/ K. S. J. Pister, M. W. Judy, S. R. Burgett, R. S. Fearing: "Microfabricated Hinges", Sensors and Actuators A, Vol. 33, 1992, S. 249 - 256

/48/ J. B. Price:"Anisotropic Etching of Silicon with KOH-H$_2$O-Isopropyl Alcohol", Semiconductor Silicon 1983, Hrsg. H. R. Huff, R. R. Burgess, The Electrochem. Soc. Softbound Symposium Ser., Princeton, New York 1983, S. 339

/49/ A. Reismann, M. Berkenblit, S. A. Chan, F. B. Kaufman, D. C. Green:"The Controlled Etching of Silicon in Catalyzed Ethylenediamine-Pyrocatechol-Water Solutions", J. Electrochem. Soc., Vol. 126, 1979, 1406 - 1415

/50/ H. Seidel:"Naßchemische Tiefenätzung", in: Mikromechanik, Hrsg. A. Heuberger, 1989, S.137 bzw.133

/51/ H. Seidel:"Naßchemische Tiefenätztechnik", in: Mikromechanik, Hrsg. A. Heuberger, Springer-Verlag, 1989, S. 125 - 171

/52/ H. Seidel:"Naßchemische Tiefenätztechnik", in: Mikromechanik, Hrsg. A. Heuberger, 1989, S. 145 bzw. 141

/53/ N. F. Ralay, Y. Sugiyama, T. van Duzer:"(100)Silicon Etch-Rate Dependence on Boron Concentration in Ethylenediamine-Pyrocatechol-Water Solutions", J. Electrochem. Soc., Vol. 131, 1984, S. 161 - 171

/54/ H. Robbins, B. Schwartz:"Chemical Etching of Silicon I: The System HF, HNO_3, and H_2O", J. Electrochem. Soc., Vol. 106, 1959, S. 505 - 508

/55/ H. Robbins, B. Schwartz:"Chemical Etching of Silicon II: The System HF, HNO_3, H_2O, and $HC_2H_3O_2$", J. Electrochem. Soc., Vol. 107, 1960, S. 108 - 111

/56/ B. Schwartz, H. Robbins:"Chemical Etching of Silicon III: A Temperature Study in the Acid System", J. Electrochem. Soc., Vol. 108, 1961, S.365 - 372

/57/ B. Schwartz, H. Robbins:"Chemical Etching of Silicon IV: Etching Technology", J. Electrochem. Soc., Vol. 123, 1976, S. 1903 - 1909

/58/ S. B. Felch, J. S. Sonico:"A Wet Etch for Polysilicon with High Selectivity to Photoresist", Solid State Technology, Vol. 29, 1986, S. 70

/59/ H. Seidel:"Naßchemische Tiefenätztechnik", in: Mikromechanik, Hrsg. A. Heuberger, 1989, S. 162 bzw. 164

/60/ O. J. Glembocki, R. E. Stahlbush, M. Tomkiewicz:"Bias-Dependent Etching of Silicon in Aqueous KOH", J. Electrochem. Soc., Vol. 132, 1985, S. 145 - 151

/61/ R. L. Meek:"Anodic Dissolution of n^+-Silicon", J. Electrochem. Soc., Vol. 118, 1971, S. 437 - 442

/62/ R. L. Meek:"Electrochemically Thinned n/n^+ Epitaxial Silicon - Method and Applications", J. Electrochem. Soc., Vol. 118, 1971, S. 1240 - 1246

/63/ C. P. Wen, K. P. Weller:"Preferential Electrochemical Etching of p^+ Silicon in an Aqueous $HF-H_2SO_4$ Electrolyte", J. Electrochem. Soc., Vol. 119, 1972, S. 547 - 548

/64/ M. Engelhardt, S. Schwarzl:"Deep Trench Etching using $CBrF_3$ and $CBrF_3$/Chlorine Gas Mixtures", Proc. of the Symp. on Dry Process, Hrsg. J. Nishizawa, Y. Horike, M. Hirose, K. Suto, Electrochem. Soc., 1987, S. 48 - 54

/65/ Lj. Ristic, D. Koury, E. Joseph, F. Shemansky, M. Kniffin:"A Two-Chip Accelerometer System for Automotive Applications", Micro System Technologies'94, Hrsg. H. Reichl, A. Heuberger, VDE-Verlag, 1994, S. 77 - 84

/66/ H. J. Kress, K. Häckel, O. Schatz, J. Muchow:"Monolithisch integrierter Silizium-Drucksensor mit programmierbarem Thyristor-Abgleich und on-chip-Temperaturkompensation", GME-Fachbericht 15, Mikroelektronik, 1995, S. 219 - 225

/67/ J. Pelka, U. Weigmann: Einsatz von Ionentechniken, in: Mikromechanik, Hrsg. A. Heuberger, Springer-Verlag, Berlin, 1989, S. 190

/68/ A. X. Saxena, D. Pramanik:"Planarization Techniques for Multilevel Metallization", Solid State Technology, Vol. 29, 1986, Nr. 10, S. 95 - 100

/69/ L. E. Stillwagon:"Planarization of Substrate Topography by Spin-Coated Films: A Review", Solid State Technology Vol. 30, Nr. 6, 1987, S. 67 - 71

/70/ Fa. Cybeq Systems, Informationsmaterial zur Polieranlage "Model 3900 Polisher", November 1991

/71/ J. A. Appels, E. Kooi, M. Paffen:"Local Oxidation of Silicon and its Application in Semiconductor Device Technology", Philips Research Report 25, 1979, S. 118 - 132

/72/ S. Wolf:"A Review of IC Isolation Technologies-Part I", Solid State Technology, Vol. 35, Nr. 3, 1992, S. 63 - 66

/73/ S. Wolf:"A Review of IC-Isolation Technologies-Part 2", Solid State Technology, Vol. 35, Nr. 5, 1992, S. 103 - 105

/74/ E. Bassous, H. H. Yu, V. Maniscalo:"Topology of Silicon Structures with recessed SiO_2", J. Electrochem. Soc., Vol. 123, 1976, S. 1729 - 1237

/75/ T. C. Wu, W. T. Stacy, K. N. Ritz:"The Influence of the LOCOS Processing Parameters on the Shape of the Bird's Beak Structure", J. Electrochem. Soc., Vol. 130, 1983, S. 1563 - 1566

/76/ I. Ruge: Halbleiter-Technologie, Reihe Halbleiter-Elektronik, Band 4, Springer-Verlag, 1984, S. 338

/77/ M. Berger, E. Stein:"Two-Dimensional Simulation of Integrated Detectors and Electron Devices", Nuclear Instruments and Methods in Physics Research A, Vol. 253, 1987, S. 382 - 385

/78/ S. Deleonibus:"Field Isolation for the Gigabit Era Devices", ESSDERC'93, Hrsg. J. Borel, P. Gentil, J. P. Noblanc, A. Nouailhat, M. Verdone, Grenoble, 1993, S. 391 - 398

/79/ D. Widmann, H. Mader, H. Friedrich: Technologie hochintegrierter Schaltungen, Reihe Halbleiter-Elektronik, Band 19, Springer-Verlag, 1988, S. 67 - 72

/80/ S. Wolf:"A Review of IC Isolation Technologies-Part 8", Solid State Technology, Vol. 36, Nr. 6, S. 97 - 100

/81/ J. C. Hui, T. Chiu, S. S. Wong, W. G. Oldham:"Sealed-Interface Local Oxidation Technology, IEEE Trans. on Electron Devices, Vol. 29, 1982, S. 554 - 561

/82/ S. Wolf:"A Review of IC Isolation Technologies: Part 7", Solid State Technology, Vol. 36, Nr. 1, S. 83 - 85

/83/ D. Kahng, T. A. Shankoff, T. T. Sheng, S.E. Haszko:"A Method for Area Saving Planar Isolation Oxides Using Oxidation Protected Sidewalls", J. Electrochem. Soc., Vol. 127, 1980, S. 2468 - 2471

/84/ C. W. Teng, G. Pollack, W. R. Hunter:"Optimization of Sidewall Masked Isolation", IEEE Trans. on Electron Devices, Vol. 29, 1982, S. 561 - 567

/85/ S. Adams, U. Hilleringmann, K. Goser:"CMOS Compatible Micro-machining by Dry Silicon Etching Techniques", Microelectronic Engineering 19, 1992, S. 211 - 214

/86/ D. Zurhelle, S. Wunderlich, J. Müller:"High-Efficient Coupling Structures for Integrated Optic Electronic Circuits", Micro System Technologies 91, Hrsg. R. Krahn, H. Reichl, Berlin, 1991, S. 441 - 448

/87/ D. Zurhelle, J. Müller:"Design and technolgy of coupling structures for integrated opto-electronic circuits", Proceedings EFOC/LAN 92, Paris, 1992, S. 72 - 77

/88/ K. Knospe, K. Goser:"Higher Efficiency of CMOS-Process-Compatible Photodiodes in SOI-Technique by Reflecting Films", Journal de Physique C4, Vol. 49, 1988, S. 75 - 78

/89/ R. Sietmann:"Si/Ge-Heterostrukturen", Phys. Blätter 48, 1992, S. 931

/90/ G. Ziegler:"Blauleuchtende Luminiszenzdioden aus Siliziumkarbid", BMFT-Forschungsbericht T81-010, 1981

/91/ T. Tsuchiya, S. Nakajima:"Emission Mechanism and Bias-Dependent Emission Efficiency of Photons Induced by Drain Avalanche in Si MOSFET's", IEEE Trans. on Electr. Dev., Vol. 32, 1985, S. 405 - 412

/92/ I. Schönstein, J. Müller, U. Hilleringmann, K. Goser: "Characterization of Submicron NMOS Devices due to Visible Light Emission", Microelectronic Engineering 21, Elsevier Science Publ., 1993, S. 363 - 366

/93/ L. T. Canham:"Silicon Quantum Wire Array Fabrication by Electrochemical and Chemical Dissolution of Wafers", Appl. Phys. Letters, Vol. 57, 1990, S. 1046 -1048

/94/ A. Halimaoui, C. Oules, G. Bomchil, A. Bsiesy, F. Gaspard, R. Herino, M. Ligeon, F. Muller:"Electroluminescence in the Visible Range during Anodic Oxidation of Porous Silicon Films", Appl. Phys. Lett. Vol. 59, 1991, S. 304 - 306

/ 95/ A. Richter, P. Steiner, F. Kozlowski, W. Lang:"Current-Induced Light Emission form a Porous Silicon Device", IEEE Elect. Dev. Let., Vol. 12, 1991, S. 691 - 692

/ 96/ N. Koshida, H. Koyama:"Visible Electroluminescence form Porous Silicon", Appl. Phys. Lett., Vol. 60, 1992, S. 347 - 349

/ 97/ S. Lombardo, S. U. Campisano, G. N. v. d. Hoven, A. Polman:"Room-Temperature Electroluminescence from Er-Implanted Semi-Insulating Polycristalline Silicon", ESSDERC'94, Hrsg. C. Hill, P. Ashburn, Edition Frontiers, 1994, S. 657 -660

/ 98/ S. Coffa, G. Franzò, F. Priolo, A. Polman, A. Carnera:"Room Temperature Light Emitting Diodes in Er-Doped Crystalline Si", ESSDERC'94, Hrsg. C. Hill, P. Ashburn, Edition Frontiers, 1994, S. 661 - 664

/ 99/ D. Baigent, R. Marks, N. Greenham, R. Friend, S. Moratti, A. Holmes:"Conjugated Polymer Light Emitting Diodes on Silicon Substrates", Appl. Phys. Lett., Vol. 65, 1994, S. 2636 - 2638

/100/ M. Schwoerer:"Dioden aus Polymeren: Elektrolumineszenz und Photovoltaik", Phys. Blätter 50, 1994, S. 52 - 55

/101/ H. Bezzaoui: Integrierte Optik und Mikromechanik auf Silizium, Dissertation, Universität Dortmund, 1992

/102/ M. Schmidt, H. Dudaicevs, O. Machul, Y. Manoli, W. Mokwa, E. Spiegel:"Monolithisch integrierter Drucksensor mit Auslese-elektronik", GME-Fachbericht 15, Mikroelektronik, VDE-Verlag, 1995, S. 227 - 232

/103/ C.-J. Kim, A. P. Pisano, R. S. Muller, M. G. Lim:"Polysilicon Microgripper", Sensors and Actuators A, Vol. 33, 1992, S. 221 - 227

/104/ E. Rank, U. Weinert:"A Simulation System for Diffusive Oxidation of Silicon: A Two-Dimensional Finite Element Approach", IEEE Trans. on CAD, Vol. 9, 1990, S. 543 - 550

/105/ B.-Y. Tsaur:"Zone-Melting-Recrystallization Silicon-on-Insulator Technology", IEEE Circuits and Devices Magazine, Juli 1987, S. 12 -16

/106/ H. W. Lam, R. F. Pinizzotto, A. F. Tasch Jr.:"Single Crystal Silicon-on-Insulator by a Scanning cw Laser Induced Lateral Seeding Process", J. Electrochemical Society: Solid State Science and Technology, Vol. 128, 1981, S. 1981 -1986

/107/ U. Hilleringmann: Laserrekristallisation von Silizium: Integration von CMOS-Schaltungen auf isolierendem Substrat, Fortschritt-Berichte VDI, Reihe 9, Band 82, VDI-Verlag, Düsseldorf, 1988

/108/ U. Hilleringmann, K. Goser:"CMOS-Bauelemente auf isolierendem Substrat", Kleinheubacher Berichte, URSI, Band 31, 1988, S. 65 - 72

/109/ H. Vogt, G. Burbach, J. Belz, G. Zimmer:"Silicon-on-Insulator Development in Europe", Solid State Technology Vol. 34, Nr. 2, 1991, S. 79 - 83

/110/ S. Adams, U. Hilleringmann, K. Goser:"Plasma Etching Techniques for CMOS Compatible Micromachining Based on Integrated Optics", Micro System Technologies'92, Hrsg. H. Reichl, Berlin, 1992, S. 217 - 226

/111/ D. H. Hartmann, M. K. Grace, C. R. Ryan:"A Monolithic Silicon Photodetector/Amplifier IC for Fiber and Integrated Optics Applications", Journal of Lightwave Technology, Vol. 3, 1985, S. 729 - 738

/112/ J. Oehm:"Rechnergestützter, ausbeuteorientierter Entwurf analoger VLSI Komponenten", Dissertation, Universität Dortmund, 1992

/113/ C. Heite:"Robuster MOS-Schaltungsentwurf: Methoden zur analogen Realisierung mit rechnergestützter Stabilitätsuntersuchung in der Netzwerkanalyse", Dissertation, Universität Dortmund, 1992

/114/ C. Heite, K. Schumacher:"Gigahertz Amplifiers in Fine Line CMOS-Technology", Prc. ESSCIRC'91, Milan, 1991, S. 77 - 80

/115/ E. Braß, C. Heite, J. Oehm, K. Schumacher:"Rubuster CMOS Fotoempfänger für Infrarot-Datenübertragungen großer Reichweite", ITG-Fachbericht 119: Mikroelektronik für die Informationsverarbeitung, 1992, S. 315 - 320

/116/ E. Voges:"Integrierte Optik in Glas und Integrierte Optik/ Mikro-mechanik in Silizium für Anwendungen in der Sensorik", Proceedings Sensor 91, Band VI, 1991, S. 29 - 47

/117/ D. Peters: Herstellung und Untersuchung von PECVD-Silizium-oxinitridschichten für die integrierte Optik, Fortschritt-Berichte VDI, Reihe 10, Nr. 180, VDI-Verlag, Düsseldorf, 1991

/118/ G. Ulbers:"Anwendungen für integriert-optische Sensoren auf Silizium in der Weg-, Kraft- und Brechungsindexmessung", Proceedings Sensor 91, Band VI, 1991, S. 83 - 92

/119/ Laser Interferometer, Prospekt der Fa. Hommelwerke Sensor GmbH, 1992

/120/ D. Jestel:"Hochauflösende Abstandsmessung mit integriert-optischem Michelson-Interferometer in Glas", Tagungsband zur OPTO 7, Nürnberg, 1990, S. 89 - 89c

/121/ S. Adams, J. Müller, U. Hilleringmann, K. Goser:"HF-Lösungen zur mikromechanischen Strukturierung für die Systemintegration", GMD-Fachbericht 11, 1993, S. 431 - 436

/122/ L. E. Katz:"Oxidation", in: VLSI Technology, Hrsg. S. M. Sze, McGraw-Hill, 1988, S. 128 - 129

/123/ H. Moldovan, L. Csepregi, A. Klumpp, W. Lang:"Stress Compen-sation by Means of Ion Implantation in SiO_2 and in Si_3N_4 Layers", Micro System Technologies'92, Hrsg. H. Reichl, VDE-Verlag, 1992, S. 105 - 114

/124/ L. Csepregi:"Neue Prozeßtechniken in der Mikromechanik", in: Mikromechanik, Hrsg. A. Heuberger, Springer-Verlag, 1989, S. 222 - 226

/125/ S. Wunderlich, J. P. Schmidt, J. Müller:"Integration of SiON Waveguides and Photodiodes on Silicon Substrates", Appl. Opt., Vol. 31, 1992, S. 4186 - 4189

/126/ J. Müller, K. Fischer, R. Hoffmann, A. Löffler-Peters, S. Wunderlich, J. Schmidt, D. Zurhelle:"Ein integriert-optisch-elektronischer Druckaufnehmer in Siliziummikromechanik", Abschlußbericht zum Verbundprojekt "Entwicklung eines CMOS-kompatiblen Gesamtprozesses zur Herstellung integriert-optischer Schaltungen auf Silizium", Reihe "Innovationen in der Mikrosystemtechnik", Band 4, VDI/VDE Technologiezentrum Informationstechnik, Teltow, 1993, S. 64- 81

/127/ D. Hohm:"Kapazitive Silizium-Sensoren für Hörschallanwendungen",Fortschritt-Berichte VDI, Reihe 10, Nr. 60, VDI-Verlag, 1986

/128/ S. Adams:"Drucksensoren für die Systemintegration in Silizium", Fortschritt-Berichte VDI, Reihe 9: Elektronik, Band 201, VDI-Verlag, Düsseldorf, 1995

/128/ G. Tröster, P. Sieber, Z. Tomaszewski, J. Fichtel, W. Schardein, A. Rothermel, B. Hosticka:"Eine BICMOS-Technologie zur Integration von Analog-Digitalsystemen", Kleinheubacher Berichte Nr. 31, 1988, S. 57 - 63

/129/ J. M. Steininger:"Understanding Wide-Band MOS Transistors", IEEE Circuits and Dev. Mag., Nr. 5, 1990, S. 26 - 31

/130/ S. Selberherr: Zweidimensionale Modellierung von MOS-Transistoren, Dissertation, Technische Universität Wien, 1981

/131/ M. Berger: Untersuchung des Verhaltens integrierter elektronischer Bauelemente mit Hilfe numerischer Verfahren, Dissertation, Universität Gesamthochschule Duisburg, 1986

/132/ SIMUL 1.0, Manual, ETH Zürich, 1992

/133/ E. Stein: Integrierte Prozess- und Parametersimulation zur Modellierung von Halbleiterbauelementen für die Grossintegration, Fortschritt-Berichte VDI, Reihe 9, Band 75, VDI-Verlag, Düsseldorf, 1988

/134/ B. Bröer: Kurzkanal-Transistoren in breitbandigen analogen CMOS-Schaltkreis-Komponenten für die Systemintegration, Fortschritt-Berichte VDI, Reihe 9: Elektronik, Band 120, VDI-Verlag, Düsseldorf, 1991

/135/ A. W. Wieder:"Neue Chancen der Bipolartechnik für Hochgeschwindigkeitsschaltungen, ITG-Fachbericht 98: Großintegration, 1987, S. 181 - 187

/136/ M. Roche:"BiCMOS:"Status and Future Trends", ESSDERC'93, Hrsg. J. Borel, P. Gentil, J. P. Noblanc, A. Nouailhat, M. Verdone, Grenoble, 1993, S. 701 - 707

/137/ R. Wijburg:"High Energy Ion Implantation for Merged Silicon Technologies", Dissertation, Universität Enschede, 1990

/138/ T. Harms, U. Hilleringmann, K. Goser:"Eine verbesserte BICMOS-Technik durch Einsatz der Hochenergie-Ionenimplantation", GME Fachbericht 6: BICMOS und Smart Power, Bad Nauheim, 1990, S. 91 - 96

/139/ H. Ryssel, I. Ruge: Ionenimplantation, Teubner Verlag, Stuttgart, 1978

/140/ J. F. Ziegler, J. P. Biersack, U. Littmark: The Stopping and Range of Ions in Solid, Pergamon Press, New York, 1985

/141/ K. Goser, U. Rückert: "Intelligent VLSI-Memories for Robotics," Proceedings Cognitiva 85, Paris, 1985, S. 425 - 430

/142/ L. R. Carley: "Trimming Analog Circuits Using Floating-Gate Analog MOS Memory," IEEE Journal of Solid-State Circuits, Vol. 24, 1989, S. 1569 - 1575.

/143/ L. H. Parker, A. F. Tasch: "Ferroelectric Materials for 64 Mb and 264 Mb DRAMs," IEEE Circuits and Dev. Mag., 1/1990, S. 17 - 26.

/144/ A. Soennecken, U. Hilleringmann, K. Goser: "Floating Gate Structures as Nonvolatile Analog Memory Cells in 1.0 µm-LOCOS-CMOS Technology with PZT Dielectrica", ESSDERC'91, Microelectronic Engineering 15, 1991, S. 633 - 636.

/145/ A. Soennecken, U. Hilleringmann, K. Goser: "Modellierung und Simulation von Floating-Gate-Transistoren zum Einsatz in analogen CMOS-Schaltkreiskomponenten als Analogfestwertspeicher," ASIM'91 (7. Symposium) - Simulationstechnik Bd. 4, Vieweg-Verlag, 1991, S. 217 - 221.

/146/ H. Sibbert:"BONSAI - ein Programm zur Analyse und Optimierung von integrierten Schaltungen", Benutzungsanleitung, Robert Bosch GmbH, Reutlingen, 1985

/147/ L. W. Nagel:"SPICE2: A Computer Program to Simulate Semiconductor Circuits", Electronics Research Laboratory Report, No. ERL-M520, University of California, Berkeley, 1975

/148/ A. Soennecken, U. Hilleringmann, U. Rückert, K. Goser: "Analogwertspeicher mit EAROM-Zellen für Neuronale Netze", 5. E.I.S.–Workshop, Dresden, GMD-Studie Nr.188, 1991, S. 371 - 373

/149/ A. Soennecken, T. Kettner, A. Maul, U. Hilleringmann, K. Goser, K. Schumacher: "Selbstkalibrierender, hochauflösender DA-Konverter mit Floating-Gate-Transistoren als nichtflüchtige Analogwertspeicher," 6. Fachtagung: Sensoren, Technologie und Anwendung, Bad Nauheim, VDI-Bericht Nr. 939, 1992, S. 51 - 56

/150/ A. Soennecken: Analogwertspeicherung in CMOS-Technik, Fortschritt-Berichte VDI, Reihe 9: Elektronik, Band 169, VDI-Verlag, Düsseldorf, 1993

/151/ K. Uekötter: Designsicherheit und Simulationsgüte beim MOS-Schaltungsentwurf, Dissertation, Universität Dortmund, 1992

/152/ M. Feldmann, S. Esener, C. Guest, S. Lee:"Comparisons Between Optical and Electrical Interconnects Based on Power and Speed Considerations", Applied Optics, Vol. 27, 1988, S. 1742 - 1751

Stichwortverzeichnis

Absorption	101	Böschungswinkel	76,146
Abstrahlungsverluste	24,116	Bor-Phosphorglas-Reflow	65
Ätzöffnungen	95,129,161	Brechungsgesetz	18
Ätzstop	33,35,36	Brechungsindex	18
Aktivgebiete	11		
Aktivgebietflanken	55	CCD-Kette	8
Aktivierung	134	Coulombanziehung	72
Akzeptanzwinkel	197		
Alkaliionen	38	Dämpfung	29
Alkalilauge	32	Degradation	190
Alterung	174	Diodenbauform	14
Analogwertspeicher	171,189	Diodenlast	111
Anisotropiefaktor	75	DMOS	8
Ankopplung	57	Dotierstoff-Segregation	57
Antireflexionsschicht	63,142	Driftbewegung	107
Anzeigensteuerung	113	Drucksensor	93,163
APCVD-Verfahren	11	Druckspannung	125
Arbeitsfrequenz	159	Düse	40
Ausbeuteverluste	88		
Ausbreitungsverluste	18	Early-Spannung	186
Ausgangsleitwert	134	EDP-Lösungen	32
Aussteuerbereich	111,135	EEPROM	8
Avalanche-Durchbruch	177	effektive Kanallänge	134,173
		Einfallswinkel	23,24
Bahnwiderstand	14,15	Einschnürung	84
Basisimplantation	135,184	elektrochemische Struk-	
BCD-Zähler	113	turierung	58
Beschleunigungssensor	97	elektrostatisch	72
BiCMOS	8,181	Emitterdotierung	184
Biegesteifigkeit	167	Empfindlichkeit	14,163
birds beak	48,50,51	Erbium	67
birds head	53	externe Ankopplung	68
Blei-Zirkonat-Titanat	191		

Feldimplantation 57
Feldkomponenten 20
Feldoxid 83
Feldoxidation 47,80
Feldschwellenspannung 84,133
Feldstärke 177
Feldwellenwiderstand 20
Ferroelktrika 196
Flankennitrid 81
Flip-Chip-Montage 68
Floating-Gate-Transistor 189
Flüssigglas 43
Fotobipolartransistor 15,106,157
freie Beschaltbarkeit 102
freitragende Oxidflächen 127
Frequenzdetektor 92

Gateoxid 11
Gitterspannungen 47
Grabenwellenleiter 18
Grenzflächenvergütung 62
Grenzfrequenz 158
Güte 186

HF-Lösung 37
Hochenergie-Ionenimplanta-
tion 82
Hohlraum 93
Hot-Electron-Effekt 174

Integrationsdichte 6
integrierte Lichtquelle 67
integrierte Spiegel 118
Interferenz 25
Interferometer 25
Ionenätzen 38
Ionenaustausch 16
isotrope Ätzlösung 35

Kanallängenreduktion 140
Kanalleitfähigkeit 171
Kantenabrisse 57
Kantenbedeckung 12
Kantenbedeckung 95
Kantenwinkel 46
kapazitiv 70
Kathodenstrahlzerstäubung 11
Kohlenstoff 29
Kondensatordielektrikum 134
Kondensatoroxid 12
konforme Oxiddeposition 95
Konformität 95
konstruktive Interferenz 22
Kontaktöffnungen 76
Kontrollelektrode 190
Koppelabstand 118
Koppeleffizienz 57,141
Koppelfaktor 153
Koppelfläche 66,190
Koppelgrad 63,145
Koppellänge 151,153
Koppelstrecke 65,118
Koppler 25,29,118
Kopplungsverluste 140
Kristallebene 32
Krümmungsradien 24,116
Kurzkanaleffekte 140,177

Lackreflow 46,65
Längenabhängigkeit 145
Langzeitstabilität 130
Langzeitwirkung 27
LDD-Dotierung 175
LDD 7,13
Lebensdauer 14,103
Leckstrom 132
Leckwellenanteil 151

Leckwellenkopplung 64,75
Lichtemitter 67
Lichtführung 18,29
Lichtwelle 20
Lift-Off 76
Lightly Doped Drain 174
Linearität 135,136,155
Linsenkopplung 121
Lochmaske 58,161
LOCOS 47
Löschspannung 190
Lokalen Oxidation 13,47
LPCVD-Oxinitrid 76
LPCVD-Verfahren 11
Lumineszenz 67

Mach-Zehnder-
Interferometer 25,70,121
Maskenmaß 56
Maskenvorgabe 51
Matching 109
Michelson-Inter-
ferometer 25,71,122
Mikrodüse 39
Mischkopplung 151
Modenzahl 23
modularen Prozeß 74
Monomodigkeit 115

n-Wanne 10
Nachdiffusion 10
Neigungswinkel 85
nichtlineare Verstärker 112
Nitridation 48,52

Oberflächendotierung 182
Oberflächenpassivierung 11,57
Oberflächenplanarität 43,52,150

Oberflächenrauhigkeit 75
Oberflächenrekombination 101
Offset-Transistor 179
optische Isolation 29,56
Oxidsteg 93
Oxidtaper 65

Padoxid 47
Passivierung 55
PECVD-TEOS-Oxid 28
Phasendrehung 22
Phasenschieber 125
Phasensprung 19
Phasenverschiebung 25,70
Phosphorglas-Reflow 11
Phosphorglas 11,12,26,79
piezoelektrisch 70,71
piezoresistiv 69
Piezowiderstand 69
pin-Diode 14
planare Oberfläche 55
Planarisierung 43,47
Planarisierungsgrad 45
Planarisierungstechnik 43
Planarität 83
pn-Diode 13
Polarisationszustand 20
Poly Buffered - LOCOS 52
Polymere 67
Polysiliziumabscheidung 97
Polysiliziumpuffer 81
poröses Silizium 67
Protonenaustausch 16
Prozeßkomplexität 42
Prozeßumfang 42
punch through 178
PZT 191

Quantenausbeute	100
Raumladungszone	13
Raumladungszonendurchgriff	178
reaktives Ionenätzverfahren	75
Referenzdruck	93
Referenzstrahl	71
Referenzzweig	25
Reflexionsfaktor	21
Reflexionskoeffizient	19
Reflexionsverluste	61,63
Reihenschaltung	145
Rekombination	103
Rekristallisationsverfahren	88
Resonanzfrequenz	92,166
Retrograde-Well	183
Rippenwellenleiter	18
Sättigungsgeschwindigkeit	14,103
Sauerstoffdiffusion	81
Schaltfrequenz	154
Schaltgeschwindigkeit	16,102,136
Scheibenverzug	76
schwachen Lichtführung	73
Schwellenspannung	10
Schwingungsdetektor	92
Segregation	84,132
Selbstabgleich	194
Selbstkalibrierung	189
Selektivität	33,34,36,38,39
Sensorstrukturierung	93
Side-Wall Spacer	174
Signal-Rauschabstand	112
Signaldämpfung	56
Signalmodulation	196
Signalpegelschwankung	111
Silicon-On-Insulator	88
Silizid-Kontaktierung	85
Siliziumdioxid	27
Siliziumnitrid	26,27,47
SILO-Technik	51
SiON-Wellenleiter	28,29
Spacer	7
Spacerweite	175
Spannungen	97
Spannungsfreiheit	161
Speicherbausteine	5
Speicherzeit	103
spektrale Empfindlichkeit	100
Spektrometers	195
Sperrschichtkapazität	14,15
Spiegel	24,63,76
Spiegelätzung	63
Spiegelkopplung	63
Spiegelmaske	63
Spiegeloberfläche	24
Spiegelöffnung	77
spontane Polarisation	192
SPOT-Technik	50
Standardzellenbibliothek	114
Stoßfläche	142
Stoßkopplung	61,75,143
Strahlablenkung	76
Strahlteiler	24,116
Strahlumlenkung	24
Strahlungsabsorption	101
Strompfad	132
Strukturbeizen	32
Strukturierungstiefe	147
Stufenhöhe	151
Submikrometertransistoren	174
Substratstrom	177
SWAMI-LOCOS-Technik	52,56
Taktversorgung	195

Taper	65
TE-Polarisation	21
Temperaturfühler	92
TEOS-Oxid	12,27
TEOS-SiON-Schicht	138
thermischen Anregung	72
Tiefenätzung	39
Topologie	43
Totalreflexion	19,118
Transistorparameter	134
Transitfrequenz	172
Transkonduktanzverstärker	109
Transmissionsverluste	63
Trockenätzverfahren	38,58
Tunneloxid	189
Tunneloxidkapazität	190
Übertragbarkeit	75,79
Übertragungscharakteristik	135
Unterdiffusion	12
V-Graben	40
Vakuumkontakt	13

Verdrahtungsebene	11
Verflachungsgrad	45
vergrabener Kanal	178
Verspiegelung	77
Vogelkopf	53
Vogelschnabel	48
Volumenexpansion	53
Wannentiefe	183
Wannenwiderstand	103
Wellenleiter	26
white ribbon	48,50,51
Widerstandsheizung	72
Wirkungsgrad	100,145
Y-Verzweigung	24,116
Zugspannung	127
Zungen	92,126
3 dB-Koppler	123
Δ-Spiegel	119